"思想文化与社会发展研究"丛书

国际生命伦理重要准则演变研究

—— 基于NC及DOH和CIOMS的多种文本

杨丽然 著

中国社会科学出版社

图书在版编目（CIP）数据

国际生命伦理重要准则演变研究：基于 NC 及 DOH 和 CIOMS 的多种文本 / 杨丽然著. —北京：中国社会科学出版社，2017.1
ISBN 978 - 7 - 5161 - 9281 - 8

Ⅰ.①国⋯　Ⅱ.①杨⋯　Ⅲ.①生命伦理学—研究　Ⅳ.①B82 - 059

中国版本图书馆 CIP 数据核字（2016）第 270785 号

出 版 人	赵剑英
责任编辑	朱华彬
责任校对	张爱华
责任印制	张雪娇

出　　版	中国社会科学出版社
社　　址	北京鼓楼西大街甲 158 号
邮　　编	100720
网　　址	http://www.csspw.cn
发 行 部	010 - 84083685
门 市 部	010 - 84029450
经　　销	新华书店及其他书店
印　　刷	北京君升印刷有限公司
装　　订	廊坊市广阳区广增装订厂
版　　次	2017 年 1 月第 1 版
印　　次	2017 年 1 月第 1 次印刷
开　　本	710×1000　1/16
印　　张	15.25
插　　页	2
字　　数	248 千字
定　　价	68.00 元

凡购买中国社会科学出版社图书，如有质量问题请与本社营销中心联系调换
电话：010 - 84083683
版权所有　侵权必究

《思想文化与社会发展研究》丛书
编辑委员会

主　编：郑文堂
副主编：张加才
编　委：(以姓氏笔画为序)

王文革	王包泉	王秋月	王洁敏	王洪波	王润稼
王鸿博	史仲文	曲　辉	朱建平	刘志洪	刘　利
刘喜珍	李亚宁	李志强	李　肖	何海兵	张茂林
张治银	范丹卉	林建华	周守高	荣　鑫	姚彩琴
秦志勇	袁本文	钱昌照	龚维华	尉　峰	谢毓洁

总　序

学以成人　经世致用

人类进入21世纪以来，伴随现代科技的快速发展，"可上九天揽月、可下五洋捉鳖"的宏愿，早已成为现实。特别是随着基因技术和人工智能的发展与运用，人类比历史上任何时候似乎更具有"认识你自己"的外在条件。然而，物质生活的日益富庶与精神修养的相对贫瘠、社会生活的无限扩张与人和自然关系的持续紧张、民族国家利益本位潮流的涌现与人类命运共同体构建的艰辛……都预示着哲学社会科学研究任重道远。实际上，人类社会与人类文明的重大跃迁，都离不开哲学社会科学的重要发展。"学以成人、经世致用"，今天仍然是哲学社会科学工作者的重要使命。

"学以成人"，是一个具有鲜明中国特色的命题，按照主流的解释，就是如何在为学的过程中成就人自身。这个问题延展开来，无疑具有普适的意义。人类如何发现自身的价值、定位自身的意义、成就人自身？应该成就为什么样的人？成为"圣人""神人""至人"，抑或君子、绅士、公民？如何界定好一个时代的理想人格？人类如何"知人"？如何"成己""成物"？如何处理"知人"与"成人"的关系？中国传统上强调"为己之学""闻道""得道"，意思是为学的根本在于不断充实自我、提升自我，而不是"为人"，不是为了炫示于人、压服他人。这就需要"知道""成道"与"行道"。那么，"为道"与"为学"又是什么关系？它们各自有不同的进路吗？是"为学日益、为道日损"，还是下学上达、豁然贯通？……无论如何，从追寻人之为人的原初本质到实现人的自由而全面的发展，哲学社会科学有很长的路要走，并且只可能永远在路上。

成就人自身与促进社会发展，往往紧密联系在一起。"学以成人"也应与"经世致用"相辅相成。

"经世致用"是中国历史上一种重要的思潮，也是一种可贵的学风。它推崇学术的重要功能在于经邦济世、兴国利民。强调"求实""博征"，要求"经世要务，一一讲求"，认为"君子有志当世"，尤应"以天下为己任"，甚至提出"舍天下事更无所为""文章莫尚乎经济"，这些都是"经世致用"的重要表达。当代中国哲学社会科学工作者"经世致用"，就是要以人民为中心，立足当代社会的生动实践，把握好具有良好发展增量性的先进文化资源、弥足珍贵的原生本根性的中华优秀传统文化资源以及有益滋养性的国外哲学社会科学资源，实现古今中外各种资源的相资融通，致思于人民的美好生活，为科学地治国理政服务，为中华民族伟大复兴尽力，为人类共同的美好未来作出贡献。

　　这套《思想文化与社会发展研究》丛书，正是对"学以成人、经世致用"的一种尝试。祈望对构建具有中国特色、中国风格、中国气派的当代中国哲学社会科学，对推动转型时期中国社会发展，作出有益探索和绵薄贡献。

郑文堂

2015 年 11 月

目 录

序言 ……………………………………………………………… (1)
引言 ……………………………………………………………… (1)
第一章 医生的"原罪"
　　——《纽伦堡法典》………………………………………… (8)
　第一节 《纽伦堡法典》的缘起 ………………………………… (8)
　　一 纽伦堡审判与医生审判 ………………………………… (8)
　　二 伦理与法律依据的结合 ………………………………… (15)
　第二节 《纽伦堡法典》解读 …………………………………… (20)
　　一 十条基本的伦理原则 …………………………………… (20)
　　二 《纽伦堡法典》与 Sebring、Ivy、Alexander ………… (21)
　　三 自愿同意原则 …………………………………………… (24)
　　四 受试者同意与医生义务 ………………………………… (26)
　　五 受试者自由退出原则 …………………………………… (29)
　第三节 《纽伦堡法典》评析 …………………………………… (31)
　　一 《纽伦堡法典》与《希波克拉底誓言》………………… (31)
　　二 自愿同意与自由退出 …………………………………… (32)
　　三 《纽伦堡法典》面对的挑战 …………………………… (34)
第二章 从"原罪"到"救赎"
　　——《赫尔辛基宣言》……………………………………… (37)
　第一节 《赫尔辛基宣言》(1964)研究 ………………………… (38)
　　一 人类豚鼠:20世纪40—60年代的人体试验 ………… (38)
　　二 世界医学协会对医学伦理的关注 ……………………… (40)
　　三 《赫尔辛基宣言》(1964)的内容 ……………………… (42)
　　四 《赫尔辛基宣言》(1964)与《纽伦堡法典》的比较 …… (44)

第二节 《赫尔辛基宣言》(1975)研究 ……………………(49)
一 对《赫尔辛基宣言》(1964)的修订 ………………(49)
二 《赫尔辛基宣言》(1975)与《赫尔辛基宣言》(1964)
的比较 ……………………………………………………(50)
三 《赫尔辛基宣言》(1975)之后的三次修订 ……………(61)

第三节 《赫尔辛基宣言》(2000)研究 ……………………(62)
一 《赫尔辛基宣言》(1996)修订背景 ……………………(62)
二 《赫尔辛基宣言》(2000)的形成过程 …………………(80)
三 《赫尔辛基宣言》(2000)评析 …………………………(83)
四 对《赫尔辛基宣言》(2000)的澄清说明 ………………(85)

第四节 《赫尔辛基宣言》(2008)研究 ……………………(90)
一 《赫尔辛基宣言》(2008)的形成背景 …………………(90)
二 《赫尔辛基宣言》(2008)的内容 ………………………(92)
三 《赫尔辛基宣言》(2008)评析 …………………………(98)

第三章 解释与发展
——《涉及人的生物医学研究国际伦理准则》 …………(100)

第一节 《涉及人的生物医学研究国际伦理准则》
与国际医学科学组织理事会 ……………………(100)

第二节 《涉及人的生物医学研究国际准则建议》
(1982)研究 ……………………………………(101)
一 《涉及人的生物医学研究国际准则建议》的内容 ………(101)
二 《涉及人的生物医学研究国际准则建议》(1982)与
《赫尔辛基宣言》(1975)的比较 …………………………(111)
三 本节内容小结 ……………………………………………(118)

第三节 《涉及人的生物医学研究国际伦理准则》
(1993)研究 ……………………………………(119)
一 《涉及人的生物医学研究国际伦理准则》(1993)的
形成 ……………………………………………………(119)
二 《涉及人的生物医学研究国际伦理准则》(1993)与《涉及
人的生物医学研究国际准则建议》(1982)的比较 ………(121)
三 《涉及人的生物医学研究国际伦理准则》(1993)与《赫尔
辛基宣言》(1989)的比较 ………………………………(159)

第四节 《涉及人的生物医学研究国际伦理准则》(2002)研究 …………(161)

  一 《涉及人的生物医学研究国际伦理准则》(2002)的形成 ……………………………………………………(161)

  二 《涉及人的生物医学研究国际伦理准则》(2002)与《涉及人的生物医学研究国际伦理准则》(1993)的比较 ………(162)

  三 《涉及人的生物医学研究国际伦理准则》(2002)与《赫尔辛基宣言》(2000)的比较 …………………………(204)

第四章 总结与展望 ……………………………………………(207)

第一节 医生的"原罪"与生命伦理"三原则" ………………(207)

第二节 责任、监督与生命伦理准则的初步完善 ……………(208)

  一 从"原罪"到"责任" ……………………………………(208)

  二 从"内部监督"到"外部审查" …………………………(210)

  三 从"原罪"到"救赎" ……………………………………(211)

第三节 生命伦理准则的进一步解释与发展 …………………(212)

  一 《涉及人的生物医学研究国际准则建议》(1982):《赫尔辛基宣言》的解释者 …………………………………(212)

  二 《涉及人的生物医学研究国际伦理准则》(1993):《赫尔辛基宣言》的发展者 …………………………………(213)

  三 《涉及人的生物医学研究国际伦理准则》(2002):新的伦理视野和视角 ……………………………………(214)

第四节 对我国生物医学研究伦理审查的启示 ………………(214)

  一 现行生物医学研究伦理审查的依据 ……………………(214)

  二 相冲突的规定以及有原则的变通 ………………………(216)

参考文献 ……………………………………………………………(218)

附录1:作者攻读学位期间发表的学术论文目录 …………………(225)

附录2:杨丽然博士学术年表 ………………………………………(226)

后记 …………………………………………………………………(229)

序　言

　　杨丽然既是我的学生，又是我的师妹。我在北京大学科学与社会研究中心师从任定成教授读博士时，她读硕士，是任老师经常夸赞的学生。2007年她考了我的博士。招她时我还说，她会是我最省心的学生，本科就发表了SCI论文。她是很努力的学生，入学后为了好好学习和工作，她要求住校，但学校不安排北京工作的学生宿舍。当时我还在研究生院工作，就专门给宿管科打电话给她安排了一年的学生宿舍。她边工作边学习，确实很累。原计划三年毕业，后来又延了一年。2011年夏天顺利答辩。论文评价不错。毕业照相时，第一次看到她丈夫和孩子，觉得一家人很幸福。后来，我告诉她北京农业大学有个青年生命伦理会议，希望她参加，她还说一定去。但开会时她没去。打电话问她，还以为她忘掉了，她说她有事参加不了（现在知道是病了）。我的一个课题也想让她写一章，所以中间给她打电话。她先生接的电话，说她病了，做了手术，不能接电话。我当时问严重不严重，用不用去看看，她先生说没事。2012年元旦，电话铃响了，显示是杨丽然的电话，我还以为是她要给我拜年呢，结果是她先生打来的，告知我她已不幸离开了我们。消息传开，所有认识她的人都觉得太突然。在惊讶和悲痛的同时，我在想是不是这两年她太辛苦了才患病的，这些年她边工作边学习，还要做自己的课题，确实辛苦。当然，也可能是其他原因。任定成老师在听到杨丽然的消息后，用手机发来这样一段话，我印象深刻："干不完的工作，停一停，放松心情；挣不够的钱财，看一看，身外之物；当不够的领导，想一想，多大是大；看不惯的世俗，静一静，顺其自然；生不完的闷气，吐一吐，心境宽广；接不完的应酬，辞一辞，有利健康；尽不完的孝心，走一走，回家看看；还不完的人情，掂一掂，量力而行；走不完的前程，缓一缓，漫步人生！交不完的朋友，叙一叙，受益终生！"

杨丽然读博士期间主要研究国际生命伦理原则的演变。之所以研究这个题目，一个重要的原因是该问题具有重要的理论和实践意义，对我国的生命伦理学的理论研究和政策建设具有非常重要的借鉴和启发意义。

我们常说"科学技术是一把双刃剑"。然而，在20世纪以前，科学技术的负面作用还没有充分显示出来，因此，人们并没有认识到科学为善的道德有多么重要。可以说，直至第二次世界大战以前，科技处在一个主要彰显其正面效应的时期，因此，人们普遍地把科技看作是推动社会发展的动力源泉。科技价值中立论、科技至善论、科技乐观主义是当时学术界普遍流行的观念。但是，到了第二次世界大战前后，科技的负面效应开始全方位显现。原子弹爆炸，纳粹惨无人道的人体试验，世界范围内的环境问题，引起越来越多的人对科技为恶的担忧和反思。原子弹的爆炸使人们意识到"弄文舞墨的科学理论导致成千上万人的死亡"；纳粹的人体试验及1945年纽伦堡审判使人们认识到，旨在发现宇宙真理的科学发现可以以如此违反基本人权、滥杀无辜的方式进行；世界范围的环境污染使人们认识到，科学技术的工业应用所造成的对环境的破坏已严重威胁到人类在地球的生存。三大事件使科学家和公众严肃关注科学研究的社会后果，关注科技成果应用对社会、人类和生态的影响，关注科学研究本身是否正当。一些卓越的思想家和科学家，像罗素、爱因斯坦、波恩、伯格等，开始呼吁要禁止科技服务于邪恶的目的。人们对科学价值的认识也在悄然发生着变化：科技中性论开始转向科技价值负载论；科技至善论让位于科技双刃剑观点；科技乐观主义经过科技悲观主义的反动发展为现实主义或谨慎的乐观主义。三大事件导致在20世纪中后期科技伦理学的兴起。其中，生命伦理学就是在这时形成的一门对生命科学和医疗保健的伦理学方面进行系统研究的新兴学科。

生命伦理学的使命和宗旨是在现代生物学技术高度发展的条件下如何尊重和保护人的尊严。在生命伦理学的发展过程中，有三个历史性文件为生命伦理学保护人的尊严的实践提供了具体的指导，它们分别是：《纽伦堡法典》、《赫尔辛基宣言》和《涉及人的生物医学研究国际伦理准则》。

纽伦堡审判是导致生命伦理学产生的一个重要事件。在对纳粹医生的暴行的审判中产生的《纽伦堡法典》自然成为生命伦理学遵循的重要经典。《纽伦堡法典》所强调的不伤害、自愿同意、自由退出是留给后来的生命伦理准则的宝贵遗产。然而，由于研究情境的复杂性和多样性，《纽伦堡法典》规定"自愿同意"是绝对必要的就使得不能在像儿童、精神疾病患者那样没有自愿同意能力的人身上进行人体试验。而从医生研究者的角度看，这些医学研究也是必要的。为此，医学共同体内部的自治组织——世界医学协会于1964年颁布了规范医生进行人体试验的伦理准则——《赫尔辛基宣言》。

《赫尔辛基宣言》（1964）在继承《纽伦堡法典》中关于医生对病人的义务约束医生研究者的思想的基础上，提出了人体试验应遵循如下的基本原则：科学性原则（实验室和动物实验先行，由科学上合格的人进行）；权衡试验的风险和利益的原则（风险与目的成比例，考虑风险和利益）；尊重受试者的原则（受试者的自由同意/代理同意，受试者保护个人完整性的权利受到尊重、受试者自由退出）。《赫尔辛基宣言》最大的变化是引入了代理同意的概念，为对没有能力做出自愿同意的受试者（儿童、精神病患者）的人体试验提供了可能。《赫尔辛基宣言》还强调要用医生的责任来约束医生的行为，并赋予受试者以保护自身的权利。赋予医生的责任是：保护受试者的生命和健康、向受试者解释研究、尊重受试者保护个人完整性权利；赋予受试者的权利是：自由同意、自由退出、保护个人完整性。随着研究实践的复杂化和多样化，《赫尔辛基宣言》经过多次修改，在自主监督机制之外增加了外部监督机制，并在安慰剂对照实验条款中强调受试者个人利益置于首位的立场。

《涉及人的生物医学研究国际伦理准则》是在国际合作增多的背景下，为保护发展中国家受试者而制定的。《准则》有多个版本。1982年的版本比《赫尔辛基宣言》的条款更加具体化和具有可操作性。1993年的版本引入了公正的原则，提出了受试者选择和研究后利益分配的公正要求。2002年的版本对人体试验中的伦理问题的关注从个人扩展到了对人群的关注，在公共卫生的视野下看待人体试验。

《纽伦堡法典》是第一部国际生命伦理准则，它奠定了国际生命伦理准则的基础。《赫尔辛基宣言》被认为是"生物医学研究的奠基石，临床试验中伦理决策的毋庸置疑的支柱"。《涉及人的生物医学研究国际伦理准则》则是指导国际合作研究的重要规则。这三部准则是生命伦理学领域中的重要伦理资源。三部生命伦理准则不仅对生命伦理实践有重要影响，而且为许多伦理学问题的讨论提供了分析框架。因此，分析这三部准则产生、发展和修订的历史，不仅有利于我们了解生命伦理理念变化和进步的历史，而且对我国生命伦理学的理论建设和政策制定都具有重要的意义。

杨丽然博士出色地完成了她的工作。2011年，北京师范大学研究生院采取抽签的方式由研究生院找专家匿名外审。杨丽然的论文被抽中。通常被抽中的学生，甚至他们的老师都很紧张。但当时我一点也不担心，因为我相信她的论文的价值和质量。结果是，外审专家给予一致的好评。

杨丽然英年早逝，我们失去了一位优秀的青年学者。她严谨求实、谦虚好学、坦诚为人。她的精神将继续活在她的家人、老师、同学、同事乃至科学哲学和科学伦理学同仁的心中，并将激励他们为学术研究事业作出更多的贡献。

李建会

2013年7月19日

引 言

国际生命伦理准则是由国际组织制定的用来规范生物医学研究的伦理准则，包括各种宣言、准则和建议等。据统计，从1947年第一部国际生命伦理准则的诞生开始，到2000年为止，各类国际组织共出台了326部伦理准则。在这三百多部国际生命伦理准则中，有三部准则——《纽伦堡法典》、《赫尔辛基宣言》和《涉及人的生物医学研究国际伦理准则》引起了我们的特别关注。

《纽伦堡法典》是第一部国际生命伦理准则，它奠定了国际生命伦理准则的基础。它所提出的自愿同意原则、受试者自由退出的权利等被后来的准则广泛引用。

《赫尔辛基宣言》是1964年由世界医学共同体的行业协会——世界医学会在《纽伦堡法典》的基础上制定的，是用来规范涉及人体的医学研究的伦理准则。《赫尔辛基宣言》被认为是"涉及人类受试者的医学研究中被最广泛接受的准则"[1]。也被视为"过去30年中生物医学研究的奠基石，临床试验中伦理决策的毋庸置疑的支柱"[2]。《赫尔辛基宣言》的基本原则被许多准则和规范引用，例如1995年，世界卫生组织制定的《临床实践规范》（Good Clinical Practice）提出，《赫尔辛基宣言》是"被接受的临床试验的伦理基础，必须被进行这类试验的有关各方完全尊重和遵守"。（3.1条）1996年，由欧盟、日本和美国三方协调会议制定的《临床实践规范》，也提出"临床研究必须遵守发源于《赫尔辛基宣言》的原则"。2000年5月，联合国艾滋病规划署的指导

---

[1] Christie B., "Doctors Revise Declaration of Helsinki" *BMJ*, Vol. 321, 2000, p. 913.
[2] Crawley F., Hoet F., "Ethics and Law: The Declaration of Helsinki under Discussion" *Bull Med Ethics*, No. 150, 1999, pp. 9 – 12. （最初刊印在 Appl Clin Trials, 1998; 7: 36 – 40 中）。

文件——《HIV疫苗研究中的伦理考虑》也将《赫尔辛基宣言》作为参考的文本。

1982年，针对国际合作研究增多，发展中国家受试者的保护亟待加强的形势，国际医学科学理事会制定了《涉及人的生物医学研究国际伦理准则》，以便将《赫尔辛基宣言》的原则应用于发展中国家参与的国际合作研究。后来，随着国际合作研究中新问题的出现和《赫尔辛基宣言》的修订，国际医学科学理事会与世界卫生组织合作，对《涉及人的生物医学研究国际伦理准则》进行了修订。截至2011年，共进行了两次修订，产生了《涉及人的生物医学研究国际伦理准则》（1993）和《涉及人的生物医学研究国际伦理准则》（2002）。

《赫尔辛基宣言》和《涉及人的生物医学研究国际伦理准则》都是活的文本。在生物医学研究不断发展，生物医学研究的社会、经济背景和伦理思考方式不断变化的条件下，《赫尔辛基宣言》被多次修订。到2011年为止，《赫尔辛基宣言》共修订了八次，形成了《赫尔辛基宣言》（1975）、《赫尔辛基宣言》（1983）、《赫尔辛基宣言》（1989）、《赫尔辛基宣言》（1996）、《赫尔辛基宣言》（2000）、《赫尔辛基宣言》（2002）、《赫尔辛基宣言》（2004）和《赫尔辛基宣言》（2008）。《涉及人的生物医学研究国际伦理准则》几乎是每隔十年出现一个新的版本，到现在已经有了三个版本。

本书主要回到历史情境中梳理准则修订过程中各种伦理准则内涵的演变和修订过程中探讨的主要伦理问题，探讨三部准则的特点、它们之间的关系以及准则演变过程中伦理思考方式的变化。

上述国际生命伦理准则是我国制定伦理法规的重要依据。目前，我国规范人体试验的法规是2003年国家食品药品监督管理局颁布的《药品临床试验管理规范》和2007年卫生部颁布的《涉及人的生物医学研究伦理审查办法》（试行）。它们都是在国际伦理准则的基础上制定的。《药品临床试验管理规范》直接提出："所有以人为对象的研究必须符合《世界医学大会赫尔辛基宣言》（附录1），即公正、尊重人格、力求使受试者最大程度受益和尽可能避免伤害。"从我国未来伦理法规的制定和修订的角度看，探讨准则中公认原则内涵的来龙去脉是一项基础性的工作。

我国对人体试验进行伦理审查的依据（《药品临床试验伦理规范》

和《涉及人的生物医学研究伦理审查办法》）主要规定的是一些带有普遍性的原则和原则的应用。在具体审查的时候，伦理审查委员会还需要在坚持基本原则的前提下，具体情况具体分析。追根溯源，探讨影响我国管理规范制定的这些伦理准则的产生和演变过程，对理解我们的伦理规范、更好地运用这些规范无疑是很有裨益的。

国际生命伦理准则不仅对生命伦理准则和管理规范的制定有重要影响，而且为许多伦理学问题的讨论构建了话语平台，为伦理学问题探讨提供了分析框架。这三部准则已经成为生命伦理学领域中的重要伦理资源。在我国，近年来几部有重要影响的生命伦理学著作，如陈元方、邱仁宗合著的《生物医学研究伦理学》（2003），翟晓梅、邱仁宗主编的《生命伦理学导论》（2005）和韩跃红主编的《护卫生命的尊严——现代生物技术中的伦理问题研究》（2005），都将《纽伦堡法典》、《赫尔辛基宣言》和《涉及人的生物医学研究国际伦理准则》作为著作的附录或重要组成部分。还原这些被广泛引用的准则的意义，梳理和探讨这些准则产生背后的伦理问题，对生命伦理学的研究来说，也是一项重要的基础工作。

"仔细阅读医生审判的文本、背景文件和最终的判词，揭示出［法典］的著作权应是共享的，《法典》的著名的10条原则是在审判中形成的。"[1] 研究的工作在20世纪90年代以后出现了高潮。要深入研究伦理准则的演变，首先就需要回到国际生命伦理准则的起点——《纽伦堡法典》，深入研究《纽伦堡法典》中被后人广泛引用的原则的原义。众所周知，《纽伦堡法典》是"二战"结束后，美国法庭对纳粹医生进行的"医生审判"的产物。因此，诚如伦理问题是如何被引入法律审判，医生审判同《纽伦堡法典》之间的关系，或者说对这些原则进行历史还原，探讨这些原则的内涵究竟是什么，都需要我们探究。

《赫尔辛基宣言》是《纽伦堡法典》的继承者，是四十多年来始终对生命伦理和生物医学实践有重要影响的伦理准则，它自身所包含的伦理思考方式也在悄然发生变化。如何沿着历史发展的脉络厘清《宣言》的这些变化，尤其是最近的《赫尔辛基宣言》（2008）在安慰剂条款中

---

[1] Shuster E., "Fifty Years Later: The Significance of the Nuremberg Code", *The New England Journal of Medicine*, Vol. 337, No. 20, pp. 1436–1440.

的思考方式的变化，对于理解准则，把握《赫尔辛基宣言》的未来发展趋势具有重要意义，也是重要的理论问题。

《涉及人的生物医学研究国际伦理准则》，同《纽伦堡法典》和《赫尔辛基宣言》的一个重要不同是，前者的文本不是由单纯的伦理原则和伦理规范组成，它同时包含了对背景介绍的内容。1982年的《准则》中，背景介绍的篇幅甚至比准则的篇幅还要多。从1993年开始，《涉及人的生物医学研究国际伦理准则》中还增加了对准则的"评注"，这些评注包含对《准则》中的原则和规定的解释、制定时的伦理考虑以及原则的例外等内容。今天看来，《涉及人的生物医学研究国际伦理准则》的三个文本本身就是一部准则史。研究《涉及人的生物医学研究国际伦理准则》演变的一个重要工作就是进行文本的比较分析，从而厘清《准则》的变化过程和变化特点。

虽然《纽伦堡法典》对生命伦理准则的制定有深远的影响，但研究《纽伦堡法典》，尤其是研究《纽伦堡法典》和医生审判关系以及《纽伦堡法典》对生命伦理学的影响的工作主要是在20世纪90年代以后蓬勃开展起来的。这个时期一批不合伦理的药物和疫苗试验被揭露出来，与此同时，美国食品药品监督管理局的新规定允许在战争地区（包括有战争威胁的地区）使用试验用药物时，可以免除知情同意。这些现实使许多学者担心纳粹医生的暴行会重现，公众的人权会受到损害，为此他们重回历史，研究纳粹医学暴行的起源、医生如何成为杀手、《纽伦堡法典》的起源等问题。在这个时期，最有影响的著作是George J. Annas和Michael A. Grodin合编的《纳粹医生和纽伦堡法典：人体试验中的人权》[1]（1992）。这部著作汇聚了当时历史学、哲学、医学和法学领域的著名学者的研究，被医生审判的首席起诉人Taylor誉为"该领域中最全面的研究"。后来，这部著作被几乎所有研究《纽伦堡法典》和医生审判关系的学者引用。该书探讨了纳粹医生的人体试验暴行的起源、《纽伦堡法典》的起源和《纽伦堡法典》对美国立法和人权事业的影响。这部著作对史实的梳理为我们探讨《纽伦堡法典》同医生审判的关系提供了重要基础，但由于这部著作在探讨医生审判同《纽伦堡法典》

---

[1] Annas G. J., Grodin M. A., *The Nazi doctors and the Nuremberg Code: human rights in human experimentation*, New York: Oxford Unviersity Press, 1992.

的关系时，主要是列举医生审判的开篇陈述、判词等史料，没有深入挖掘这些史料同《纽伦堡法典》的原则之间的内在联系，而且在探讨联系时主要聚焦在知情同意原则上，这需要我们做进一步的工作，较全面地展现医生审判同《纽伦堡法典》之间的关系。

在 George J. Annas 和 Michael A. Grodin 的著作出版之后出版的涉及医生审判和《纽伦堡法典》之间关系的著作是 Jacques J. Rozenberg 编辑的《重访纽伦堡：纽伦堡审判和纽伦堡法典的生命伦理和伦理议题》(2004)[①]。这部著作的作者分别来自医学界、精神分析学界、生命伦理学界、伦理学界、哲学界、历史学界和法学界等。该书探讨了纽伦堡审判的法律来源、造成医学暴行的种族主义、反犹太主义等的来源以及《纽伦堡法典》涉及的伦理问题等。这部汇聚多学科研究视角的著作为我们在广阔背景下理解医生审判和《纽伦堡法典》之间的关系提供了帮助。

与 Jacques J. Rozenberg 这本主要使用二手资料进行研究的著作不同，在 2004 年出版的 Paul Julian Weindling 的专著《纳粹医学和纽伦堡审判：从医学战争罪到知情同意》(2004) 是以一手史料为基础进行研究的。Weindling 查阅了保存在联合国、法国档案馆（这里收藏了医生审判中最重要的资料）、加拿大档案馆等地的与医生审判相关的原始资料，重现了盟军作出对纳粹医学暴行进行审判的决定的历史过程，从医生审判中起诉方、被告方、证人、法官、观察员等方面对医生审判进行了全面的历史重构。Weindling 的工作不仅为我们提供了重要的二手史料，而且更重要的是他对医生审判的全面历史重构提示我们在探讨《纽伦堡法典》同医生审判的关系的时候，不仅仅像以往学者那样关注纳粹医生的罪行，起诉方对纳粹人体试验的控诉，也要关注被告方的反驳、受害者/证人的控诉。同 Annas 等人的工作一样，Weindling 在探讨医生审判同《纽伦堡法典》的原则的关系时，也将注意力集中在知情同意原则上。这需要我们在此基础上拓展研究范围，将《纽伦堡法典》的其他原则同医生审判建立联系。

在我国，尚未见到研究《纽伦堡法典》和医生审判之间关系的专

---

① Rozenberg J. J.. *Bioethical and ethical issues surrounding the trials and the Code of Nuremberg: Nuremberg revisited*, Lewiston: Edwin Mellen Press, 2003.

著。2007年，罗光强的硕士论文《二战期间德国纳粹人体试验的伦理批判》[1] 发表。在这篇论文中，罗光强探究了引起纽伦堡审判的纳粹人体试验誓言的伦理根源，他提出超人道德是纳粹人体实验的伦理支撑，种族主义思想是纳粹人体实验的伦理前提。他的这项工作有助于我们理解纳粹医生作为被告方在法庭上提出的辩护理由，也有助于我们进一步将《纽伦堡法典》同医生审判联系起来。限于研究目的，罗光强没有在他的硕士论文中专门探讨《纽伦堡法典》同医生审判的关系。这是我们需要专门探讨的问题。

目前，尚未见到研究《赫尔辛基宣言》演变历史的专著。分别以 *Declaration of Helsinki* 为题名和主题词在 World Cat 上搜索，所得到的也只是《赫尔辛基宣言》的文本，而没有研究专著。但是，在《赫尔辛基宣言》的修订过程中，出现大量的论文，这些成为本研究的史料的重要组成部分。目前，主要有三篇论文回顾《赫尔辛基宣言》的演变历史。2000年，世界医学会完成了对《赫尔辛基宣言》的第五次修订，并在世界医学大会上颁布了《赫尔辛基宣言》（2000）。很快，就有来自美国和欧洲的药品监管部门的反对，要求修订刚刚出台的《赫尔辛基宣言》。这给世界医学会带来巨大压力，在这种背景下，世界医学会的秘书长 Delon Human 和世界卫生组织的 Sev. S. Fluss 合著了《赫尔辛基宣言：历史和当代视角》[2] 的文章。在这篇文章中，他们详细介绍了1996年版的《赫尔辛基宣言》的修订过程和世界医学会不得不为2000年版本的《赫尔辛基宣言》追加澄清说明的背景。Human 和 Fluss 的这项研究一方面厘清了1996年版本的《赫尔辛基宣言》的修订过程，另一方面为本课题的进一步研究提供了重要的文献线索。2004年，Robert V. Carlson 等人的论文《赫尔辛基宣言的修订：历史、现在和未来》[3] 发表，在这篇论文中 Carlson 等人对《赫尔辛基宣言》从1964年到2004年的六个版本的文本（1964、1975、1983、1989、1996、2000）进行了分析。同 Carlson 等人的研究相似，我国学者丛亚丽的论文《赫

---

[1] 罗光强：《二战期间德国纳粹人体试验的伦理批判》，硕士论文，湖南师范大学，2007。

[2] Human D., Fluss S. S., "The World Medical Associations Declaration of Helsinki: Historical and Contemporary Perspectives", http://www.wma.net/e/ethicsunit/pdf/.

[3] Carlson R. V., Boyd K. M., Webb., "The Revision of the Declaration of Helsinki: past, present and future", Br. J. Clin. *Pharmacol*, Vol. 57, No. 6, 2007, pp. 695–713.

尔辛基宣言纵横谈》①也研究了从1964年到2002年《赫尔辛基宣言》变化的主要内容。上述这些研究都是对《赫尔辛基宣言》的纵向演变的研究，也就是同一个准则的不同版本之间的比较分析。本论文在上述文本内容研究的成果基础上，将《赫尔辛基宣言》的演变同《赫尔辛基宣言》制定/修订的背景联系起来，在厘清《赫尔辛基宣言》从1964年到2008年（2008年，《赫尔辛基宣言》又完成了一次修订）准则演变的内容的基础上，探究伴随着《赫尔辛基宣言》演变过程中生物医学研究伦理领域所探究的伦理问题和伦理思考方式的变化。

到2011年3月为止，尚未见到对《涉及人的生物医学研究国际伦理准则》的二次修订过程的研究专著，也没有见到对《涉及人的生物医学研究国际伦理准则》的修订过程专门进行研究的论文。由于《涉及人的生物医学研究国际伦理准则》主要关注的是国际合作的生物医学研究，尤其是由发达国家资助在发展中国家进行的国际合作研究中的伦理问题，对我国这样的发展中国家而言，探讨《涉及人的生物医学研究国际伦理准则》的演变对我国伦理审查委员会进行国际合作研究的伦理审查无疑具有借鉴意义。

《纽伦堡法典》、《赫尔辛基宣言》和《涉及人的生物医学研究国际伦理准则》是在历史中先后产生的准则，从准则的颁布角度看，新的准则取代了原有的准则。但从准则的发展的角度看，准则之间不是简单的取代关系，新的准则在取代原有准则的时候都是与生物医学研究中的新的伦理问题的出现和伦理思考方式的变化发生关系，而研究这些关系才能帮助我们更好地应用这些准则分析现实的生物医学伦理问题和进行伦理审查，避免对准则的教条使用。为此，本论文还将探究这三部准则之间的关系。

本书的研究主要采用了历史与逻辑统一的方法。在梳理国际生命伦理准则演变的过程中，对准则演变背后的伦理思想、伦理视角和伦理视野进行分析，阐释准则演变的伦理含义。本书采取的另一个重要方法是文本的比较分析。在大量收集伦理准则制定过程留下的文献，包括准则的各种版本、准则的草案、修订意见等的基础上，进行了整理和分析。

---

① 丛亚丽：《赫尔辛基宣言纵横谈》，载刘华杰《科学传播读本》，上海交通大学出版社2007年版，第301—326页。

第一章 医生的"原罪"
——《纽伦堡法典》

《纽伦堡法典》（Nuremberg Code）是第一部具有奠基意义的国际生命伦理准则，其所提出的原则不仅为其他生命伦理准则奠定了基础，而且它所提出的人体试验的同意原则还被写入《联合国文化和政治权利国际公约（1966）》（United Nations International Covenanton Civil and Political Rights 1966）。本章描述《纽伦堡法典》产生的过程，聚焦于《纽伦堡法典》与纽伦堡审判之间的关系，重点分析若干对人体研究有普遍意义的原则是如何产生的。

第一节 《纽伦堡法典》的缘起

《纽伦堡法典》被称为"法典"，但本身并不具有法律地位。它是在纽伦堡进行的医生审判即将结束的时候，在宣读审判裁决之前，由法官在法庭上宣读的。其实，法官在宣读裁决书之前宣读伦理准则，这在当代英美法系下的法庭审判中并不多见。为什么在法律宣判中会出现对医学伦理维度问题的考虑是首先需要探究的问题。

一、纽伦堡审判与医生审判

从严格意义上讲，说《纽伦堡法典》是纽伦堡审判的产物是不确切的，其实它是医生审判的产物。纽伦堡是德国东南部的一座历史悠久的城市，在中世纪多位德意志皇帝居住在这里。1933年，希特勒将纽伦堡定为"纳粹党代会会址"，这里也被看作是纳粹党的诞生地。第二次世界大战结束后，对德国战犯的一系列审判就在纽伦堡的正义宫（the Palace of Justice）进行。"二战"结束前，盟军轰炸几乎将纽伦堡夷为平地，正义宫是当时保存较完整的大型建筑，可以为审判提供必需的大型空间。而且，选择纽伦堡的正义宫进行审判也是纳粹党灭亡的标志。在纽伦堡进行的一系列审判被合称为纽伦堡审判（Nuremberg Trials）。在这一系列审判中，首先进行的是由美国、法国、英国和苏联组成的国际军事法庭对纳粹德国最重要的领导的审判，即"首要战犯审判"。在这次审判中所提及的 14 名医生后来成为医生审判的被告。1946 年 12 月 9 日，在"首要战犯审判"结束两个月后，同样在纽伦堡的正义宫，美国军事法庭开始了对"首要战犯"之外的其他战犯的 12 项审判，此即"纽伦堡军事法庭审判"。

纽伦堡军事法庭审判，首先进行的是对参与纳粹人体试验的 20 位医生和 3 位纳粹官员的审判，这一审判的正式名称是："美利坚合众国对 Karl Brandt 等人的审判"。习惯上称其为"医生审判"（Doctors' Trial）。

医生审判从 1946 年 12 月 9 日开始，到 1947 年 9 月 20 日结束，历时近 10 个月。经过法庭审理，16 人被判有罪，其中 Karl Brandt 等 7 名被告被处以绞刑，Gerhard Rose 等 9 人被判 10 年以上不等的监禁，其中 Rose 被判终生监禁。

（一）医生审判的起因

1. 调查员的工作

1945 年 5 月 8 日，第二次世界大战中欧洲战场的战斗结束，盟军调查人员进入德国开始对德国的科学技术研究成果进行调查。此时，亚洲战场的战斗还没有结束，同时盟军也担心德军使用秘密武器展开报复行动。因此，那些对德国医生和科学家进行审问的调查员肩负的一项重要使命是获取德国的技术资料，发掘德国的医学成就以应用于对日作战的战场。

在这些调查员中，Leo Alexander（1905.11—1985.7）和 John West Roberson Thompson 对促成医生审判有重要作用。Alexander 是一位生理学家。他出生在维也纳，就学于维也纳大学医学系，毕业后在法兰克福大学进行精神病学的实习工作，1933 年来到中国的北平研究院工作。由于 Alexander 有犹太人血统，德国的排犹政策迫使他于 1934 年移居美国。他曾经在哈佛大学医学院和杜克大学医学院任教。1943 年，他应召为美国军队服务。1945 年，成为战争罪调查员。5 月，Alexander 看到一部反映集中营内幕的纪录片，受到强烈刺激，他说："虽然在战争之前我们就知道会发生什么，但是真正面对实际的画面的证据时，还是一个残酷的经历。为了理解独裁的含义，尤其是德国独裁的含义，这是必要的经历。这是对人性犯下的滔天罪行。我们一定要确保它在任何地方都永远不要重现。"①

这之后，Alexander 进入德国的医学机构和集中营，他发现了将谋杀性试验作为科学发现的会议报告，将被杀害人员的遗体作为科学材料的命令、利用被杀害人员的遗体进行人体试验的报告等。通过访问集中营中的幸存者，询问德国的医生，他对德国医生的暴行有了深入认识。从1945年7月22日到8月24日，Alexander 共完成了7份调查报告。分别是《寒冷，尤其是冷水造成的休克的治疗》、《战争期间德国的神经病理学和神经生理学》、《德国军队精神病学和神经外科》、《航空医学事件》、《战争期间德国的医学课程》、《德国科学组织制订的影响国际和学术会议的方法》和《德国公众心理健康实践、绝育和处决精神或神经病患者》。这些报告所涉及的冷水试验、绝育、航空医学等试验后来进入了医生审判，成为指控被告的证据。1946年，Alexander 成为纽伦堡审判中美国监控方的顾问。

Thompson 是 Alexander 的朋友，他出生在墨西哥，曾在斯坦福大学学习生物学，在爱丁堡学习医学。1932—1933 年纳粹接管德国政权的时候，他在德国弗莱堡大学病理学研究所工作。1938 年，他前往哈佛，在那里结识了 Alexander，并成为朋友。战争开始后，他成为加拿大多伦多大学的航空医学研究员，在诺贝尔生理—医学奖获得者 Bauting 的领导下工作。1945 年，他作为加拿大皇家空军的情报员进入德国开始调查。Thompson 在审问进行人体试验的德国医生时，开始了解到了纳粹集中营内的大屠杀，这促使他开始关注医学战争罪行。他在提交给美国军方的备忘录中说，应该逮捕和起诉这些罪犯。如果只调查而不起诉，就会让德国人认为盟军知道他们违反伦理的行为，但宽恕他们了。这样的严重后果就是，不合伦理的试验不但会在德国继续进行，而且会扩展到其他国家。这最终会损害临床研究。② Thompson 的备忘录产生了

---

① Weindling, Paul J., *Nazi Medicine and the Nuremberg Trials: From Medical War Crimes to Informed Consent*, New York: Palgrave Macmillan, 2006, pp. 63 – 64.
② Ibid., pp. 87 – 88.

深刻的影响，它促使美国对医学暴行的政策变为"将一到二个显著的案件带到军事法庭，将其他案件留给德国法庭"①。

2. 幸存者的理性呼吁

纳粹人体试验的暴行激起了受试者的反抗。1943年，磺胺类药物和骨移植手术的受害者给集中营的头目写信，反对参加进一步的试验。他们提交了一份声明说："国际法不允许在犯人身上进行试验。"他们还组织起来游行，反对集中营的头目，并且要求他告诉他们手术是否是审判的一部分。在纽伦堡审判中，法官在宣读对Gebhardt、Fisher和Oberheuser的判词时引用了这些抗议。②

集中营解放后，幸存者的控诉帮助促成了进行医生审判的决定。1945年5月，从波兰等地解放的犯人组建了"达豪德国集中营医学罪国际调查办公室"。他们的目标包括：任何国家的每一位受害者都能被医学权威询问和检查；每一个由人体试验引起的死亡案件都能被确立，从而使寡妇和孤儿获得合法继承人的权利；每一个全部或部分无效的案件都能被正确对待。类似的组织还有许多，他们给调查者留下了寻求正义、同情和重估医学伦理的影响。③而此前，进入德国的盟军部队由于担心德国科学家会用新式秘密武器发动一场报复战争，另一方面也为了当时对日本的作战需要，他们进入德国的目标只是寻找德国的秘密武器、发现德国的医学成就。

医生审判的首席起诉人泰勒（Taylor）在开篇陈述中说，"仅仅惩罚被告是不够的，即使去惩罚其他成千上万同样有罪的人也永远不能补偿纳粹给这些不幸的人带来的让人不寒而栗的伤害。对他们而言，更重要的是用明确和公开的证据将这些让人难以置信的暴行通过明晰和公开的证据被确立下来，这样就没有人可以怀疑这是事实而不是传说……"④

（二）被起诉的罪行

医生审判中的被告被指控领导、主持、参与了令人发指的人体试

---

① Weindling, Paul J., *Nazi Medicine and the Nuremberg Trials: From Medical War Crimes to Informed Consent*, New York: Palgrave Macmillan, 2006, p. 88.
② Ibid., p. 14.
③ Ibid., p. 61.
④ Taylor, T., "Opening Statement of the Prosecution", http://www.ushmm.org/research/doctors/charges.htm, 2009-09-16.

验。这些试验主要是在集中营的犯人身上进行，给受试者带来了痛苦、残疾甚至死亡。在医生审判的起诉书中提及的人体试验包括高空试验、冷冻试验、疟疾试验、毒气试验、骨、肌肉和神经再生以及骨移植试验、海水试验、流行黄疸病试验、绝育试验、瘤疹伤寒试验、毒药试验、犹太人骨骼试验等。[①]

这些试验的具体内容如下：

（1）高空试验 该试验也叫低压试验。从1942年3月到1942年8月在达豪（Dachau）集中营中进行。试验目的是研究人体所能承受的高空极限。在试验中，受试者被置于低压舱中。此种低压舱可以模拟海拔68000英尺以上空气的状况和压力情况。试验开始后，模拟高度不断升高，空气状况和压力发生变化。试验中，受试者会出现痉挛、神志不清直至呼吸完全停止的反应。受试者经受了巨大的痛苦和折磨，许多受试者死亡。

（2）冷冻试验 从1942年8月到1943年5月在达豪集中营中进行。试验目的是研究治疗冻僵的人的最有效的方法。在试验中，有的受试者穿着衣服被置于充满冰—水混合物的水箱中达3个小时之久，有的受试者裸体站在零度以下的室外许多个小时。然后那些被冻僵的尚未死亡的受试者被采取各种手段回暖。试验中，许多受试者死亡。

（3）疟疾试验 从1942年2月到1945年4月在达豪集中营中进行。试验目的是研究疟疾的免疫和治疗。在试验中，纳粹人体试验者首先让蚊子叮咬健康的受试者或给他们注射蚊子病毒。受试者感染疟疾以后，试验者让他们接受各种药物的治疗，以检验这些药物的有效性。1000多位犯人成为疟疾试验的受试者。试验中，受试者遭受了巨大痛苦，许多受试者永久残疾，更多的受试者死亡。

（4）芥子气试验 从1939年9月到1945年4月在萨森豪森（Sachsenhausen）、纳兹维乐（Natzweiler）和其他集中营进行。试验目的是研究治疗芥子气造成的创伤的最有效的手段。在试验中，纳粹人体试验者首先在受试者身上造成伤口，然后用芥子气感染受试者的伤口。受试者也受到了巨大的伤害，许多受试者死亡。

---

① "Count Two – War Crimes", http：//www.ushmm.org/research/doctors/twoa.htm, 2009 – 9 – 16.

(5) 磺胺试验　大约是从 1942 年 7 月到 1943 年 9 月，在莱温斯布鲁克（Ravensbrueck）集中营进行。试验目的是研究治疗磺胺的有效性。试验中，试验者首先在受试者身上造成伤口，然后用链球菌、气性坏疽和破伤风等感染受试者的伤口。为了加重感染，还将木屑和玻璃屑塞进伤口。之后，将伤口两端的血管结扎起来。然后用磺胺和其他药物治疗，以检验这些药物的有效性。受试者也受到了巨大的伤害，许多受试者死亡。

(6) 骨、肌肉和神经再生以及骨移植试验　大约是从 1942 年 9 月到 1943 年 12 月，在莱温斯布鲁克集中营进行。试验的目的是研究骨头、肌肉和神经的再生和不同人之间的骨移植以及其他药物试验。试验中，试验者将受试者身上某部分的骨头、肌肉和神经移走。许多受试者遭受了巨大的痛苦和永久残疾。

(7) 海水试验　大约是从 1944 年 7 月到 1944 年 9 月，在达豪集中营进行。试验的目的是研究使海水可饮用的方法。试验中，受试者被剥夺了所有的食物。试验者只向受试者提供经过化学处理的海水。受试者遭受了巨大的痛苦，健康受到严重损害。

(8) 流行黄疸病试验　大约是从 1943 年 6 月到 1945 年 1 月，在萨森豪森和纳兹维乐集中营进行。试验目的是研究黄疸病的病因和免疫接种。试验中，试验者故意用黄疸病感染受试者，使受试者遭受了巨大的痛苦，许多受试者因此死亡。

(9) 绝育试验　大约是从 1941 年 3 月到 1945 年 1 月，在奥斯维辛、莱温斯布鲁克和其他集中营进行。试验的目的是开发一种有效地对大规模人群进行绝育的最迅速的方法。试验者用 X 射线、手术和药物进行绝育。这导致成千上万的人遭受精神和肉体的痛苦。

(10) 瘤疹伤寒试验　大约是从 1941 年 12 月到 1945 年 2 月，在布臣瓦尔德（Buchenwald）和纳兹维乐集中营进行。试验的目的是研究瘤疹伤寒和其他疫苗的有效性。在布臣瓦尔德集中营进行的试验中，试验者故意用瘤疹伤寒病毒感染一部分健康的受试者，以使该病毒存活。有 90% 的受试者在这样的试验中死亡。另一部分健康的受试者被用作疫苗免疫性试验。试验者用疫苗或化学药物对其中 75% 的受试者进行免疫，经过 3 到 4 个星期之后，再用瘤疹伤寒病毒感染这些受试者；为了进行对照，试验者让其余 25% 的受试者在没有任何保护的情况下感染瘤疹伤寒病毒。成百上千的受试者死亡。除此之外，还进行了黄热病、天花等的试验。在纳兹维乐集中营进行了与此相似、结果也相似的试验。

（11）毒药试验　大约在1943年12月到1944年10月，在布臣瓦尔德集中营进行。试验的目的是研究各种毒药杀人的效果。毒药被秘密地放在受试者的食物中。受试者被毒死或被立即杀死以进行尸体解剖。大约在1944年9月，试验受试者遭受有毒子弹的射击，受试者痛苦地死亡。

（12）燃烧弹试验　大约在1943年11月到1944年1月，在布臣瓦尔德集中营进行。试验的目的是研究各种药物制剂对磷烧伤的作用。试验中，试验者用从燃烧弹中采集的物质烧伤受试者。受试者的身体受到严重伤害。

（13）犹太人骨骼试验　纳粹种族主义理论让纳粹医生和医学家非常着迷。他们把种族理论用到人类学的领域中。由于犹太人的骨骼通过战场收集比较困难，他们决定就在集中营中直接杀死犹太人来收集，大量的犹太人被屠杀。

（三）医生审判的法律依据

1945年8月，英国、美国、法国和苏联就战后对欧洲轴心国首要战犯进行起诉和惩处的问题共同签署了《伦敦四国协定》。根据该协定的规定，确立了审理首要战犯的国际军事法庭的基本条例——《国际军事法庭宪章》。宪章是首要战犯审判的依据，也为医生审判提供了法律依据。医生审判的主要法律依据就是宪章第6条中的第2款和第3款分别规定的战争罪和反人道罪：

> 战争罪：系指违反战争法规和战争习惯的罪行。这种违反行为包括（但并不限于）：屠杀或虐待占领区平民，或以奴隶劳动为目的，或其他任何某种目的而将平民从被占领区或在被占领区内放逐，屠杀、虐待战俘或海上人员，杀害人质，掠夺公私财产，恣意破坏城镇乡村，或任何非属军事需要而进行破坏。
>
> 违反人道罪：系指在战争爆发以前或在战争期间对平民进行的屠杀、灭绝、奴役、放逐或其他非人道行为；借口政治、种族或宗教的理由而犯的属于法庭有权受理的业已构成犯罪或与犯罪有关的

迫害行为，不管该行为是否触犯进行此类活动的所在国的法律。①

战争罪主要针对的是对占领区平民和战俘的虐杀或虐待，而违反人道罪主要针对的是对本国平民的屠杀或虐待。这样就使审判的范围扩大到所有的虐杀或虐待，而不仅仅是占领区或德国国内。

二 伦理与法律依据的结合

然而，除了上述审判依据外，在医生审判进行过程中，伦理问题也成为审判的依据。不论是在调查取证、法庭问讯，还是在最终法官宣读的判词中，伦理问题都成为重点讨论的问题。为什么在医生审判中，医学伦理进入法律审判，并且成为医生审判的调查取证阶段和法庭审理阶段的重要组成部分？回顾当时的历史，可以看到主要是如下三个因素催生医学伦理问题进入法律审判过程。

（一）法无规定者不罚

在国际军事法庭对首要战犯的审理中，被告为自己开脱罪行的理由之一就是"法无规定者不罚"的原则。该原则是法律中的通行惯例，也就是法律只适用于法律确立之后产生的行为，而国际军事法庭所依据的《伦敦宪章》是在1945年8月，也就是欧洲战场的战争结束后制定的。虽然国际军事法庭已经对被告的这条辩护理由给予了驳斥，但医生审判中的被告仍有可能使用这条原则进行辩护。此外，医生审判还有一个困难就是，大多数被告是医生，他们认为进行人体试验是他们的职业行为，他们在为自己的国家服务，正如他们的美国同行在战争期间也在从事人体试验，也在为自己的祖国服务一样。

这样，就需要为审判找到一个依据，尤其是在医学共同体内部早已达成共识的依据，以驳斥被告可能会提出的"法无规定者不罚"的理由。美国人找到的这个依据就是《希波克拉底誓言》。《希波克拉底誓言》是古希腊医圣希波克拉底提出的规范医生与其教师、医生与病人、医生与同行之间关系的伦理誓词，在医学界流传久远，是许多国家的医学誓词。《希波克拉底誓言》是在关于医生与病人关系的内容中提出：

---

① ［民主德国］施泰尼格尔编：《纽伦堡审判》，王昭仁等译，商务印书馆1985年版，第77页。

"我会依据我的能力和判断,为了病人的利益而使用饮食措施;我要保护他们免受伤害和不公。"这条被人们称作"不作恶"原则。

在调查阶段,调查员和未来的被告就已经将《希波克拉底誓言》引入到了询问中。1946年10月22日,Hardy在面对布臣瓦尔德集中营的医生Hoven时,他们之间发生了如下的一场对话。

> Hardy:"当你成为医生并被授予学位时你起誓遵守《希波克拉底誓言》。当你宣誓时,你说你会尽你的力量为保护生命做任何事情。"
> Hoven:"是的。"
> Hardy:"医生,你违反了誓言。你可能因为上级的原因违反了誓言,但无论如何,你违反了医生的誓言。德国的医学职业,正如你所知的已经堕落到不仅令你们德国医生,也令美国和其他国家的医学蒙羞的地步。这种羞耻需要一千年才可以洗刷干净。德国的医务界做了过去人们从未听说的事……在本次审判中,我们要将你们所做的曝光,以使它永不再发生,以使其他忠于自己职业的人不会像德意志第三帝国那样破坏他们的信仰。"[1]

Taylor在医生审判的开篇陈述中也引用了《希波克拉底誓言》作为审判的基础,指出这些医生的行为违背了誓言。他说:

> "这些在被告席上的被告被控谋杀,但这不是单纯的谋杀审判。……在当代的任何法律体系下,杀人、使他人残疾和折磨人都是有罪的。……他们不是无辜的人。大多数人是训练有素的医生,有些还是著名的科学家。但这些被告要对全部的谋杀和令人难以启齿的残酷折磨负责,他们完全有能力知道他们的行为的本质,他们大多数人有超常的资格形成正确的职业判断。"[2]
>
> "这20位站在被告席上的医生,有享有国际声誉的德国医学科

---

[1] Weindling, Paul J., *Nazi Medicine and the Nuremberg Trials: From Medical War Crimes to Informed Consent*, New York: Palgrave Macmillan, 2006, p. 266.

[2] "Taylor, T. Opening Statement of the Prosecution", http://www.ushmm.org/research/doctors/charges.htm, 2009 - 09 - 16.

学的领袖,也有德国医学的沉渣。他们对那些被残暴和罪恶的政府剥夺权利的无防备的人缺乏最起码的人道关怀,而且,他们无原则地滥用手中的权利对待这些人。他们都违反了《希波克拉底誓言》,他们曾经起誓要坚持和遵守誓言的戒律,包括誓言的基本原则——不作恶。"[1]

《希波克拉底誓言》,尤其是《誓言》规定的"医生不作恶"的原则被引入之后,医学伦理也就随之被带入了医生审判中。

(二) 美国人自身的担心

从前文的介绍中我们看到调查德国医生暴行的 Alexander 和 Thompson 熟悉德国人的研究,同样,这些德国被告中的许多人也非常熟悉美国人当时的研究。尤其是当时美国的《生活》(*Life*)、《时代》(*Time*)和《读者文摘》(*Reader's Digest*) 刊登了一些美国的人体试验的情况,这就使得德国人毫不费力地了解了美国人的试验。这些报道的原意是宣传美国人的英雄主义和自我牺牲精神,但却帮助德国人找到了反驳美国人的证据。德国人提出美国人的试验也是不符合伦理的,如果德国人被审,那么这些美国同行也应当受到审判。这其中非常典型的例子就是被告 Gerhard Rose 反驳美国人引发的一系列事件。

在所有的被告中,Rose 是在科学界最负有盛名的科学家之一。他是公共健康和热带疾病方面的专家,曾经在精神病人身上进行疟疾试验。在试验中,他让携带疟原虫的蚊子叮咬 200 位病人,然后在接下来一年多的时间里观察这些服用了不同药物的病人的反应。《生活》杂志所报道的美国的试验也是疟疾试验,是在美国的监狱中在囚犯身上做的。Rose 认为美国的试验同样不合伦理。这促使首席起诉人 Taylor 于 1946 年 11 月 1 日致电美国陆军部,要求派人调查此事。Taylor 的电文如下:

> 有关医学暴行的审判将在 11 月的最后一个星期开始。我们有必要得到在活人身上进行的医学试验的历史的深入的论文,尤其是强调在美国的实验。被告 Rose 说,美国医生大量使用监狱和收容

---

[1] Taylor, T. "Opening Statement of the Prosecution", http://www.ushmm.org/research/doctors/summary2.htm, 2009-09-16.

所中的人进行试验，尤其是疟疾试验。这是真实的吗？如果是，告诉我们全部事实。不要限制回答这些问题。建议你联系与这个问题有关的伊利诺斯大学医学院的 A. C. Ivy 医生。立即回答。①

之后，在法庭上围绕着美国人的试验展开了辩论。这部分内容见下文。在医生审判开始前，类似 Rose 这样对美国的人体试验的指责还有许多。这就迫使美国人必须认真对待这些指责，在美国人的试验与德国人的试验中划出一条界限，以避免美国人受审。

（三）对医学未来的忧虑

随着审判内容的逐步公布，德国医生的人体试验罪行会曝光于天下。美国的科学家们担心公众得知这些情况后，会失去对医生科学家的信任，从而威胁医学发展的未来。这就需要制定伦理原则，在合法的试验与像纳粹医生那样的对人体试验的滥用之间划清界限，以便不伤害公众对医学试验的信任，从而维护科学的进步。这种认识在医生审判的调查阶段就已经逐渐清晰了。1946 年 7 月 31 日，在法国巴斯德研究所召开的国际科学理事会（International Sciencitic Commission）的会议上，Ivy 提出了人体试验的原则，这些原则为后来的医生审判奠定了伦理基础。

Andrew Conway Ivy（1893.2.25—1978.2.7）是美国的生理学家和医生。1918 年从芝加哥大学获得博士学位，1922 年从拉什（Rush）医学院获得医学博士学位。1939—1941 年，Ivy 担任了美国生理学会主席。他曾经在芝加哥大学、罗亚拉（Loyola）大学医学院和西北大学工作。1946 年 5 月，在美国医学会的推荐下，Ivy 被任命为纽伦堡战争罪法庭的科学顾问。Ivy 所提出的人体试验的伦理原则是：

在人类受试者身上进行的试验的原则和规则纲要

1. 受试者的同意是必须的；也就是说，只能使用志愿者。

（1）如果有危险，在志愿者给出他们的同意之前，应向其告知危险。

---

① Weindling, Paul J., *Nazi Medicine and the Nuremberg Trials: From Medical War Crimes to Informed Consent*, New York: Palgrave Macmillan, 2006, p. 272.

(2) 如果可能，应提供防范事故的保险。

2. 将要实施的试验应建立在动物试验的基础上，其设计应使预期的结果可以论证研究的正当性；也就是说，试验必须是有用的，能够产生服务于社会利益的结果。

3. 试验应如此进行：

(1) 避免不必要的身体和精神伤害，并且

(2) 由科学上合格的人进行

(3) 如果事先有理由相信会发生死亡或残疾性的伤害，则该试验不应当进行。①

Ivy 提出的人体试验三原则被 Taylor 在审判开始的开庭陈述（opening statement）中引用。在讲到被告的暴行涉及的医学伦理问题时，Taylor 指出，被审判的人体试验的受害者没有一个是"志愿者"、这些试验"不仅是有罪的，而且是科学的失败"。

这次会议的备忘录上对 Ivy 的发言有如下记述：

Ivy 医生警告说，除非采取合适的措施，公布这些正在讨论的与所审判的试验有关的内容，以及与本次会议有关的官方报告的内容，可能会激起公众反对在任何试验方式下使用人类受试者，而这会阻碍科学的进步。因此，Ivy 医生认为这个会议应形成某些普遍性的原则以阐明在试验工作中使用人类受试者的标准……会议达成一致，每位成员都应仔细考虑 Ivy 的提案并提出修改意见以便 Ivy 在第二次会议时看到，并以此为基础，最终形成被认为是有必要的标准。

1946 年的 8 月 6 日，Ivy 与医生审判的首席起诉人 Taylor 举行了会谈。Ivy 向 Taylor 建议："在向公众公开医生审判的时候应谨慎，以免伤害符合伦理的试验。"② Taylor 将 Ivy 介绍给负责公共关系事务的——

---

① Weindling, Paul J., *Nazi Medicine and the Nuremberg Trials: From Medical War Crimes to Informed Consent*, New York: Palgrave Macmillan, 2006, p. 264.

② Ibid., p. 265.

John M. Anspacher，以组织讨论合伦理与不合伦理的试验之间的区别。Ivy 提交了有关伦理的说明和对证人和潜在的被告进行提问的问题。他向战争部（Department of War）提交的报告表明是伦理讨论而不是纳粹的医学谋杀引起了人体试验审判的决定。[①]

第二节 《纽伦堡法典》解读

在医生审判进行法庭审理之前的准备阶段，伦理问题就已经被引入了调查取证工作。医生审判的首席公诉人 Taylor 说："有意思的是，我们在很大程度上被我们的对手教育。我们有大量的机会，在审问医生——其中许多人是老练能干的医生，我们开始意识到我们在呈递本案时会面对的问题。"[②] 法庭上，公诉方和被告围绕伦理问题的辩论将不可避免。与本书主题——回到历史情境中解读伦理原则密切相关的问题是，《纽伦堡法典》尤其是《法典》对后来生命伦理准则的发展有重要影响的知情同意原则、不伤害原则、受试者自由退出的权利是如何被提出来的。

一 十条基本的伦理原则

1947 年 8 月 19 日，法官 Harold Sebring 在宣读对被告的裁决之前，在"可允许的医学试验"（Permissible Medical Experiments）的部分中讲道：

> 有足够的证据表明，某些在人体上进行的医学试验当遵守良好限定的合理的约束，即通常会遵守医学职业伦理。基于人体试验产生为社会谋福利的结果，而这种结果是其他手段或方法的研究不可获得的，人体试验可以得到伦理辩护。但是，所有的人都同意，为了满足道德、伦理和法律观念，一些基本的原则必须被满足：

[①] Weindling, Paul J., *Nazi Medicine and the Nuremberg Trials: From Medical War Crimes to Informed Consent*, New York: Palgrave Macmillan, 2006, p. 265.

[②] Ibid., p. 266.

1. 受试者的自愿同意是绝对必要的。这意味着接受试验的人有同意的合法权利；应该处于有选择自由的地位，不受任何势力的干涉、欺瞒、蒙蔽、挟持、哄骗或者其他某种隐蔽形式的压制或强迫；对于试验的项目有充分的知识和理解。足以做出肯定决定之前，必须让受试者知道试验的性质、期限和目的，试验方法及采取的手段，可以预料得到的不便和危险，对其健康或可能参与试验的人的影响。确保同意的质量的义务和责任，落在每个发起、指导和从事这个试验的个人身上。这只是一种个人的义务和责任，并不能推给别人，自己却可以逍遥法外。

2. 试验应该收到对社会有利的富有成效的结果，用其他研究方法或手段是无法达到的，在性质上不是轻率和不必要的。

3. 试验应该立足于动物试验取得结果，对疾病的自然历史和其他问题有所了解的基础上，经过研究，参加试验的结果将证实原来的试验是正确的。

4. 试验进行必须力求避免在肉体上和精神上的痛苦和创伤。

5. 事先就有理由相信会发生死亡或残废的试验一律不得进行，但试验的医生自己也成为受试者的试验不在此限。

6. 试验的危险性，不能超过试验所解决问题的人道主义的重要性。

7. 必须作好充分准备和有足够能力保护受试者排除哪怕是微之又微的创伤、残废和死亡的可能性。

8. 试验只能由科学上合格的人进行。进行试验的人员，在试验的每一阶段都需要有极高的技术和管理。

9. 当受试者在试验过程中，已经到达这样的肉体与精神状态，即继续进行已经不可能的时候，完全有停止试验的自由。

10. 在试验过程中，主持试验的科学工作者，如果他有充分理由相信即使操作是诚心诚意的，技术也是高超的，判断是审慎的，但是试验继续进行，受试者照样还要出现创伤、残废和死亡的时候，必须随时中断试验。

二 **《纽伦堡法典》** 与 Sebring、Ivy、Alexander

医生审判的首席公诉人 Taylor 将《纽伦堡法典》归功于法官 Harold

Sebring，认为 Sebring 是《纽伦堡法典》的作者①。研究《纽伦堡法典》的专家 Evelyne Shuster 认为《法典》来自于审判之中，Leo Alexander、Andrew Ivy 和 Werner Leibbrand 对《纽伦堡法典》的形成有重要贡献。② 而另一位研究纳粹医学和纽伦堡审判的专家 Paul Julian Weindling 认为 Leo Alexander 和 Andrew Ivy 对《纽伦堡法典》的形成有重要影响。这两个人在审判前、审判中为审判的伦理原则的确立做了大量的工作，也以各种形式发表了相关的论文。Weindling 将 Ivy 在 1946 年 7 月 31 日在巴斯德研究所召开的 ISC 会议上提交的伦理原则（下表中的 Ivy Ⅰ）、Alexander 1946 年 12 月 7 日的 "在人身上进行的合伦理与不合伦理的试验" 的论文（Alexander Ⅰ）、1947 年 1 月 25 日提交的宣誓书③（Alexander Ⅱ）和 1947 年 4 月 3 日（Alexander Ⅲ）的原始文献进行逐条比对，绘制了表格（见表 1—1）。

表 1—1　　　Ivy、Alexander 对《纽伦堡法典》的贡献④

《纽伦堡法典》1947.8.19	Ivy Ⅰ 1946/7/31	Alexander Ⅰ 1946/12/7	Alexander Ⅱ 1947/1/25	Alexander Ⅲ 1947/4/3
1. 自愿同意	X	X	X	X
——选择的自由权利		X	X	X
——充足的知识和理解		X	X	X
——理解和理智的决定			X	
——知道试验的性质、期限和目的		X	X	X
——试验方法 & 手段				
——不便和危险				
——对健康和人的影响	X			
法典中还有的：——保护精神疾患病人				X

---

① Biomedical ethics and the shadow of Nazism: a conference on the proper use of the Nazi analogy in ethical debate/April 8, 1976. Hastings Center Report 1976; 6 (4): Suppl: 1 - 20.
② Shuster E., "Fifty Years Later: The Significance of the Nuremberg Code", *The New England Journal of Medicine*, Vol. 337, No. 13, 1997, pp. 1436 - 1440.
③ 宣誓书是经陈诉者宣誓，在法律上可采作证据的书面陈述。
④ Weindling, Paul J., *Nazi Medicine and the Nuremberg Trials: From Medical War Crimes to Informed Consent*, New York: Palgrave Macmillan, 2006, pp. 357 - 358.

续表

《纽伦堡法典》 1947.8.19	Ivy I 1946/7/31	Alexander I 1946/12/7	Alexander II 1947/1/25	Alexander III 1947/4/3
——确保同意质量的义务落在负责试验的人身上		X	X	X
2. 为社会利益而获得富有成效的结果	X	X	X	X
3. 动物试验	X	X	X	X
4. 避免不必要的身体/精神痛苦和创伤	X	X	X	X
5. 非死亡或身体残疾，除非是自体试验	X	X	X	X
6. 危险性不能超过试验所解决的问题的人道主义的重要性	X	X	X	X
7. 保护试验受试者		X	X	X
8. 由科学上合格的人进行适当准备		X	X	X
9. 受试者有终止试验的自由				
10. 如果有可能发生伤害、残疾、死亡，科学家有义务结束试验				

Ivy I＝1946/7/31 Alexander I 1946/12/7 Alexander II 1947/1/25 Alexander III 1947/4/3。

从 Weindling 绘制的表中可以看到：

（1）法庭审判前 Ivy 所提出的人体试验的六条原则：自愿同意、对社会有益、动物试验是前提条件、避免伤害、禁止带来死亡或残疾的试验（自体试验除外）、试验危险性不超过问题的重要性被写入后来的《纽伦堡法典》中。

（2）在审判期间 Alexander 的备忘录中贡献的新原则是保护受试者和由科学上合格的人进行人体试验。他的备忘录丰富了自愿同意的具体内容。

（3）Ivy 和 Alexander 都没有提出受试者终止试验的自由权利和科学家主动终止试验的义务。

这里的问题就是，Ivy 和 Alexander 在什么样的情境下提出上述八个原则，其中最重要的原则——自愿同意原则如何得到丰富和发展的，Ivy 和 Alexander 没有提出的两条原则又是如何出现的？我们将在以下两节对自愿同意、受试者终止试验的自由权利和科学家主动终止试验的义务的三条原则的产生发展做出描述。

三 自愿同意原则

自愿同意原则是《纽伦堡法典》中的第 1 条原则，也是篇幅最长的原则。这条原则在 1946 年 7 月 31 日，Ivy 所提出的人体试验的原则中就已经出现。当时 Ivy 提出"受试者的同意是必须的；也就是说，只能使用志愿者"[1]。从上一节的分析中我们已经看到当时 Ivy 提出"自愿同意"原则主要是为了给美国人的试验和德国人的试验划清界限，为审判德国人找到合理性基础。Ivy 所提出的自愿同意主要指："（1）如果有危险，在志愿者给出他们的同意之前，应向其告知危险。（2）如果可能，应提供防范事故的保险。"[2] 在医生审判中，因为受害者绝大多数的身份都是集中营的囚犯，对自愿同意原则争论最多的是，自愿同意原则能不能、如何适用于囚犯。

首席公诉人 Taylor 在法庭的开篇陈述中提及医学伦理问题时，首先提出的就是囚犯的自愿同意问题。他说[3]：

> 这些被告所犯下的罪行的受害者没有一位是志愿者，不管这些不幸的人们在遭受折磨之前曾经说过什么或签署了什么。绝大多数受害者并没有被宣判死刑，而且那些被宣判死刑的人也不是罪犯，那只是作为一个犹太人、波兰人，或一个吉普赛人或一个俄国战犯的罪。
>
> 无论我们考察医学伦理学的哪本书或哪篇论文，无论我们向法医学领域的哪位专家咨询，他们都会说，在任何已知的法律体系下，每位医生基本的和不可逃避的义务是没有受试者的同意之前不得进行危险的试验。在纳粹德国的暴政下，没有人能向国家医学代理人给出这样的同意，每个人都生活在恐惧和压迫中。当被告方说这些悲惨的、无助的，被他们淹死、烧死和毒死的人是志愿者，我强烈希望我们在法庭中的人没有一位会保持沉默。如果在这里讲这

---

[1] Weindling, Paul J., *Nazi Medicine and the Nuremberg Trials: From Medical War Crimes to Informed Consent*, New York: Palgrave Macmillan, 2006, p. 119.

[2] Ibid..

[3] Taylor, T. Summary, http://www.ushmm.org/research/doctors/summary2.htm, 2009 - 09 - 16.

样无耻的谎话,我们仅仅需要回忆从莱温斯布鲁克带来的四位年轻女孩。她们全身赤裸,与在 Rascher 博士的冷水试验幸存下来的犹太人躺在一起。其中一位姑娘的头发、眼睛和身材受到 Rascher 博士的欣赏。当 Rascher 博士问她为什么自愿参加这样的任务时,她答道:"宁可在妓院中待半年,也不想在集中营中待半年。"

Taylor 在开篇陈述中所揭示的问题是:囚犯在受压迫的情况下"自愿同意"参加人体试验的,因为囚犯的特殊身价,"自愿同意"是无法实现的。

试验受试者的自愿同意既是德国的法律规定(1931年,德国的法律规定医生采取新治疗措施时有义务获得病人的同意),也是美国人与德国人划清界限的理由。在法庭审理中,双方对囚犯能否参与研究的辩论丰富了"自愿同意"中"自愿"的内涵。

1947年1月27日起诉方的证人 Werner Leibbrandt 被对方交叉盘问时,盘问的焦点就是囚犯的同意是否是自愿的。Werner Leibbrandt 是一位德国医生,也是一位医学史专家。1943年他前往纽伦堡的神经科诊所工作。他与抵抗组织有联系,拒绝通报遗传病人的负责人,使他们免受绝育和安乐死,他也秘密保护了自己的犹太妻子。

被告 Karl Brandt 的辩护律师 Robert Servatius 对 Werner Leibbrandt 的交叉盘问内容如下:[1]

问:证人,你的观点是如果一个服刑10年以上的犯人未接受任何好处会同意参加试验吗?你认为这样的同意是自愿的吗?

答:不。依据医学伦理学,不存在这样的情况。病人或被关押者由于被逮捕基本上处于被迫的境况。……

问:你的观点是,800名在不同地点被关押的囚犯同时同意参与试验是自愿的吗?

答:不。

问:你不区分这些试验包含永久的伤害……或暂时的伤害吗?

---

[1] Harkness J. M., "Nuremberg and the Issue of Wartime Experiments on US Prisoners", *JAMA*, Vol. 276, No. 20, 1996, pp. 1672–1675.

答：不。

问：由于这些囚犯已经宣布他们愿意，如果他们被感染疟疾，你认为那……是被允许的吗？

答：不，因为我不认为这样的愿意声明正确地来自医学伦理学的观点。作为囚犯，他们已经处于被强迫的状态。

Servatius 在法庭中展示了《生活》（*Life*）杂志对美国人在监狱中进行的人体试验的报道，并朗读了这篇报道，之后又开始了盘问。

问：现在，请你对这些试验的可允许性发表你的观点？

答：原则上，基于医学的、伦理学的考虑，我不能背离我以前的观点。我的观点是这些试验也是暴行和生物学思考方式的产物。

从 Leibbrandt 以前的证词中，可以看到他所说的"生物学思考方式"指的是医生将病人看作是纯粹的物体，人与人之间的关系荡然无存。人的身体变成了物体。

在盘问的最后，我们看到，Leibbrandt 落进了 Servatius 的圈套，也就是承认美国的试验也是不正当的，也是被允许的。也就是鉴于囚犯本身所处的不自由的地位，不可能"自由"地给出自愿同意，因此，在囚犯身上做试验本身就是不合伦理的。Leibbrandt 在否定美国人在战争期间的试验的同时，也就同时否定了对德国人进行审判的正当性。

四 受试者同意与医生义务

关于囚犯的同意能否是自愿的辩论延伸到 1947 年 Servatius 对 Ivy 的盘问。医生审判开始前，由于 Rose 提出美国人同德国人一样使用囚犯进行研究，Ivy 返回美国调查此事。

被 Rose 批评的美国人的研究也是 Servatius 盘问 Leibbrandt 时所指的研究，也就是在美国伊利诺伊州的 Stateville 监狱进行的疟疾试验。而在审判期间 Ivy 正好担任伊利诺斯大学的副校长，这就促使 Ivy 在听到 Leibbrandt 的批评之后，返回美国，调查疟疾试验的伦理问题。Ivy 向伊利诺斯州的州长 Dwight H. Green 建议，由他担任委员会主席以调查战争期间在 Stateville 监狱进行的疟疾试验。Ivy 没有向 Green 州长透露他提议组建委员会的真实目的——提供反驳 Leibbrandt 批评的材料。而 Green 州长认为监狱内的试验没有什么伦理问题，他所关心的是是否要赦免那些参加研究的囚犯。这样，Green 州长同意了 Ivy 的建议，批准组建以 Ivy 为主席的咨询委员会以调查监狱内的研究，这个委员也被称为 Green 委员会。

1947 年 3 月 13 日，Green 州长给许多伊利诺斯州的居民写信，想了解他们是否愿意参加咨询委员会。有六个人同意参加委员会，这其中包括一名心脏病专家、一位《美国医学会杂志》（*JAMA*）的编辑、一位拉比①、一位天主教牧师兼罗亚拉大学社会学系主任、一位肉类加工企业董事长和一位律师。1947 年 4 月 27 日，Ivy 给这些人写信，允诺在 2 到 3 个星期之后召集一次会议。事实是，一直到医生审判结束以后，委员会的成员才召开了第一次会议。

1947 年 7 月，Ivy 带着由他自己完成的，但却宣称是 Green 委员会完成的调查报告返回纽伦堡，接受起诉方和被告方的盘问。起诉方的问题是温和而友好的，这些问题使他可以在法庭上向所有的人介绍曾经被 Leibbrandt 批评过的美国试验。但被告方律师 Servatius 的盘问则是尖锐的，Ivy 在回答这些问题的时候甚至撒谎了。

> 问：我可以问你，委员会是什么时候成立的吗？
> 答：根据我的回忆，委员会的成立是在 1946 年 12 月……
> 问：委员会的成立是否与审判正在进行有关系？
> 答：委员会的成立与审判没有任何关系。

在被盘问时，Ivy 歪曲了委员会的成立晚于审判的事实，掩盖了委员会的成立是为了推翻之前 Leibbrandt 批评美国试验的证词的目的，也掩盖了委员会成员在审判期间从来就没有碰面的事实。对于囚犯能否自愿同意参加试验的问题，或者说囚犯参加试验本身是否符合伦理的问题，Ivy 的回答是："美国用 800 个或更多的犯人做疟疾试验是完全正当的、符合科学的、合法的和合伦理的，即使这些试验给病人带来了生命危险。治疗疟疾是一个重要的科学问题，只要受试者自愿并被解释了试

---

① 拉比（Rabbi），是犹太人中的一个特别阶层，是老师也是智者的象征。

验的危险，就不存在任何反对它的伦理理由。……如果死刑犯是志愿者，那样做就是合伦理的。"①

在被 Rose 盘问时，Ivy 承认美国的试验使用了最危险的疟疾热带种，而 Schilling 在达豪集中营的试验中使用的是疟原虫。而且，Rose 指出美国的试验包括一些故意的感染，例如在一个腿部截肢的人身上进行的试验。Rose 的结论是 Ivy 忽略了试验的危险性，他只关心受试者是否给出同意。

Rose 对美国试验的批评丰富了对"自愿同意"需要满足的条件的认识，医生确保同意的质量的义务被写进了《纽伦堡法典》。

在法庭审理过程中，公诉方和被告方争论的焦点之一是国家命令与医生义务之间的关系。许多被告用无力拒绝国家或上司的命令来为自己的试验做辩护。在开庭审理之前的 1945 年，当后来的被告 Fisher 被 Alexander 询问，为什么没有拒绝执行这些命令时，Fisher 提出，他必须要执行他的医学上司和军事领导——Gebhardt 的命令②。从标注为法庭审理即将结束的 1947 年 6 月 9 日的一份备忘录中可以看到，同样是医生审判的被告的 Gebhardt 提出，医生和病人之间的信任极为重要，除非医生是依据国家命令行动；他是在国家命令之下行动的③。被告 Beiglböck 也提出，作为一名军官，他没有权利干涉党卫军对集中营的管理。④

被告方律师解释说，纳粹医生进行的诸如在达豪集中营进行的试验是由政府下达的命令。在达豪集中营进行的人体试验是为了确定如何更好地保护和治疗德国飞行员和士兵。

在被告以国家命令或上司命令为自己的人体试验暴行辩护的同时，起诉方也在对被告的观点进行反驳。例如，起诉方的证人在 Alexander 形成自己的第一份关于人体试验伦理原则的备忘录（1946 年 12 月 7 日）之前的 1946 年 12 月 5 日，他询问 Wolfgang Lutz 时，Lutz 就提出了作为德国军医拒绝上级命令的理由——内心不愿残忍。

---

① Harkness J. M., "Nuremberg and the Issue of Wartime Experiments on US Prisoners", *JAMA*, Vol. 276, No, 20, 1996, pp. 1672–1675.

② Weindling, Paul J., *Nazi Medicine and the Nuremberg Trials: From Medical War Crimes to Informed Consent*, New York: Palgrave Macmillan, 2006, p. 276.

③ Ibid., p. 275.

④ Ibid., p. 276.

Alexander：你为什么拒绝 Weltz 大夫①的命令？

Lutz：因为在我心中没有残忍的字眼。

Alexander：你的意思是否可以理解为你知道这项工作需要残忍？

Lutz：如果你找来一个人，在他身上进行试验，你马上就要告诉他——为什么这么做？在试验中，我杀死一条狗都感到困难，更何况是一个人？②

不论在何种情况下，实施人体试验的医生都要承担自己保护病人利益的义务体现在之后的《法典》所提出的："确保同意的质量的义务和责任，落在每个发起、指导和从事这个试验的人身上。这只是一种个人的义务和责任，并不能推给别人，自己却可以逍遥法外。"

五　受试者自由退出原则

《纽伦堡法典》第 9 条提出："当受试者在试验过程中，已经到达这样的肉体与精神状态，即继续进行已经不可能的时候，完全有停止试验的自由。"受试者自由退出的权利没有出现在 Ivy 和 Alexander 的备忘录中，我们可以从法庭审理中证人的证词中探究受试者被赋予的这项权利产生的背景。在医生审判中的证人中有纳粹人体试验的幸存者。其中一位是罗马天主教神甫 Leo Miechalowski。1939 年在德国入侵波兰后被押送到萨森豪森集中营，1940 年被押送到达豪集中营，在那里被迫参加了疟疾和冷水回温试验。试验之后，他心脏衰弱，经常头痛。

Leo Miechalowsk 神甫在法庭上的证词显示在试验过程中，当他由于身体遭受无法忍受的痛苦要求退出试验时，医生继续残酷的试验，给他的身体带来了永远的伤害。在疟疾试验中他被蚊子叮咬后，开始出现疾病症状时，护士开始给他注射药物。他回忆说，有一次，当他被注射完之后，他立即觉得难以忍受，而要求停止注射：

突然，我觉得我的心脏就要爆裂了。我变得疯狂。我完全丧失

---

① Weltz 大夫是医生审判中的被告。

② Weindling, Paul J., *Nazi Medicine and the Nuremberg Trials: From Medical War Crimes to Informed Consent*, New York: Palgrave Macmillan, 2006, p. 276.

了说话的能力。这种状况一直持续到夜晚。晚上，一位护士过来，想给我注射第八针。我示意护士我所有的并发症，我不想再接受注射①了。护士拔出针头，告诉我他要向 Schilling 医生报告。大约 10 分钟之后，另一个护士到了，他说他还得给我注射。我又重说了一遍，我不想接受注射。但是，他告诉我，他不得不执行命令。我说，无论他有什么样的命令，我不想死。之后，他走了，10 分钟之后又返回了。他说，"我知道你知道不接受注射的后果。"我说，"不管有什么事情，我拒绝再接受注射，我要告诉教授。我要求让他本人知道我不想接受注射。"……20 分钟后，Ploettner 医生与 4 个同室的护士进来，对我的伙伴说，"这里将有一场大争论。"我说，"即使我已经抵抗了这么长时间，我会继续抵抗下去。"……他告诉护士给我两片药以消除头痛和肾部疼痛。我吃了药之后，Ploettner 医生准备离开时告诉护士给我接着注射。我说，"……我拒绝被注射。"我说完之后，医生转过头看着我说，"是我对你的生命负责，而不是你。"……护士遵守他的命令又给我打了一针。

在冷水回温试验中，他被置于冷水槽中。在试验开始时他的体温是 37.6℃，然后就降到了 33℃，之后又降到 30℃，之后他就昏迷了。他在陈述这个试验时说：

> 突然，我觉得很冷，然后我就开始发抖。我立即向那两个人要求把我从水里拽出来，因为我不能再忍受了。但是，他们笑着对我说，"这只会持续一小会的时间。"我坐在水里，我有——我有大约 1 个半小时是清醒的。……之后，我失去了意识。……冰冷痛苦，要求离开冷水槽时，一再被拒绝直到试验结束。②

从 Leo Miechalowsk 神甫的证词中可以看到，纳粹人体试验中的受试者根本就没有自由退出的权利，纳粹医生也根本没有顾及到受试者的感

---

① 着重号本为文作者加。
② "Testimony Entered As Evidence in the Medical Case", http://www.ushmm.org/research/doctors/testimony.htm, 2009-09-16.

受。在最后的法典中，为受试者增加的一项权利——受试者自由退出的权利是对受试者的保护，不仅仅是医生，受试者也对自己的生命负责。

第三节 《纽伦堡法典》评析

一 《纽伦堡法典》与《希波克拉底誓言》

从前文的分析中我们看到，医生审判碰到的法律难题——法无规定者不罚原则，迫使法官将《希波克拉底誓言》引入到审判过程中，并最终使其成为《纽伦堡法典》的基础。以下我们将分析《纽伦堡法典》与《希波克拉底誓言》的关系。《希波克拉底誓言》的全文如下：

> 我要在阿波罗医圣、阿斯克里斯医神、健康之神、药神和诸天男女神圣面前发誓，请他们作证，我一定按照我的能力和判断，信守这个誓词和这个合同。
>
> 我把教我学艺的人当作父母，终生作他的同伴，如果他需要钱，我分给他一部分；他的后代，我当作自己的兄弟，如果他想学艺，我一定免费教他，也不订合同；我要把一部分箴言、口头秘诀及其他知识教给自己的儿子、师傅的儿子以及按照医门法律签过合同、宣过誓的门徒。
>
> 我要按照我的能力和判断，为了病人的利益，运用一切饮食措施；我要使饮食措施不会伤人或陷于不义。
>
> 如果人家想要毒人的药物，我决不给予任何人，也决不对这种效应提出建议。同样我决不把堕胎药给予妇人。我要保护自己生命和记忆的纯洁和神圣。
>
> 我决不开刀，即使对胆结石患者也这样，但我乐意把这事转给从事这项工作的人。
>
> 无论我上谁家的门，我一定是为病家的利益而来，决不能有伤天害理的念头，也不能有任何恶意，特别是决不能同男人或女人发生性关系，无论对方是自由民还是奴隶。
>
> 在我行医的过程中，或者是行医以外看到的和听到的有关人们生活的事情，决不张扬出去，我一定把讲这样的事情看作是耻辱。
>
> 如果我能信守这个誓词，同时不破坏这个誓词，但愿我在众人

面前，以及在未来的日子里，我的生命和医道得到光荣和名誉。如果我违背誓词和心口不一，但愿我落得相反的下场。①

从上面的《希波克拉底誓言》的誓词中可以看到，《希波克拉底誓言》是以医生为中心的，强调医生对病人的不伤害、为病人谋福利和保密的义务。而脱胎于《希波克拉底誓言》的《纽伦堡法典》是以病人为中心的，将《誓言》与保护人权融合在一起。《纽伦堡法典》的十条原则的核心是受试者而不是医生。原则1是一个新的、综合的、绝对的同意要求。原则9赋予受试者一项新的权利——退出试验。而在传统的希波克拉底式的医患关系中，病人是无声的，病人有义务遵从仁慈的、被信任的医生。显然，病人必须寻求医生的帮助并启动与医生的治疗关系。一旦病人同意治疗，他们相信医生会为他们的利益行动，或至少不作恶。

而在研究中，医生的基本目标不是治疗，而是依据某一程序检验科学假说，他的首要目标不是考虑病人——受试者的最佳利益。因此，Alexander 和 Ivy 认为只有通过治疗和研究的合并才能将希波克拉底伦理学扩展到保护人体试验中受试者的人权。他们的这种医学研究的希波克拉底式观点可能会阻碍他们充分意识到受试者面对的风险，这种风险要比纯粹作为受试者接受治疗大得多。希波克拉底的伦理学即使补充进了知情同意，也有可能将受试者的自主淹没在医生——研究者所认为的对受试者的最佳考虑中。②

而《纽伦堡法典》不仅要求医生——研究者保护他们的受试者的最大利益（原则2到原则8，原则10），而且声明受试者也可以积极地保护他们自己（原则1和原则9）。在希波克拉底式的伦理学中，受试者以医生来决定什么时候基于受试者的最大利益去结束参加某项试验。在《纽伦堡法典》中，法官赋予受试者与医生——研究者相同的自主性去结束试验。

二 自愿同意与自由退出

法典中的第1条也是最长的一条原则就是受试者的自愿同意，回到

---

① 孙福川、兰礼吉：《医学伦理学》，人民卫生出版社2008年版，第259—260页。
② Shuster E., "Fifty Years Later: The Significance of the Nuremberg Code", *The New England Journal of Medicine*, Vol. 337, No. 13, 1997, pp. 1436–1440.

法典产生的背景中解读自愿同意，可以发现首先自愿同意原则是为了回答被告方提出的德国人体试验与美国人体试验之间没有根本区别的辩护理由。因为正如被告方所提出的，美国的疟疾试验甚至使用了比德国疟疾试验更危险的病毒，给受试者造成了不必要的伤害。而美国方面对此的理由就是受试者的自愿同意。这就使得自愿同意自然而然成为了法典中的第1条原则。

从更深层次的原因看，自愿同意原则的出现是为了协调希波克拉底式的医生对病人不伤害的义务与人体试验对受试者造成的伤害之间的矛盾。在法庭的审问过程中，被告方律师向证人提出的问题之一就是如何协调《希波克拉底誓言》提出的禁止医生"给任何人吃毒药，即使被请求这样做"与在志愿者身上进行致命的试验。公诉方证人Leibbrandt对此的回答是认为，人体试验就是内在不合理的。而另一位公诉方证人Ivy则否定了《希波克拉底誓言》对人体试验的适用性，他提出，"我认为希波克拉底的命令指医生作为治疗专家的功能，而不是作为一个研究者，从《希波克拉底誓言》得出的是医生必须尊重他的研究病人的生命和人权。"当然，如果《希波克拉底誓言》被否定，则整个审判就更缺乏说服力了。而受试者自愿同意原则的引入，则使研究者取得了进行人体试验的合法理由。

与受试者的自愿同意联系在一起的是受试者自由退出（第9条）的权利——当受试者在试验过程中，已经到达这样的肉体与精神状态，即继续进行已经不可能的时候，完全有停止试验的自由。这两个原则联系在一起既为受试者在人体试验中获得保护提供了依据，也使得人体试验避免了不符合伦理的责难。

法典中提出了有效同意的四个条件：受试者是自愿的、是法律上有资格的、被告知有关情况和受试者理解被告知的信息。从法庭的审理可以看出，为了回应纳粹人体试验这四点没有任何一点可以被删除，它们构成了同意的四个必要条件。但同时，正如法庭审理过程中，无论是被告方还是公诉方提出的在儿童和精神病人身上进行的试验所应满足的同意条件都与这四个条件冲突，也就是按照法典的要求，在儿童和精神病人身上是不能进行人体试验的。这个问题在后来的国际生命伦理准则中将会被涉及。

三 《纽伦堡法典》面对的挑战

《纽伦堡法典》是医学研究伦理学领域的第一个国际性文件，它确立了临床研究伦理学的基础，奠定了国际生命伦理准则的基础。《纽伦堡法典》所提出的自愿同意原则（后来演变为知情同意原则）不仅被写入所有的生命伦理准则中，成为生物医学研究的基本原则，而且还被写入《联合国世界文化和政治权利公约》（1966）。《公约》第 7 条提出："不得使任何人遭受酷刑或受到残忍、不人道、有辱人格的对待或惩罚。特别是不得在未经本人自愿同意的情况下令任何人参加医学或科学试验。"在医学伦理学领域里，由《纽伦堡法典》率先提出的受试者自由退出的权利也被后来的许多生命伦理准则所保留。

《纽伦堡法典》对生命伦理准则的影响毋庸置疑，但回过头来看，在当时人们对《纽伦堡法典》的作用存在争议，主要是：

第一，《纽伦堡法典》不是法律。无论是在个别国家还是整个国际社会，都严重限制了《纽伦堡法典》对人体研究的影响。

第二，有些人认为《纽伦堡法典》针对的是纳粹情境，在其他情境中不适用。

第三，《纽伦堡法典》仅仅集中于研究者的义务和对受试者的惯例性的保护，但人们会问为什么要参加临床研究？为什么社会要支持需要如此多保护的试验？

第四，《纽伦堡法典》指出人体受试者的自愿同意是绝对必要的，由于有些人例如儿童或有严重精神疾病的人无法做出完全意义上的自愿同意，这可能会使许多试验无法进行。《纽伦堡法典》没有提供在这些不能提供充分的知情同意的人身上如何以一种符合伦理的方式进行试验的指导。[1]

不仅仅是当时的研究者质疑《纽伦堡法典》，参与《纽伦堡法典》制定的 Alexander 和 Ivy 也并没有完全遵守《法典》[2]。这其中 Ivy 的例子非常具有典型性。Ivy 本人的科学生涯可以追溯到 1915 年他进入芝加哥

---

[1] Markman J. R., "Markman M. Running an ethical trial 60 years after the Nuremberg Code", *Lancet Oncol*, Vol. 8, 2007, pp. 1139 – 1146.

[2] Shuster E., "The Nuremberg Code: Hippocratic ethics and human rights", *The Lancet*, Vol. 351, 1998, pp. 974 – 977.

大学，在 Anton J. Carlson 的指导下工作。Carlson 带领 Ivy 进入到胃肠生理学的研究，1917 年他获得了硕士学位。这一年，Ivy 在观察狗的甲状腺癌的过程中，发展了生物体内含有抗癌物质，而且该物质可以被分离的假说。1946 年，Ivy 与 Denton 合作从肝脏中提取出影响老鼠体内癌细胞生长的物质。20 世纪 50 年代，Ivy 开始研究克力生物素，一种从马的血清中提取的物质。Ivy 和他的合作者宣布该物质可以阻止癌细胞的生长，甚至在有的时候能使癌细胞消退。

包括克力生物素在内的抗癌物质的研究贯穿了 Ivy 的一生，也使 Ivy 本人饱受争议。当时有许多报道显示克力生物素没有治疗或缓解作用。[1] 但 Ivy 继续沉溺其中，他相信作为希波克拉底式的医生的良知和精神就足以保护人体研究中的受试者，他不希望他作为医生的决定受到任何干预，也拒绝承认《纽伦堡法典》赋予的受试者自由退出的权利。[2]

1953 年，由于 Ivy 的研究引起公众的争议，他辞去担任了 7 年之久的伊利诺斯大学副校长的职务，但继续从事包括克力生物素抗癌物质的研究。1965 年，美国食品药品监督管理局起诉 Ivy 等人，控告他们造成克力生物素的扩散，涉嫌欺骗公众。经过 9 个月的审判，Ivy 等人被宣判无罪。Ivy 要求食品药品监督管理局进行克力生物素的临床对照试验，但这个试验一直没有做。从 1966 年以后，Ivy 在自己的癌症研究基金会工作，该基金是由私人组建的组织，有办公室也有试验室。在基金会里，Ivy 继续进行抗癌物质的研究直到 1976 年因为身体原因不得不放弃自己的研究。1978 年，84 岁的 Ivy 在家中去世。

回溯历史可以看到，制定《纽伦堡法典》最直接的原因是为医生审判提供依据，为了给纳粹医生定罪。这就使得许多医生认为《纽伦堡法典》与他们自己的研究没有关系，包括 Alexander 和 Ivy 在内的医生科学家没有在研究和治疗之间做出区分[3]，他们认为他们是在为病人治疗，指导他们行为的是《希波克拉底誓言》而不是《纽伦堡法典》。

---

[1] "Report of the Council of Pharmacy and Chemistry: a status report on 'krebiozen'", *JAMA*, Vol. 147, 1951, pp. 864–873.

[2] Shuster E., "The Nuremberg Code: Hippocratic ethics and human rights", *The Lancet*, Vol. 351, 1998, pp. 974–977.

[3] Ibid..

除了当时的这些状况之外,《纽伦堡法典》颁布之后,面对的挑战还包括,对医生而言,如何坚持基于人权的普遍的医学伦理学,并借此保护人性,反对政府/国家和企业将医学用于自己的目的,从而颠覆和损坏伦理。医生被政府的目的利用的例子包括:美国军方和冷战时期的放射试验,海湾战争时期在没有同意的情况下对美军士兵实施药物试验。其他的例子还包括:利用医生执行致命注射,利用精神病医生给囚犯服药以便于控制,在军队中使用医生服务于非医学目的。[1]

---

[1] Grodin M. A., Annas G. J., "Legacies of Nuremberg: Medical Ethics and Human Rights", *JAMA*, Vol. 270, No. 20, 1996, pp. 1682–1683.

第二章 从"原罪"到"救赎"
——《赫尔辛基宣言》

1947年9月，在医生审判（1946.12.9—1947.8.20）结束后不久，世界医学协会第一届全体会议在巴黎召开。当时，有27个国家医学组织的代表参加会议。第二年，世界医学协会第二届全体会议通过了希波克拉底誓言的现代版本——《日内瓦宣言》（*Declaration of Geneva*），该宣言后来一直被《赫尔辛基宣言》的各个版本所引用。1961年9月，人体试验伦理准则草案被提交到第十五届世界医学协会全体会议。经过讨论、修订，1964年6月，在芬兰首都赫尔辛基召开的第十八届世界医学协会全体会议上通过了该草案的修订稿，命名为《赫尔辛基宣言》并沿用至今。

1964年的《赫尔辛基宣言》从草案的提出到最终版本的正式颁布历时约三年，即便如此，"《赫尔辛基宣言》不可避免的会成为一部有争议的文件，因为在人体中什么是允许的，什么是不允许的这些问题上在不同的国家之间，有时是不同的实验室中都存在争议。但是，《赫尔辛基宣言》表明了在不同的甚至是冲突的观点中寻求共同规范的努力，即使《赫尔辛基宣言》什么也未说明，它至少表明世界上的医生对伦理问题的关注。"[①]

这之后，《赫尔辛基宣言》又经历了多次修订，也是争议不断。本章以《赫尔辛基宣言》修订的历史为线索，描述《赫尔辛基宣言》修订的背景，分析修订前后《赫尔辛基宣言》内容的变化，从而总结概括四十多年来《赫尔辛基宣言》的演化。

[①] Gilder S., "World Medical Association Meets in Helsinki", *British Medical Journal*, Vol.2, No.5404, 1964, pp.299–300.

第一节 《赫尔辛基宣言》(1964)研究

一 人类豚鼠：20世纪40—60年代的人体试验

豚鼠是一种啮齿类动物，常被作为宠物饲养，也被广泛用于动物实验。1962年10月，《英国医学杂志》(British Medical Journal)刊登了该杂志的编辑、世界医学协会理事会成员Clegg（H. A. Clegg）起草的《人体试验伦理准则草案》。这份草案于1961年9月提交给世界医学协会第十五届全体会议，经过三年多的修订最终成为1964年颁布的《赫尔辛基宣言》。《英国医学杂志》在发表《人体试验伦理准则草案》的同时，配发了题名为"试验医学"的社论[①]。

这篇社论介绍了未来的《赫尔辛基宣言》的草案制定的背景。社论首先引用的是M. H. Pappworth 1962年发表在《二十一世纪》(Twentieth Century)上的在英国产生广泛影响的文章——《人类豚鼠——警示》(Human Guinea Pigs: A Warning)。Pappworth用人类豚鼠指那些被参加不合伦理的人体试验的病人。我们在这里借用这个词表示20世纪40年代到20世纪60年代人体试验的特征。

在《英国医学杂志》的社论中写道：

> 《二十一世纪》发表的M. H. Pappworth的论文在全国新闻界引起广泛评论。公众对医院中的研究感到担心已经有很长时间了，这些研究不总是为了研究中的受试者的利益。这种不安是全世界性的。这也是过去四五年中世界医学协会伦理委员会专门研究的主题，去年底该委员会已经建立了一套伦理准则作为那些想通过研究他们所照料的病人增加医学知识的医生——尤其是医院的医生的指导。……人体试验在医学发展的早期就断断续续地进行了，通常是在犯人身上进行……实验医学之父、伟大的人道主义者和科学家——Claude Bernard不赞成将犯人用作实验材料。他说："医学道德的原则在于从不在人身上进行任何对他有害的试验，虽然研究的结果对社会有重大利益——也就是对其他人的健康有利。"在那之后，有

[①] "Experimental Medicine", British Medical Journal, 1962, pp. 1108 – 1109.

成千上万的试验的实施是违背这项医学道德原则的……犯人或罪犯又成为人类豚鼠。正如 Beecher[①] 所说，在二次世界大战中，"联邦和州立监狱中的囚犯对疟疾研究，血浆、血浆组分和血浆替代品的使用和各种新药的试验作出了重要贡献。" 1949 年，"700 名囚犯志愿者作为人类豚鼠"的试验被报道出来……根据 1956 年美国的《纽约先驱者讲坛》(New York Herald Tribune)的报道，在一家州立的少女管教所的新生儿"被用掺有活性脊髓灰质炎病毒的奶瓶喂养，以研究这些婴儿对疾病的抵抗力……"我们能够增加相似的例子，包括还能用 Pappworth 的例子说明医生对他的病人的人道义务有时被滥用。没有对人体的研究，医学不能发展，这些滥用病人对医生和医院的信任的证据不应该让我们走向禁止人体研究的极端。……七年前支持和反对人体试验的案例出现在……但自从那之后的一般的劝诫、写给媒体的信和议会中的问题似乎对那些总是不能将人——尤其是那些生活在监狱、收容所和为精神缺陷的人设立的机构中的人与豚鼠区别开的人只有非常小的约束作用。因此，世界医学协会的伦理委员会试图起草一份知道指导性的规则。[②]

这篇文章所提及的从 20 世纪 40 年代到 60 年代各种发生在医院、监狱和收容所的研究丑闻是这个时代人体试验的缩影。从上一章中我们也已经看到，不仅是纳粹医生对囚禁在集中营的"囚犯"进行惨无人道的人体试验，他们的美国同行也不清白。在法庭上，Ivy 所出具的格林委员会的报告尽管涉嫌造假，但从这个报告中我们可以看到当时医生对监狱中的人体试验的态度——这些试验尽管危险，但为囚犯提供了赎罪和减轻刑罚的机会。[③]

这个时期，在监狱的囚犯、在教养院等被关押人员和在医院的病人等身上进行的人体试验还有许多像上述研究那样，也就是医生滥用以信任为基础的医患关系，背弃医生保护病人的义务。

---

① Henry Beecher 是一位对 20 世纪生命伦理作出重要贡献的人物。
② "Experimental Medicine", *British Medical Journal*, 1962, pp. 1108 - 1109.
③ 这部分内容详见论文第一章。

二 世界医学协会对医学伦理的关注

世界医学协会的前身是1926年成立的国际医学组织。由于"二战"的到来，国际医学组织停止了活动。当时，英国医学协会成为盟国的医生聚集在一起讨论和平、医学实践、医疗服务与医学教育的场所。1945年，许多国家的医生在伦敦举行会议商讨取代国际医学组织，建立新的国际医学组织的计划。1946年9月，在伦敦召开的第二次会议上决定将新的国际医学组织定名为"世界医学协会"。1947年9月18日，世界医学协会第一届全体会议在法国巴黎召开，从此之后，世界医学协会几乎每年都会召开全体会议，这其中的一个重要议题就是医学伦理问题。历次《赫尔辛基宣言》都是在全会上被正式批准颁布的。

世界医学协会在成立之初，就关注医学伦理问题。世界医学协会注意到，当时许多医学院已经废止了学生毕业或接受行医执照时宣誓的习惯，这促使世界医学协会制定医学宪章作为医生在接受医学文凭时的誓言。1948年在日内瓦召开的世界医学协会第二届全体会议上讨论通过了医生誓言——《日内瓦宣言》（Declaration of Geneva）。

《日内瓦宣言》对医生在职业生涯中面对的主要伦理关系——师徒关系（医生对自己的老师）、同行关系（医生之间的关系）和医患关系（医生对病人）进行了规范。它所阐述的医生与患者之间的医患关系是以医生对病人的义务和医生的良知为出发点，《日内瓦宣言》提出：

> 当我开始成为医务界的一个成员的时候，
> 我要为人道服务，神圣地贡献我的一生；
> ……我要凭自己的良心和庄严来行医；
> 我首先要考虑的是病人的健康；
> 我要保守一切我所知道的病人的秘密，即使病人死后也是这样。
> ……在我职责所在，以及跟病人的关系，绝不容许宗教、国际、种族、政党政治和社会立场的干扰；
> 即使在威胁之下，我也要从人体妊娠的时候开始，保持对人类生命的最大尊重，绝不利用我的医学知识做违反人道原则的事。

我以自己的荣誉，庄严地、自愿地作出上述诺言。①

《日内瓦宣言》是《希波克拉底誓言》的现代版本，继承了《希波克拉底誓言》提出的不伤害病人、病人的利益至上、保守行医过程中获得的秘密的内容，同时增加了"不容许宗教、国际、种族、政党政治和社会立场"干扰医生职责的内容。《日内瓦宣言》所提出的病人的利益至上的原则一直被《赫尔辛基宣言》引用。1948年，世界医学协会在第二次全体会议上收到了《战争罪与医学》的报告，这促使协会的理事会任命一个专门的委员会——研究委员会起草医学伦理的国际准则。

1949年，世界医学协会的另一部医学伦理准则——《医学伦理国际准则》（International Code of Medical Ethics）正式诞生。该准则所提出的"一切行动或建议，只能符合人类的利益，不得有损人类肉体和精神的抵抗力"也一直被后来诞生的《赫尔辛基宣言》引用。

除了完成规范医生在医疗过程中的职业准则之外，世界医学协会为后来医学研究中的职业准则的制定迈开了脚步。1949年以后，世界医学协会收到了许多谴责违反医学伦理和战争期间医生罪行的报告，该协会开始关注人体试验中受试者的保护问题。1952年，世界医学协会理事会中成立了一个永久性的医学伦理委员会（Committee on Medical Ethics）。该委员会于1953年开始讨论颁布人体试验中的立场的声明。

1954年，在罗马召开的世界医学协会第八届全体大会上通过了《人体试验决议：研究和试验中的原则》。这项决议奠定了《赫尔辛基宣言》（1964）的基础②，该决议的五项基本原则被概括为③：

1. 试验应当由坚持尊重人这一普遍原则的科学上合格的人

---

① 孙福川、兰礼吉：《医学伦理学》，人民卫生出版社2008年版，第257页。
② Human D., Fluss S. S., "The World Medical Association's Declaration of Helsinki: Historical and Contemporary", Perspectives http://www.wma.net/elethicsunit/pdf/draft_ historical_ contemporary_ perspective. pdf. 2009/12/30.
③ Fluss H., "How the Declaration of Helsinki developed", Good Clinical Practice Journal, Vol. 6, 2000, pp. 18 – 22.

进行；

  2. 医学实验结果的发表必须审慎；

  3. 在进行人体试验时，研究者承担首要责任；

  4. 在健康志愿者身上进行试验时，研究者应当获得充分知情的、自由的同意。在病人身上进行试验的时候，研究者应当获得受试者或他的近亲的同意。研究者必须告诉受试者或受试者的法定负责人试验的本质、原则和所包含的风险；

  5. 本质上冒险的手术或治疗只能在绝症的情境下使用。

三　《赫尔辛基宣言》（1964）的内容

在《人体试验伦理准则草案》被提交给世界医学协会第十五届全体会议三年之后，经过修订该草案的最后版本在1964年的第十八届世界医学协会全体会议上获得通过，并被命名为《赫尔辛基宣言》。

  赫尔辛基宣言[①]

  医生的天职是保护人民的健康。医生应奉献其知识和良知履行此任务。

  世界医学协会的《日内瓦宣言》用"我的病人的健康是我的首要考虑"约束医生；《国际医学伦理准则》也宣布："任何可能降低人的身体或精神抵抗力的行为或建议，只能用在为病人的利益服务的情况。"

  将实验室研究的结果应用于人类对促进人类的医学知识和帮助患者是有必要的，因此，世界医学协会制订以下条文来指导每位从事临床研究的医生。必须强调，所制定的这些标准仅仅是全世界医生的指南。医生并未被解除遵守本国法律约束下的刑事责任、民事责任和道德责任。

  在临床研究领域，必须注意到在两类临床研究中的基本区分：一种临床研究的目的主要是治疗病人；另一种临床研究的目的纯粹是出于科学的缘故，对参加研究的受试者没有治疗价值。

---

  ① Human Experimentation: "Code of Ethics of The World Medical Association", *British Medical Journal*, Vol. 2, No. 5402, 1964, p. 177.

I. 基本原则

1. 临床研究必须遵守道德和科学原则，应建立在实验室和动物实验的基础上，或是其他在科学上确立的事实。

2. 临床研究只能由合格的科学人员进行，并且要一位合格的医学人员监督。

3. 只有当研究的目的与其给受试者带来的内在风险成比例时，临床研究才可以进行。

4. 每个临床研究方案之先，都应认真比较研究的内在风险和给受试者或他人带来的可预见的利益。

5. 在实施有可能用药物或实验程序改变受试者的人格的试验时，医生要特别关注。

II. 与专业医疗相结合的临床研究

1. 在治疗病人时，如果依据医生的判断，新的治疗手段可能会挽救生命、恢复健康或减轻痛苦时，他应当可以自由地选择此种治疗手段。

如果完全可能，符合病人心理，在向病人充分解释之后，医生应获得病人自由给出的同意。对法律上无同意能力的人，应从其法定监护人那里获得同意；对精神上无能力给出同意的人，法定监护人的同意取代病人的同意。

2. 为了获得新的医学知识，医生可以将临床研究与专业医疗结合在一起，但这种结合限定在临床研究对病人有治疗价值的范围。

III. 非治疗性的临床研究

1. 在人身上进行临床研究的纯粹科学应用中，医生有责任成为临床研究实施对象的生命和健康的保护者。

2. 应当由医生向受试者解释临床研究的性质、目的和风险。

3.1 在人身上进行的临床研究，不能在没有受试者的自由同意的情况下进行（在他被充分告知之后）；如果他是法律上不合格的，应当从法定监护人那里获得同意。

3.2 临床研究中的受试者应处在能充分行使选择权利的精神、身体和法律状态。

3.3 通常，应获得书面同意。但是，临床研究的责任总是由研究者承担；即使是获得同意之后，它永远都不由受试者承担。

4.1 研究者必须尊重每个人保护个人完整性的权利，尤其是受试者与研究者依赖关系时。

4.2 在临床研究的任何阶段，受试者或他的监护人都可以自由撤回使研究得以继续的同意。如果依据研究者或研究团队的判断，继续试验会伤害受试者，他或他们应当停止试验。

四 《赫尔辛基宣言》（1964）与《纽伦堡法典》的比较

（一）对治疗性研究和非治疗性研究的区分

《赫尔辛基宣言》（1964）同《纽伦堡法典》的一个重要不同是《赫尔辛基宣言》（1964）对研究进行分类，而《纽伦堡法典》没有区分研究的类型。《赫尔辛基宣言》（1964）将研究区分为治疗性研究和非治疗性研究。治疗性研究是为实现治疗病人的目的而进行的研究，也就是对病人有直接治疗利益的研究；而非治疗性研究是纯粹为了科学目的进行的研究，对受试者没有直接治疗利益。在探究《纽伦堡法典》与《赫尔辛基宣言》内容的演变时，我们分别考察《纽伦堡法典》与《赫尔辛基宣言》（1964）关于这两类研究的各自要求。内容比较见表2—2。

表2—2 从《赫尔辛基宣言》（1964）中对治疗性研究的原则与《纽伦堡法典》的比较

《赫尔辛基宣言》治疗性研究	《纽伦堡法典》被继承的原则	《纽伦堡法典》未被继承的原则
1. 符合科学原则：建立在实验室和动物试验和科学事实基础上	1. 符合科学原则 建立在动物实验和已有知识的基础上	1. 自愿同意是人体试验的先决条件
2. 科学实施原则 合格的科学人员实施 合格的的医学人员监督	2. 合格的科学人员实施	2. 所进行的人体试验是其他手段不可替代的
3. 研究目的与风险成比例	3. 试验的风险不能超过试验所解决的问题的人道主义的重要性	3. 避免不必要的肉体和精神伤害

续表

《赫尔辛基宣言》 治疗性研究	《纽伦堡法典》 被继承的原则	《纽伦堡法典》 未被继承的原则
4. 比较研究的风险和预期利益		4. 禁止死亡或致残性可能的试验，但自体试验不受限制
5. 特别关注可能改变人格的试验		5. 防范风险
6. 医生有依据职业选择治疗手段的自由		6. 受试者自由退出
7. 如果可能，获得自由同意/代理同意		7. 研究者主动停止试验
8. 研究与医疗的结合限定在对病人有利的范围		

从表2—2可以看到，与《纽伦堡法典》不同的是，在治疗性研究中，《赫尔辛基宣言》（1964）没有赋予受试者自由退出的权利和研究者主动停止试验的义务。对此可以作出的解释是，《赫尔辛基宣言》（1964）对治疗性研究的规定仍是从传统的希波克拉底式的医生的家长主义的医生——患者的关系的角度界定。也就是医生是病人利益的代言人，医生是为病人谋福利的，病人是医生的善行的被动接受者。这样，《赫尔辛基宣言》（1964）明确了医生依据职业判断，从病人的健康出发选择治疗手段，包括新手段的自由。在这种与医疗结合的研究中，其本质被认为是医疗的，因此受试者也没有被赋予自由退出的权利，而研究者由于是病人的健康守护者，也不能主动终止对医生的义务——研究者主动停止试验的义务也就相应的没有出现在《赫尔辛基宣言》（1964）对研究者的要求中，在《纽伦堡法典》那里必需的受试者的自愿同意在《赫尔辛基宣言》（1964）这里也成为可有可无的要求了。

表 2—3　《赫尔辛基宣言》(1964) 中对非治疗性研究的原则与
《纽伦堡法典》的比较

《赫尔辛基宣言》非治疗性研究	《纽伦堡法典》被继承的原则	《纽伦堡法典》未被继承的原则
1. 符合科学原则： ——建立在实验室和动物试验基础上 ——或建立在科学事实基础上	1. 符合科学原则 人体试验建立在动物实验和已有知识的基础上	1. 所进行的人体试验是其他手段不可替代的
2. 科学实施 ——合格的科学人员实施 ——合格的医学人员监督	2. 合格的科学人员实施	2. 避免不必要的肉体和精神伤害
3. 研究目的与风险成比例	3. 试验的风险不能超过问题的人道主义的重要性	3. 禁止死亡或致残性可能的试验，自体试验不受限制
4. 比较研究的风险和预期利益		4. 防范风险
5. 特别关注也可能改变人格的试验		
6. 医生保护受试者的健康		
7. 自由同意/代理同意 ——必须有自由同意/代理同意 ——医生向受试者解释研究的性质、目的和风险 ——受试者处在能充分行使选择权的精神、身体和法律状态 ——研究者承担研究的责任 ——书面同意	4. 自愿同意 ——自愿同意是人体试验的先决条件 ——受试者在法律上有资格同意 ——受试者处在能自由行使选择权利的境况 ——受试者知道试验的性质、期限、目的、不便和危险 ——研究者承担确保同意质量的责任	
8. 尊重受试者保护个人完整性的权利		
9. 自由退出的权利	5. 受试者自由退出	
10. 研究者中断试验的义务	6. 研究者主动停止试验	

同治疗研究与《纽伦堡法典》的关系不同，我们看到，非治疗研究

的要求继承的《赫尔辛基宣言》(1964)的条款要多。继承了《纽伦堡法典》的10个条款中的6个。这其中，继承了赋予受试者自主权利的自愿同意[《赫尔辛基宣言》(1964)与《纽伦堡法典》在这个问题上还有重要差异，在下文将要详细分析]和自由退出的权利。从这里可以看出，《赫尔辛基宣言》(1964)对非治疗性研究的规定可以放在医生研究者—受试者的关系框架中。在这种关系中，研究者具有医生对病人那样对受试者的义务——将受试者的利益置于首位，而受试者不是家长主义下的病人，听任医生代理他们的利益，他们享有自我决定的权利。

（二）从自愿同意到代理同意

《赫尔辛基宣言》(1964)同《纽伦堡法典》的一个重要不同是引入了代理同意的概念，也就是法定监护人的同意。在治疗性研究中，《赫尔辛基宣言》(1964)规定："对法律上无同意能力的人，应从其法定监护人那里获得同意；对精神上无能力给出同意的人，法定监护人的同意取代病人的同意。"在非治疗性研究中，规定"如果他是法律上不合格的，应当从法定监护人那里获得同意"。引入代理同意的概念之后，依照《纽伦堡法典》不可以进行的在无同意能力的人群（包括儿童和精神疾病患者）身上进行的研究就可以进行了，这扩大了研究的范围。这种变化可以从《赫尔辛基宣言》(1964)和《纽伦堡法典》产生的背景中获得解释。《纽伦堡法典》作为医生审判的一部分出现在世人面前，它产生的最直接目的是为审判寻找依据、批驳被告为自己的罪行所做的辩护并维护公众对人体试验的信任。因此对人体试验提出了严格的限制条件，这其中就包括自愿同意是绝对必要的要求。这种要求提出后，使得纳粹医生在儿童和精神病患者身上进行的试验就具有了天然的不合伦理性。

而《赫尔辛基宣言》(1964)不同，它是由医学共同体内部制定的。从上文《赫尔辛基宣言》草案发表时《英国医学杂志》配发的社论可以看到，医学共同体的观点是为了促进医学的进步，医学试验是必须要进行的。这个观点后来也写入了《赫尔辛基宣言》的前言中，"将实验室研究的结果应用于人类对促进人类的医学知识和帮助患者是有必要的"。而与此同时，医学共同体内部也对种种不合伦理的试验感到担心。这样他们一方面希望研究得以继续，另一方面又希望对研究采取一定的限制。正是这样，《赫尔辛基宣言》(1964)提出了代理同意的概念，确保研究的范围不受限制。

（三）自愿同意与自由同意

《赫尔辛基宣言》（1964）用"自由给出的同意"（freely given consent）代替了《纽伦堡法典》中的自由同意（volunatary consent）。对于二者同意的条件的规定的比较见表2—4。

表2—4　自愿同意和自由同意的同意的条件的规定的比较

"同意"的构成要件	《纽伦堡法典》自愿同意	《赫尔辛基宣言》自由同意
治疗性研究	有同意的法律资格 处在自由选择的境况 未受欺骗、压制或强迫 知道试验的期限、性质、目的； 知道试验方法、手段；试验的不便和危险； 知道试验对健康和人的影响	医生充分解释 自由给出的同意
非治疗性研究		医生解释研究的性质、目的和风险 处在能充分行使选择权的精神、身体和法律状态

从表2—4可以看到，《赫尔辛基宣言》（1964）对构成"自由同意"的要件"充分解释"和"自由选择的状态"的规定比《纽伦堡法典》的规定要笼统。这些都为医生的选择留下了余地。

"自愿同意"与"自由同意"的应用范围也有所不同。《纽伦堡法典》中"自愿同意"是进行所有人体试验的必要条件。但由于《赫尔辛基宣言》（1964）引入了治疗型与非治疗型研究的分类，《纽伦堡法典》中作为人体试验的必要条件的"自愿同意"原则则需要具体情况具体分析了。在《赫尔辛基宣言》（1964）中，非治疗性研究中，同意是必要的，这是接近《纽伦堡法典》的规定。而在治疗性研究中，同意则不是强制的，是依据医生的判断——是否符合病人的心理来决定是否去获得病人的"自由给出的同意"。在治疗性研究中，赋予医生自主选择新的治疗方法和自主决定是否需要自愿同意的权利。

在非治疗性的临床研究中，《赫尔辛基宣言》（1964）留下了自由同意与代理同意的矛盾。按照第三条第一款的规定："在人身上进行的临床研究，不能在没有受试者的自由同意的情况下进行（在他被充分告知之后）；如果他是法律上不合格的，应当从法定监护人那里获得同意。"也就是法律上不合格的人只要满足代理同意的条件也是可以参加试验的。而第3条第2款规定:"临床研究中的受试者应处在能充分行使选择权利的精神、身体和法律状态。"这些被代理的受试者显然是不处在自由选择的状态。宣言的自身矛盾,将在以后的修订中解决。

第二节 《赫尔辛基宣言》(1975)研究

一 对《赫尔辛基宣言》(1964)的修订

作为由医学共同体内部制定的约束共同体成员规范的《赫尔辛基宣言》(1964)的颁布只是表明医学共同体对医学研究伦理问题的关注。医学研究人员似乎依旧沿着过去的老路在行动,《赫尔辛基宣言》(1964)颁布之后,又有大量不合伦理的试验被揭露出来。这时期比较典型的案例是1966年,被纽约州立大学董事会谴责的纽约布鲁克林犹太慢性病医院中的癌症研究[1]。在研究中沙山姆博士(Dr. Chester M. Southam)和曼德尔博士(Dr. Emanuel E. Mandel)将活体肿瘤细胞注入住在布鲁克林犹太慢性病医院的22名病人体内。这项研究属于美国卫生部资助的发现癌症免疫系统的研究的子课题。沙山姆博士当时是著名的斯隆—凯特林(Solan-kettering)癌症研究所的研究员,领导着该所的临床病毒和致瘤病毒研究。曼德尔博士是纽约犹太慢性病医院的医学和医学教育的主任。沙山姆博士本人认为这项研究没有给病人带来伤害。但是,纽约州立大学董事会认为由于他们在给病人注射时没有告知病人注射液里含有活性肿瘤细胞,因此判定他们在此项研究中有伪造和欺骗。他们的工程师执照被吊销一年。Southan-Mandel研究不是人体试验滥用的个案。他们在校务委员会听证会上的证词表明许多医学和外科试验,有些相当危险,通常在医院的病人身上进行。而这些研究的目的仅仅是满足医生的好奇,或是教育学生如何进行医学检测[2]。

---

[1] 朱伟:《生命伦理中的知情同意》,复旦大学出版社2008年版,第211—212页。
[2] Mulford R. D., "Experimentation on Human Beings", *Stanford Law Review*, Vol. 20, No. 1, 1967, pp. 99–117.

上述这些案例的披露促使美国社会关注病人的权利，最终在1972年由美国医院联合会推出了《病人权利法案》（A Patient's Bill of Rights）。法案规定："病人享有医疗和护理的权利，享有得到有关医疗信息的权利，享有知情同意的权利，享有拒绝治疗的权利，享有保护隐私的权利，享有要求提供合理服务和转院的权利，享有了解医院与服务人员职业情况的权利，享有拒绝参加人体试验的权利，享有连续（或持续）治疗的权利，享有了解医疗费用的权利，享有了解医院规定的权利。"[1]

与此同时，西欧社会对与职业相关的公民权利日益关注，医学也被包括进来。医学职业自身也更加关注医学的伦理和法律议题，许多医学伦理的建议被提了出来[2]。三位来自斯堪的纳维亚地区的医生，瑞典的 Clarence Blomquist、挪威的 Erik Enger 和丹麦的 Povl Riis 组成的委员会提交了对《赫尔辛基宣言》（1964）进行修订的草案。Clarence Blomquist 当时是斯德哥尔摩 Karolinska 医学院（Karolinska Institute of Medical School）的精神病学的讲师和医学伦理学副教授，同时是 Karolinska 医院精神病门诊部的主任。他不但参与起草了对《赫尔辛基宣言》（1964）进行修订的草案，而且起草了世界精神病学会的《夏威夷宣言》。Povl Riis 在20世纪70年代是《丹麦医学会杂志》（*Journal of the Danish Medical Association*）的编辑，后来成为丹麦 Herlev 大学肠胃病学系的教授。他们所提交的草案在1975年在东京召开的第二十九届世界医学协会全体会议上获得通过，正式颁行并取代1964年版的《赫尔辛基宣言》。

二 《赫尔辛基宣言》（1975）与《赫尔辛基宣言》（1964）的比较

《赫尔辛基宣言》（1975）[3]继承了《赫尔辛基宣言》（1964）的结构，由前言、基本原则、涉及人类受试者的专业医疗相结合的医学研究

---

[1] 朱伟：《生命伦理中的知情同意》，复旦大学出版社2008年版，第179—180页。
[2] Riis P., "Planning of Scientific-Ethical Committees", *The British Medical Journal*, Vol. 2, No. 6080, 1977, pp. 173–174.
[3] Beauchamp T. L., *Walters LR. Edited. Second Edition*, California: Wadsworth Inc, 1982, pp. 511–512.

（临床研究，或称治疗性研究）和涉及人类受试者的非治疗性生物医学研究（非临床研究，或称非治疗性研究）四个部分组成整部准则。虽然结构相同，但《赫尔辛基宣言》（1975）的内容比《赫尔辛基宣言》（1964）丰富，条款数由 11 条增加为 22 条，字数也增加了约一倍。现将其条款的变化总结于表 2—5（以后表中《赫尔辛基宣言》用 *DoH* 代替）。

表 2—5　　*DoH*（1975）与 *DoH*（1964）相比条款的变化

内容	*DoH*（1964）	*DoH*（1975）	变化
Ⅰ．基本原则	5	12	+7
Ⅱ．临床研究	2	6	+4
Ⅲ．非临床研究	4	4	0

从表 2—5 可以看出，在 1975 年的修订中条款数变化最多的是基本原则部分，其次是与医疗结合的临床试验部分。基本原则部分的条款是针对所有人体试验的，这部分内容的大量增加反映的是对人体试验伦理要求的增加。在这部分增加的内容中，主要提出的是在所有的人体试验中要设立独立的审查委员会、要遵守出版伦理、要保护实验动物的福利和取得受试者的知情同意。在下文中我们将对这四个部分的变化分别做出说明，最后再讨论一些变化很大的条目。

（一）前言

将《赫尔辛基宣言》（1975）与《赫尔辛基宣言》（1964）的前言部分的内容进行比较（结果如表 2—6），从表中可以看到《赫尔辛基宣言》（1975）保留了《赫尔辛基宣言》（1964）前言中的所有内容，并增加了生物医学研究的目的（第 3 条）、必要性（第 4 条和第 5 条）的内容，而且还增加了关注试验对环境的影响和保护动物福利的要求（第 7 条）。这些内容回应了当时越来越多的研究丑闻被披露后公众对人体试验的怀疑和批评。

表2—6　　　　　*DoH*（1975）与 *DoH*（1964）前言内容比较①

DoH（1964）	*DoH*（1975）	比较
1. 医生的天职是保护人民的健康。医生应奉献其知识和良知履行此任务。	1. 医生的天职是保护人民的健康。医生应奉献其知识和良知履行此任务。	相同
2. 世界医学协会的《日内瓦宣言》用"我的病人的健康是我的首要考虑"约束医生；《国际医学伦理准则》也宣布："任何可能降低人的身体或精神抵抗力的行为或建议，只能用在为病人的利益服务的情况。"	2. 世界医学协会的《日内瓦宣言》用"我的病人的健康是我的首要考虑"约束医生；《国际医学伦理准则》也宣布："任何可能降低人的身体或精神抵抗力的行为或建议，只能用在为病人的利益服务的情况。"	相同
	3. 涉及人类受试者的生物医学研究的目的是促进疾病的诊断、治疗和预防手段，以及对疾病的病因和病理的理解。	新增
	4. 在当前的医学实践中，大多数诊断、治疗或预防手段都包含风险。这使生物医学研究更加有理由进行。	新增
	5. 医学的进步建立在研究上，这些研究最终部分依赖于涉及人类受试者的试验。	新增
4. 在临床研究领域，必须注意到在两类临床研究中的基本区分：一种临床研究的目的主要是治疗病人；另一种临床研究的目的纯粹是出于科学的缘故，对参加研究的受试者没有治疗价值。	6. 在生物医学研究领域，必须注意到在两类医学研究中的基本区分：一种医学研究的目的主要是诊断或治疗病人；另一种医学研究的目的纯粹是出于科学的缘故，对参加研究的受试者没有直接的诊断或治疗价值。	"临床研究"变为"医学研究"
	7. 在实施对环境有影响的研究时，必须特别谨慎，必须尊重研究用的动物的福利。	新增
3. 将实验室研究的结果应用于人类对促进人类的医学知识和帮助患者是有必要的，因此，世界医学协会制定以下条文来指导每位从事临床研究的医生。必须强调，所制定的这些标准仅仅是全世界医生的指南。医生并未被解除遵守本国法律约束下的刑事责任、民事责任和道德责任。	8. 将实验室研究的结果应用于人类对促进人类的医学知识和帮助患者是有必要的，因此，世界医学协会制定以下条文来指导每位从事生物医学研究的医生。这些准则在将来会被重新考虑。必须强调，所制定的这些标准仅仅是全世界医生的指南。医生并未被解除遵守本国法律约束下的刑事责任、民事责任和道德责任。	"临床研究"变为"生物医学研究"

---

① 这些条款前的编号是本文作者依据其在原文中出现的顺序编制的，在原来的《宣言》中这些前言中出现的条款是没有编号的。

(二) 基本原则

将《赫尔辛基宣言》(1975) 基本原则 (Ⅰ) 部分的内容与《赫尔辛基宣言》(1964) 的基本原则及与专业医疗相结合的临床研究 (Ⅱ) 非治疗性的临床研究 (Ⅲ) 的内容进行比较,结果见表2—7。

表2—7　　*DoH* (1975) 与 *DoH* (1964) "**基本原则**" 内容比较

DoH (1964)	*DoH* (1975)	比较
1. 临床研究必须遵守道德和科学原则,应建立在实验室和动物实验的基础上,或是其他在科学上确立的事实。	1. 生物医学研究必须遵守道德和科学原则,应建立在实验室和动物实验,以及对科学文献的全面了解的基础上。	编辑性变化:"临床研究"变为"医学研究"
	2. 涉及人类受试者的每个试验程序的设计和实施都应当清楚地写在试验方案中,并提交给一个特别任命的独立委员会审查、评价和指导。	新增:伦理审查
2. 临床研究只能由科学上合格的人进行,并且要一位合格的医学人员监督。 Ⅲ.3c 通常,应获得书面同意。但是,临床研究的责任总是由研究者承担;即使是获得同意之后,它永远都不由受试者承担。	3. 涉及人类受试者的生物医学研究只能由科学上合格的人进行,并且要一位合格的医学人员监督。对人类受试者的责任必须总是由医学上合格的人承担;即使是获得受试者的同意之后,这种责任永远都不由受试者承担。	编辑性变化:"临床研究"变为"医学研究"
3. 只有当研究的目的与其受试者带来的内在风险成比例时,临床研究才可以进行。	4. 只有当研究的目的与其给受试者带来的内在风险成比例时,涉及人类受试者的生物医学研究才可以进行。	编辑性变化:"临床研究"变为"生物医学研究"
4. 每个临床研究方案之先,都应认真比较研究的内在风险和给受试者或他人带来的可预见的利益。	5. 涉及人类受试者的每个生物医学研究方案在实施之前,都应认真比较研究的内在风险和给受试者或他人带来的可预见的利益。对受试者利益的考虑应当永远高于对科学和社会利益的考虑。	新增:受试者利益至上
5. 在实施有可能用药物或实验程序改变受试者的人格的试验时,医生要特别关注。 Ⅲ.4a 研究者必须尊重每个人保护个人完整性的权利,尤其是受试者与研究者依赖关系时。	6. 每位研究受试者保护个人完整性的权利必须受到尊重。必须采取一切预防措施以尊重受试者的隐私,将研究对受试者的身心完整性和人格的影响减少到最低。	新增:尊重隐私和风险最小化

续表

DoH（1964）	DoH（1975）	比较
	7. 除非医生相信研究的危险是可以预测的，否则医生不可以进行涉及人类受试者的研究。当医生发现危险超过潜在的利益时，医生应停止任何研究。	增加：医生主动停止试验
	8. 医生在发表研究结果时，他/她有义务保持结果的准确性。与本《宣言》中的原则不相符合的试验报告不应当被接受发表。	新增：出版伦理
Ⅲ.2 应当由医生向受试者解释临床研究的性质、目的和风险。 Ⅲ.3c 通常，应获得书面同意。但是，临床研究的责任总是由研究者承担；即使是获得同意之后，它永远都不由受试者承担。	9. 在任何涉及人的研究中，每位受试者应当被充分告知研究的目的、方法、预期的利益、潜在的危险和可能包含的不适。他/她应当被告知他/她可以自由地拒绝参与研究，他/她可以在任何时候撤回他/她参加试验的同意。然后，医生应当获得受试者自由给出的同意，最好以书面的形式。	增加：信息告知的内容
	10. 在医生获得研究方案的知情同意的时候，如果受试者与他/她有依赖关系或者有可能在受压迫的状态下同意，医生应当给予特别的关注。在这种情况下，应当由一位不参与此研究，并且完全独立于这种正式关系的医生去获取知情同意。	新增：获取知情同意时医生的独立性要求
Ⅱ.1 在治疗病人时，如果依据医生的判断，新的治疗手段可能会挽救生命、恢复健康或减轻痛苦时，他应当可以自由地选择此种治疗手段。 如果完全可能，符合病人心理，在向病人充分解释之后，医生应获得病人自由给出的同意。对法律上无同意能力的人，应从其法定监护人那里获得同意；对精神上无能力给出同意的人，法定监护人的同意取代病人的。	11. 在法律上无同意能力的情况下，应从其本国法律规定的法定监护人那里获得知情同意。当受试者处在身体或精神无能力的状况，而不可能获得知情同意，或受试者是未成年人，则按照该国法律，对受试者负责的亲属的允许可以代替受试者的。	
	12. 研究方案应当总是包括伦理考虑的声明，而且应该表明当前的《宣言》中列举的原则被遵守。	新增：研究方案中伦理考虑的声明

从表2—7可以看到,《赫尔辛基宣言》(1975)保留了《赫尔辛基宣言》(1964)基本原则部分的所有内容,并增加了新的伦理要求,包括研究方案的独立审查(Ⅰ.2)、医生和出版商的出版伦理(Ⅰ.8)的要求。

除了增加新的伦理要求之外,还增加部分内容,使原有准则更具体。在原来尊重受试者保护个人完整性权利要求的基础上,增加了尊重受试者隐私(Ⅰ.6)的内容。对"知情同意"中信息告知的内容(Ⅰ.9)增加了告知试验的利益和不适的内容。

除此之外,可以看到《赫尔辛基宣言》(1975)将1964年的《赫尔辛基宣言》中具体研究原则(Ⅱ是关于治疗性研究的条款,Ⅲ是关于非治疗性的条款)的部分内容(Ⅱ.1、Ⅲ.2、Ⅲ.3c和Ⅲ.4a)提升到基本原则部分,成为所有生物医学研究都应遵守的原则,而不是特定研究种类的研究所要遵循的伦理要求。所提升的原则中Ⅱ.1、Ⅲ.2、Ⅲ.3c的内容是有关获取"知情同意"的条款,Ⅲ.4a是关于保护完整性的内容。经过这种提升之后,所有的研究都必须获得受试者或其代理人的知情同意,在所有的研究中都要保护受试者的完整性。

(三)涉及人类受试者的与专业医疗相结合的医学研究

将《赫尔辛基宣言》(1975)与《赫尔辛基宣言》(1964)中关于临床试验的伦理规定的内容进行比较(结果如表2—8),可以看到《赫尔辛基宣言》(1975)保留了《赫尔辛基宣言》(1964)中的条款,并将部分内容提升到基本原则部分。在此基础上增加了四个全新的条款:对照方法的选择、向对照组的受试者提供的治疗标准、病人拒绝试验不妨害医患关系和免除知情同意的条件。从二十多年后关于临床试验中对照组治疗标准选择的广泛而热烈的争论回头看,在《赫尔辛基宣言》历史上首次提出要向对照组的受试者提供"经证明最佳"的诊疗方法的1975年版《宣言》在当时没有引起什么争论,是一件有意思的事情。除了内容的增加外,《宣言》的编辑性的变化是将"他"换成"他/她"这样不带有性别歧视的字眼,这是当时女权运动的反映,这种称呼也一直保留下来了。

表2—8　　*DoH*（1975）与 *DoH*（1964）"临床研究"内容比较

DoH（1964）	*DoH*（1975）	比较
与专业医疗相结合的临床研究	与专业医疗相结合的医学研究（临床研究）	"临床研究"变为"医学研究"
在治疗病人时，如果依据医生的判断，新的治疗手段可能会挽救生命、恢复健康或减轻痛苦时，他应当可以自由地选择此种治疗手段。 如果完全可能，符合病人心理，在向病人充分解释之后，医生应获得病人自由给出的同意。对法律上无同意能力的人，应从其法定监护人那里获得同意；对精神上无能力给出同意的人，法定监护人的同意取代病人的。	在治疗病人时，如果依据医生的判断，新的治疗手段可能会挽救生命、恢复健康或减轻痛苦时，他/她应当可以自由地选择新的诊断和治疗措施	编辑性变化："他"变为"他/她"
	2. 新方法的潜在利益、危险和不适应当与当前最佳的诊断和治疗措施相比较。	新增：对照组选择
	3. 在任何医学研究中，每位病人——包括对照组的病人，都应当获得证明最佳的诊断和治疗手段。	新增：对照组选择
	4. 病人拒绝参与研究永远都不干涉医生—病人之间的关系。	新增：病人拒绝研究不影响医生病人的关系
	5. 如果医生考虑不获得知情同意是必要的，对这种考虑的专门理由必须阐述在研究方案中以传送给独立委员会。	新增：免除知情同意的条件
2. 为了获得新的医学知识，医生可以将临床研究与专业医疗结合在一起，但这种结合限定在临床研究对病人有治疗价值的范围。	6. 为了获得新的医学知识，医生可以将医学研究与专业医疗结合在一起，但这种结合限定在医学研究对病人有潜在的诊断和治疗价值的范围内。	增加：临床研究扩展为医学研究

（四）涉及人类受试者的非治疗性生物医学研究

将《赫尔辛基宣言》（1975）与《赫尔辛基宣言》（1964）中关于

非临床试验的伦理规定的内容进行比较（表2—9），可以看到，《赫尔辛基宣言》（1975）删除了《赫尔辛基宣言》（1964）中"临床研究中的受试者应处在能充分行使选择权利的精神、身体和法律状态"。（Ⅲ.2）在上一节的分析中我们已经看到，这个规定与《赫尔辛基宣言》中的其他条款存在矛盾，会出现解释的歧义，删除这个条款之后，消除了歧义。其他条款被保留，其中一部分被提升到基本原则部分。在此基础上增加了两个全新的条款：非临床试验中的受试者应当是志愿者或所患疾病与待研究疾病无关的病人（Ⅲ.2）、科学利益不可以凌驾在受试者利益之上（Ⅲ.4）。除了内容的变化外，《宣言》的编辑性的变化是将"他"换成"他/她"，将"临床研究"变为"生物医学研究"。

表2—9 *DoH*（1975）与 *DoH*（1964）"非临床研究"内容比较

《赫尔辛基宣言》（1964）	《赫尔辛基宣言》（1975）	比较
Ⅲ 非治疗性的临床研究	Ⅲ 涉及人类受试者的非治疗性的生物医学（非临床生物医学研究）	"临床研究"变为"生物医学研究"
1. 在人身上进行临床研究的纯粹科学应用中，医生有责任成为临床研究实施对象的生命和健康的保护者。	1. 在人身上进行的临床研究的纯粹科学应用中，医生有责任成为生物医学研究实施对象的生命和健康的保护者。	"临床研究"变为"生物医学研究"
2. 应当由医生向受试者解释临床研究的性质、目的和风险。	Ⅰ.9	
	2. 受试者应当是志愿者——健康的人或是试验设计与其自身疾病无关的病人。	新增
3.1 在人身上进行的临床研究，不能在没有受试者的自由同意的情况下进行（在他被充分告知之后）；如果他是法律上不合格的，应当从法定监护人那里获得同意。	Ⅰ.11	
3.2 临床研究中的受试者应处在能充分行使选择权利的精神、身体和法律状态。		删除

续表

《赫尔辛基宣言》(1964)	《赫尔辛基宣言》(1975)	比较
3.3 通常，应获得书面同意。但是，临床研究的责任总是由研究者承担；即使是获得同意之后，它永远都不由受试者承担。	Ⅰ.3 Ⅰ.9	
4.1 研究者必须尊重每个人保护个人完整性的权利，尤其是受试者与研究者依赖关系时。	Ⅰ.6	
4.2 在临床研究的任何阶段，受试者或他的监护人都可以自由撤回为使研究得以继续的同意。如果研究者或研究团队的判断是，继续试验会伤害受试者，他或他们应当停止试验。	Ⅰ.9 3. 如果研究者或研究团队的判断是，继续试验会伤害受试者，他/她或研究团队应当停止研究。	"他"变为"他/她"
	4. 在人身上进行研究的时候，科学和社会的利益永远都不能凌驾在对受试者福利的考虑之上。	新增

（五）对几个问题的探讨

1. 从"自由同意"到"知情同意"

从《赫尔辛基宣言》发展的历史可以看到，"知情同意"（informed consent）是1975年首次出现的。但这个词语在英语世界中的使用更早。1957年，绍戈尔诉讼斯坦福大学董事会的案件中就正式使用了知情同意。[①] 在最早的《赫尔辛基宣言》，也就是《赫尔辛基宣言》（1964）中使用的是"自由给出的同意"（freely given consent）。而在《赫尔辛基宣言》（1975）中只有一处出现"自由给出的同意"，有四处出现"知情同意"（Ⅰ.10、Ⅰ.11、Ⅱ.5，见表2—10）。从上一节的分析中我们看到，在《赫尔辛基宣言》（1975）中构成"自由同意"的要件增加了医生回避的规定，也就是与病人有依赖关系的医生不可以成为知情同意的征求者。

---

① 朱伟：《生命伦理中的知情同意》，复旦大学出版社2008年版，第204—205页。

表2—10　　　　DoH（1975）与 DoH（1964）中"同意"的条款

DoH（1964）	DoH（1975）
Ⅱ 与专业医疗相结合的临床研究 1. ……如果完全可能，符合病人心理，在向病人充分解释之后，医生应获得病人自由给出的同意。对法律上无同意能力的人，应从其法定监护人那里获得同意；对精神上无能力给出同意的人，法定监护人的同意取代病人的。 Ⅲ 非治疗性的临床研究 2. 应当由医生向受试者解释临床研究的性质、目的和风险。 3.1 在人身上进行的临床研究，不能在没有受试者的自由同意的情况下进行（在他被充分告知之后）；如果他是法律上不合格的，应当从法定监护人那里获得同意。 3.3 通常，应获得书面同意。但是，临床研究的责任总是由研究者承担；即使是获得同意之后，它永远都不由受试者承担。 4.2 在临床研究的任何阶段，受试者或他的监护人都可以自由撤回为使研究得以继续的同意。如果研究者或研究团队的判断是，继续试验会伤害受试者，他或他们应当停止试验性的临床研究。	Ⅰ 基本原则 3. 涉及人类受试者的生物医学研究只能由科学上合格的人进行，并且要一位合格的医学人员监督。对人类受试者的责任必须总是由医学上合格的人承担；即使是获得受试者的同意之后，这种责任永远都不由受试者承担。 9. 在任何涉及人的研究中，每位受试者应当被充分告知研究的目的、方法、预期的利益、潜在的危险和可能包含的不适。他/她应当被告知他/她可以自由地拒绝参与研究，他/她可以在任何时候撤回他/她参加试验的同意。然后，医生应当获得受试者自由给出的同意，最好以书面的形式。 10. 在医生获得研究方案的知情同意的时候，如果受试者与他/她有依赖关系或者有可能在受压迫的状态下同意，医生应当给予特别的关注。在这种情况下，应当由一位不参与此研究，并且完全独立于这种正式关系的医生去获取知情同意。 11. 在法律上无同意能力的情况下，应从其本国法律规定的法定监护人那里获得知情同意。当受试者处在身体或精神无能力的状况，而不可能获得知情同意，或受试者是未成年人，则按照该国法律，对受试者负责的亲属的允许可以代替受试者的。 Ⅱ 与专业医疗相结合的医学研究（临床研究） 5. 如果医生考虑不获得知情同意是必要的，对这种考虑的专门理由必须阐述在研究方案中以传送给独立委员会（Ⅰ.2）。

2. 独立审查委员会

在1975年的版本中，《赫尔辛基宣言》首次提出了独立审查委员会审查试验方案的要求。"涉及人类者的每个试验程序的设计和实施都应该清楚地写入试验方案中，该方案应提交给一个特别任命的独立委员会审查、评价和指导。"（Ⅰ.2）由独立审查委员会对研究方案进行审查的规定拓宽了维护研究伦理的途径，由单纯的医生的良知扩展到外部约束。在当时的人们看来，这条规定可能是《赫尔辛基宣言》修订中后的最重要的一项内容了[1]。后来的事实也表明，这项规定对医学研究伦

---

[1] Riis P., "Planning of Scientific-Ethical Committees", *The British Medical Journal*, Vol. 2, No. 6080, 1977, pp. 173–174.

理体制化确实有重要影响。

1975 年,在斯堪的纳维亚国家里,只有起草者 Clarence Blomquist 的祖国——瑞典有伦理委员会。当时,这些委员会负责试验方案的伦理分析,没有委员会的批准,医学研究不可以进行。《赫尔辛基宣言》(1975)颁布之后,一些国家开始考虑依照《宣言》的要求成立"独立委员会"。以丹麦为例,受《赫尔辛基宣言》(1975)的启发,丹麦成立了代表大学、国家卫生部、医院所有人、制药企业、全科医师、牙科和药剂高级学校、科学协会、医学会等的筹备组商议制定适合丹麦的委员会。1977 年 3 月该委员会完成了建议报告,建议在丹麦组建地区性的和全国性的科学伦理委员会进行试验方案的审查。

3. 出版伦理

同独立审查委员会一样,《赫尔辛基宣言》(1975)所提出的出版伦理也是对受试者的一种外部保护措施。"医生发表研究结果时,有责任保证结果的准确性。与本宣言的原则不符合的实验报告不应被接受发表。"(Ⅰ.8)这样《赫尔辛基宣言》对受试者的保护从医学界扩展到了出版界。出版伦理的规定可以追溯到 20 世纪 50 年代,在医学研究理事会的备忘录中提出了医学和科学杂志的编辑的在维护医学伦理中的责任[1]。在这个问题的讨论中,就有人提出"编辑应当作为审查者,拒绝发表人体试验的一些结果"[2]。

研究伦理的规定被后来成立的温哥华小组维护。1978 年,一些医学期刊的编辑在加拿大温哥华举行非正式会议,共同制定期刊投稿格式。这其中就包括《赫尔辛基宣言》(1975)草案的制定者之一——《丹麦医学会杂志》的编辑 Povl Riis,当时,他是温哥华小组发起人。该小组制定的投稿格式在 1979 年首次发表。后来,温哥华小组不断扩大,发展成为国际医学期刊编辑委员会(International Committee of Medical Journal Editors, ICMJE)。在温哥华小组和后来的 ICJME 制定的投稿格式中,要求遵守《赫尔辛基宣言》。例如,在新修订的"生物医学期刊投稿统一要求:生物医学出版物的书写和编辑"中要求:"当报告在人类受试者身上进行的试验时,作者应当表明程序是否符合(机构和国

---

[1] "Experimental Medicine", *British Medical Journal*, 1962, pp. 1108 – 1109.
[2] Ibid..

家的）负责的委员会制定的伦理标准，是否符合1975年的《赫尔辛基宣言》。"截止到2010年10月，参加ICMJE的生物医学杂志已经超过500家，这其中包括《美国医学会杂志》、《柳叶刀》、《新英格兰医学杂志》、《英国医学会杂志》等一流的国际刊物，我国也有45种医学杂志加入国际医学期刊编辑委员会。

从《赫尔辛基宣言》在实践中被遵守的情况回头看，出版伦理的规定和温哥华小组以及之后的国际医学期刊委员会对《赫尔辛基宣言》的维护，是《赫尔辛基宣言》被广泛传播和遵守的重要力量。另一方面，在下文中我们会看到正是这些主流的医学杂志为许多有争议的试验提供了伦理讨论的平台，这些讨论甚至导致了《赫尔辛基宣言》的修订。

三 《赫尔辛基宣言》（1975）之后的三次修订

从1975年到1996年，《赫尔辛基宣言》修订了三次变化很小的修订，产生了《赫尔辛基宣言》（1983）[①]和《赫尔辛基宣言》（1989）[②]和《赫尔辛基宣言》（1996）[③]。

《赫尔辛基宣言》（1983）和《赫尔辛基宣言》（1975）相比，只有三处变化。其中两处是编辑性的变化，分别是：1. 统一了《赫尔辛基宣言》（1975）中出现的"doctors"和"physician（s）"，全部使用"physician（s）"；2. 将引言部分的拉丁语"a forteriori"变为"especially"。第三处是内容性的变化，在"基本原则"的第11条中增加了如下的内容："当未成年人实际上能够给出同意时，在获得未成年人的法定监护人的同意之外，还应获得未成年人的同意。"

《赫尔辛基宣言》（1989）的变化很小，只在《赫尔辛基宣言》（1983）基本原则的第2条中增加一段话。变化后第2条的内容是"涉及人类受试者的每个试验程序的设计和实施都应当清楚地写在试验方案中，并提交给一个特别任命的独立委员会审查、评价和指导。该委员会

[①] "Declaration of Helsinki", 1983, http：//www.fda.gov/oc/health/helsinki83.html, 2010 – 10 – 5.

[②] "Declaration of Helsinki", 1989, http：//www.fda.gov/oc/health/helsinki89.html, 2010 – 10 – 5.

[③] "Declaration of Helsinki", 1996, http：//www1.va.gov/oro/apps/compendiuFiles/Helsinki96.htm, 2009 – 2 – 3.

独立于研究者和资助者，遵守试验所在国的法律和法规。"（画横线的内容为1989年新增的内容）所增加的内容，明确提出了独立委员会的"独立性"的具体衡量标准。

1996年10月，在南非召开的第48届世界医学协会大会通过了对《赫尔辛基宣言》（1989）的修订，颁布的《赫尔辛基宣言》（1996）取代了原来的版本。与《赫尔辛基宣言》（1989）相比较，《赫尔辛基宣言》（1996）只有两处变化，一处是编辑性的变化，将《赫尔辛基宣言》（1989）基本原则第11条中的"给出一个同意"（give a consent）的冠词"一个"（a）删除了。另一处变化是在临床研究的第3条增加了新的内容。增加后《赫尔辛基宣言》（1996）Ⅱ.3的内容如下（其中画横线的是新增的内容）："在任何医学研究中，每位病人——包括对照组的病人，都应当获得证明最佳的诊断和治疗手段。这并不排除当不存在经证明的诊断或治疗方法时，在研究中使用惰性的安慰剂。"

这样，尽管经过三次修订，《赫尔辛基宣言》（1975）的结构和内容被完整保留下来，只是对具体的两个条款进行了补充说明。

第三节 《赫尔辛基宣言》(2000)研究

一 《赫尔辛基宣言》(1996)修订背景

从1996年第四次《赫尔辛基宣言》修订完成之后，《赫尔辛基宣言》的修订过程中的争议大大增多，争议的焦点之一就是临床试验中对照组的选择问题，核心是当存在经证明有效的诊断或治疗方法时，在临床实验中是否可以使用安慰剂。这些争议要从爱滋病的母婴传播的研究开始说起。

（一）有争议的安慰剂对照试验

这场影响了十几年来《赫尔辛基宣言》的争论是从HIV母婴传播的研究引起的。HIV母婴传播是许多发展中国家的公共卫生问题，例如，在南美30%的新生儿是HIV阳性。从1991年开始，儿科艾滋病临床试验组在美国和法国开展了一项研究抗病毒药物齐多呋啶（简称为AZT）在阻断艾滋病母婴传播中的安全性和有效性的随机临床试验。在试验中，药物治疗组的受试者接受076疗法的治疗。也就是说，孕妇在生产前每天服用5次（AZT），平均连续服用了11周；在生产时，接受

AZT静脉注射；新生儿在娩出后连续6个星期服用AZT糖浆。在试验中，对照组服用安慰剂。1993年底，有效性的期中分析工作完成，结果显示，与安慰剂组相比，使用076疗法可以将非母乳喂养的婴儿的艾滋病母婴传播感染率从25.5%降低到8.3%。[1] 获悉该结果后，儿科艾滋病临床试验组停止了继续招募受试者的工作，发达国家开始对感染艾滋病的妇女采取了076疗法以阻断艾滋病的母婴传播。

但是076疗法在发展中国家并不具备可推广的条件。首先是076疗法费用高，平均是800美元，远远超过了一些发展中国家每人的年平均卫生保健费用，这是发展中国家无力承担的。其次，076疗法的有效性是在非母乳喂养的人群中确定的，而在发展中国家，普遍采用的是母乳喂养的方式。最后，发展中国家的卫生保健系统不具备支持076疗法所要求的HIV检测、静脉注射等医疗条件。这样，寻找到短程的、花费低的、在发展中国家具有可操作性的、适用于母乳喂养人群的阻断艾滋病母婴传播的治疗手段就成为一项迫切的任务。为此，世界卫生组织与联合国艾滋病规划署合作开展了一项旨在为发展中国家寻找现实可行的疗法的国际研究。

1994年7月，世界卫生组织在日内瓦召开工作会议，与会的艾滋病研究者提出："安慰剂对照试验是迅速的和有效地评估阻断艾滋病母婴传播的076替代疗法的最佳选择。"[2] 这之后，在发展中国家开始进行了大规模的以安慰剂为对照组的随机对照试验，也就是研究其他干预措施是否比不治疗更好。这些试验在包括科特迪瓦、乌干达、坦桑尼亚、南非、马拉维、肯尼亚、多米尼加共和国和泰国的十多个发展中国家进行，计划招募1万多名受试者。

也是在这个时期，美国的国立卫生研究院和疾病控制和预防中心开始资助在发展中国家进行076疗法替代手段的研究。1994年，哈佛公

---

[1] Connor E. M., Sperling R. S., Gelber R., et al. "Reduction of Maternal – Infant Transmission of Human Immunodeficiency Virus Type 1 with Zidovudine Treatment", *The New England Journal of Medicine*, Vol. 18, No. 331, 1994, pp. 1173–1180.

[2] Recommendations from the Meeting on Mother – o – Infant Transmission of HIV by Use of Antiretrovirals, Geneva, World Health Organization, June 23–25. 转引自 Lurie P., Wolfe S. M., "Unethical Trials of Interventions to Reduce Perinatal Transmission of the Human Immunodeficiency Virus in Developing Countries", *The New England Journal of Medicine*, Vol. 337, No. 12, 1997, pp. 853–856。

共卫生学院的 Marc Lallemant 向国立卫生研究院提出申请,要求在泰国进行一项等效研究——以 076 疗法作为对照组研究三种短程的 AZT 疗法。Lallemant 的研究方法属于阳性对照试验,也就是以有效药物作为对照组,以确定待研究的治疗手段是否有效,而不是使用 WTO 推荐的安慰剂对照研究方案。国立卫生研究院的答复是,临床试验中的对照组应选择安慰剂而不是 076 疗法。经过长时间的磋商,国立卫生研究院最终同意 Lallemant 等人的意见,同意在泰国进行阳性对照试验。

1995 年,Lallemant 向《科学》(Science)写了一封信,说明他不使用 WTO 推荐的安慰剂对照的理由:

> 我们坚信在泰国的研究中加入安慰剂组是不符合伦理的……在我们的研究设计中增加安慰剂组能提供 076 疗法在泰国人群与在先前的研究中的人群中有效性相同的保证,可以更精确地估计短程疗法比不治疗有效的具体程度。但是,我们相信,科学的理由不能凌驾于向所有的受试者提供当前科学只是确定的 AZT 有效性一致的疗法和研究所在国将要出现的医疗标准。[1]

(二) 安慰剂问题上的两种立场

上述争论,其实是对安慰剂问题的两种立场:阳性对照正统观念与安慰剂对照正统观念的争论。

阳性对照正统观念主要的支持者是 Freedman[2] 和 Rothman[3] 等人。这种观念认为,当存在治疗标准时,在临床对照试验中对照组应为该治疗标准,也就是应采用阳性对照试验(ACT)而不是安慰剂对照试验(RCT)。Freedman 等人认为在临床试验中对医学发展和社会有意义的问题是新的治疗是否比原有的治疗更好,或至少不比原有的治疗差[4]。而安慰剂对照试验所回答的问题是,新的治疗是否比不治疗好。如果使用

---

[1] Lallemant M., et al. "AZT Trial in Thailand", Science, Vol. 270, 1995, pp. 899-900.

[2] Freedman B., Weijer C., Glass K. C., "Placebo Orthodoxy in Clinical Research I: Empirical and Methodological Myths", Journal of Law, Medicine & Ethics, Vol. 24, 1996, pp. 243-251.

[3] Rothman K. J., Michels KB. "The Continuing Unethical Use of Placebo Controls", The New England Journal of Medicine, Vol. 331, No. 6, 1994, pp. 394-398.

[4] Freedman B., Weijer C., Glass K. C., "Placebo Orthodoxy in Clinical Research I: Empirical and Methodological Myths", Journal of Law, Medicine & Ethics, Vol. 24, 1996, pp. 243-251.

安慰剂对照试验作为新治疗上市的标准，就可能使那些劣于现有的治疗标准而优于安慰剂的治疗上市，这是不符合病人利益的。

与安慰剂对照试验相比，阳性对照试验，主要是阳性等效性试验要招募比安慰剂对照试验更多的受试者，因此，有人批评阳性对照试验使更多的受试者暴露在风险中，是不符合伦理的。但 Freedman 认为这并不构成阳性对照试验的伦理问题。他的回答是：阳性对照试验和安慰剂试验回答的问题不同，前者回答的问题满足了临床医生和病人的需要；安慰剂对照试验中，对照组使用了差的"治疗"——安慰剂，这就造成了"深刻的伦理问题"，而阳性对照试验中则没有这样的伦理问题；从药品上市讲，阳性对照试验不允许劣于标准治疗的药物上市，可以更好地保护病人免受无效、有害的治疗[①]。

阳性对照正统观念认为，当不存在治疗标准时，对照组可以使用安慰剂作为权益之计。人们认为安慰剂具有心理效应，而药物具有生物和心理效应，使用安慰剂对照可以排除心理因素和时间因素（有些疾病有可能自愈）带来的疾病状况的改善，确定药物的有效性来自生物因素。但 Freedman 等认为，鉴于安慰剂的效应是试验条件的变量——安慰剂的颜色、剂型等都会影响到安慰剂的效应，因此安慰剂对照试验也不能给出药物具有生物效果的确定结论[②]。安慰剂对照试验所显示的试验药物优于安慰剂的结果可以有多种解释：第一，试验药物有生物效果，所以它比安慰剂好；第二，安慰剂没有显示出安慰剂效应，试验药物有安慰剂效应，所以它比安慰剂好；第三，安慰剂没有显示出安慰剂效应，试验药物有生物效果，所以它比安慰剂好。尽管安慰剂对照试验不能给出药物有效性的明确结论，但在第一代药物的研究中，使用安慰剂对照试验可以帮助人们获得充分的数据以形成合理的判断——决定是否允许药物上市，医生是否可以开药[③]。

阳性对照正统观念的基础是 Freedman 早年提出的临床均势观点。[④]

[①] Freedman B., Weijer C., Glass K. C., "Placebo Orthodoxy in Clinical Research I: Empirical and Methodological Myths", *Journal of Law, Medicine & Ethics*, Vol. 24, 1996, pp. 243 – 251.

[②] Ibid..

[③] Ibid..

[④] 陈元方、邱仁宗：《生物医学研究伦理学》，中国协和医科大学出版社 2003 年版，第 95 页。

临床均势是医学社团和专家对各种干预措施孰优孰劣存在的不确定性。根据 Freedman 的观点，在临床试验中，只有各种干预措施的优劣处于均势时，采取对照试验才是符合伦理的。反之，若不存在均势的情况下进行对照实验则是不合伦理的。Freedman 等人提出的阳性对照正统观念的伦理论证是建立在将研究者—受试者之间的关系类比为医患关系，按照病人的利益是医生首要考虑的原则推演出来的。也就是，当存在经证明最佳的诊疗手段时采用安慰剂对照，则是没有尽到研究者保护受试者利益的义务，因此是违背伦理的。反之，使用阳性对照则是履行了这种义务，因而是符合伦理的。按照此种观点，当存在经证明的诊断或治疗方法时，在临床实验中不可以使用安慰剂，只能选择阳性对照。

阳性对照正统观念可以进一步得到科学正当性的辩护。《纽伦堡法典》提出人体试验可以进行的必要条件之一就是试验的正当性，也就是"实验本身应该产生造福社会的富有成效的结果，而这些结果是用其他方法或手段不能获得的，也不是可偶然得到的或可有可无的"①。由于人体试验存在风险，如果不满足科学正当性的条件，受试者在实验中遭受的风险就得不到伦理辩护，这样的实验因而也就是不符合伦理的。因此，早在 1963 年，Hill 就提出，判断使用安慰剂是否符合伦理的依据是，是否存在经证明的阳性治疗，因为临床中的问题是"新治疗比原有治疗更有效或没有其有效，而不是是否比不治疗更有效"②。

与阳性对照正统观念相对的另一种观点就是安慰剂对照正统。安慰剂对照正统认为即使存在有效的治疗手段，在临床试验中总有理由使用安慰剂。这种观点在实践上的支持者以美国的食品和药品监督管理局（FDA）为代表。FDA 在安慰剂问题上的规定是模糊的，它一方面规定"将试验药物与已知的有效的治疗进行对比；例如，使用安慰剂或不治疗违背病人的利益"，另一方面又规定在试验中包含安慰剂对照和阳性对照："阳性治疗可以包括特别的治疗组，例如，安慰剂对照……"③而事实是，FDA 的官员将安慰剂对照当作"黄金标准"，并且至少在一

---

① 陈元方、邱仁宗：《生物医学研究伦理学》，中国协和医科大学出版社 2003 年版，第 310 页。

② Rothman K. J., Michels K. B., "The Continuing Unethical Use of Placebo Controls", The New England Journal of Medicine, Vol. 336, No. 6, 1994, pp. 394 – 398.

③ Ibid..

个案例中 FDA 拒绝批准一个新药的理由就是该药与已获批准的药物进行了阳性对照试验而不是安慰剂对照试验。[①]

(三)《赫尔辛基宣言》(1996) 的选择

《赫尔辛基宣言》(1996) 中安慰剂条款的规定是依据阳性对照正统的观点制定的安慰剂指导原则,与《赫尔辛基宣言》一贯坚持的将受试者的利益置于首位的伦理原则相吻合。从 1964 年世界医学协会首次推出《赫尔辛基宣言》到 1996 年第五个版本的颁布 (1964、1975、1983、1989、1996),在三十多年的历史中,无论《赫尔辛基宣言》如何修订,都始终将"医生的使命是保护病人的健康"作为开篇之句,援引《日内瓦宣言》提出的医生的义务——"我的病人的健康是我的首要的考虑"和《国际医学伦理准则》中提出的"只有当任何有可能削弱人的身体或精神抵抗力的行为或建议是为了他的利益时,才可以使用"作为对这种义务的注解。在基本原则部分,也始终提出:"对受试者利益的关注应当永远凌驾在科学和社会利益之上。"因此,《赫尔辛基宣言》(1996) 在安慰剂问题上采取阳性对照正统观念与宣言历来的基本原则相吻合的,是宣言必然的逻辑结果。

《赫尔辛基宣言》(1996) 在安慰剂问题上采取的阳性对照正统观念也可以解读为对在发展中国家进行的围产期艾滋病研究中使用安慰剂的批评。宣言颁布之后,进一步刺激了已经存在于安慰剂问题上的争论,并导致了四年之后《赫尔辛基宣言》新版本的诞生。

(四)《赫尔辛基宣言》(1996) 颁布后临床试验中使用安慰剂的争论

《赫尔辛基宣言》(1996) 明确支持安慰剂问题上的阳性对照正统观念,刺激了原本就长期存在的安慰剂问题上的阳性对照正统观念和安慰剂对照正统观念的争论。宣言颁布之后不久,1997 年,美国医学会率先提出了对该条款的修订意见。与此同时,《赫尔辛基宣言》(1996) 在安慰剂问题上的鲜明立场也刺激了正在进行的艾滋病母婴传播研究中使用安慰剂对照组是否符合伦理的争论。

1997 年 5 月,美国国会举行了针对美国政府资助的用于阻止艾滋病母婴传播的研究的生命伦理学听证会。美国一家民间组织——公民卫生研

---

① Rothman K. J., Michels K. B., "The Continuing Unethical Use of Placebo Controls", *The New England Journal of Medicine*, Vol. 331, No. 6, 1994, pp. 394–398.

究组织（Public Citizen's Health Research Group）的负责人 Sidney Wolfe 提出，美国资助的在发展中国家进行的研究中，有9项是"Tuskegee 试验的第二部"[①]。加利福尼亚大学的艾滋病研究者 Peter Lurie 指出，同是资助在泰国进行的研究，国立卫生研究院资助的研究对照组选用的是与076疗法类似的疗法，也就是阳性对照，而美国疾病控制和预防中心资助的研究中对照组选用的是安慰剂。因此，Lurie 问："这怎么可能？这群人出国后，好像修改了研究伦理。"[②] 在听证会上，面对上述批评，美国疾病控制和预防中心的主任 David Satcher 指出上述研究得到了美国和当地伦理审查机构的批准，尊重了当地对卫生保健的需求。

这之后，以《新英格兰医学杂志》（New England Journal of Medicine，简称为 NEJM）、《柳叶刀》（Lancet）、《生命伦理学》（Bioethics）等为代表的一流的国际医学和生命伦理学杂志上开始连续刊登双方争论的文章，使临床试验中对照组的选择问题成为20世纪90年代后期生命伦理学探讨的热点问题，也成为引起《赫尔辛基宣言》、CIOMS/WHO 的《涉及人的生物医学国际伦理准则》的修订，并一直影响到今天医学研究伦理讨论的争论。以受关注最多的《新英格兰医学杂志》上的讨论为例，参加讨论的不仅包括 Lurie、Lallemant、Varmus 和 Satcher 这样的"老对手"，也包括此次试验关涉的有关各方，如 WHO 的官员、有关国家研究机构的学者、政府官员等，甚至连编辑们也亲自参战。

1997年9月，Lurie 和 Wolf 联名在 NEJM 上抨击在发展中国家进行的15个安慰剂对照试验，这其中有9个是由美国政府通过国立卫生研究院和美国疾病控制和预防中心资助的。Lurie 和 Wolf 以在乌干达进行的安慰剂对照试验为例，指出这些试验是不符合伦理的，它们违反了安慰剂使用的等效性原则，违反了人体试验的不伤害原则[③]。Lurie 认为：第一，安慰剂对照试验"问了错误的研究问题"。对于发展中国家而言，找到更便宜的阻止 HIV 母婴传播的有效医疗措施是符合当地利益

[①] Cohen J., "Ethics of AZT Studies in Poorer Countries Attacked", Science, Vol. 276, 1997, p. 1022.

[②] Ibid..

[③] Lurie P., Sidney M. W., "Unethical Trials of Interventions to Reduce Perinatal Transmission of the Human Immunodeficiency Virus in Developing Countries", The New England Journal of Medicine, Vol. 337, No. 12, 1997, pp. 853–856.

的。进行安慰剂控制试验的研究者的问题是：短程的治疗是否比不治疗更好？而在泰国的哈佛研究方案的问题是：短疗程的治疗是否不比长疗程的疗法差？哈佛研究方案比安慰剂对照提供了更多的有用信息而同时又避免了本可以避免的对照组的成百上千名婴儿的死亡。第二，安慰剂对照试验的设计没有建立在对已有科学数据的分析基础之上。进行这些研究的国立卫生研究院、美国疾病控制和预防中心、WHO 和研究者们认为，与标准的 076 相比，短程疗法用药的时间缩短了，给药的途径也由静脉注射变为口服，这样就使得短程疗法的有效性和安全性不确定，从而在短程疗法和安慰剂对照组之间建立了等效性，这样就使得安慰剂对照试验可以得到伦理辩护。而 Lurie 指出，在实施此项对照试验之前，根据已有的 076 的研究、HIV 母婴传播的时间的知识、HIV 母婴传播不同途径给药有效性的数据等相关知识，有足够的理由预期设计良好的短程疗法比不治疗更好。而这些事实就使得安慰剂和短程治疗之间不存在均势，因而也就使安慰剂对照得不到伦理辩护。Lurie 提出的第三点理由是，医护标准是医学标准而非经济标准，安慰剂对照试验违背了国际伦理准则。支持在发展中国家进行的安慰剂对照试验的另一个理由是在发展中国家的治疗标准是不治疗。Lurie 等认为，发展中国家的患者的确得不到任何治疗，这是事实，但这不是因为医学上没有治疗方法，而是源自于发展中国家落后的经济。根据 1993 年 CIOMS 的《涉及人的生物医学国际伦理准则》，除非需要增加特殊的设备，在发展中国家进行医学研究的研究者有义务向受试者提供发达国家的标准治疗手段，也就是说，对发展中国家受试者的治疗标准是医学标准而不是经济标准，使用经济标准是不合伦理的。另外，Lurie 指出，如果允许在发展中国家使用经济标准，那么会使许多在发达国家在伦理上不能进行的实验转移到发展中国家进行，这样有违公正的伦理准则。

总结上述反对安慰剂对照试验的理由，有：①治疗标准应该是医学标准而不是经济标准；②安慰剂对照试验没有给参加试验的受试者提供长程的 076 疗法，造成了参加试验的婴儿的死亡；③对当地有意义的问题是短程疗法是否不比长程疗法差，阳性对照试验提供了对试验受试者人群有用的科学信息，可以使未来更多的婴儿减少感染 HIV 的风险。

同期，*NEJM* 的主编 Angell 发表社论，指出，支持在发展中国家进行的这些安慰剂对照试验的理由就是当年支持 Tuskegee 梅毒试验的理由，"第三世界的孕妇接受不到抗逆转录酶病毒治疗，研究者就像未进行研究那样，只是去观察这些受试者的婴儿是否会被传染 HIV/AIDS"[①]。Tuskegee 梅毒试验是生物医学研究历史中的一个丑闻。Tuskegee 是美国的一座小镇，从 20 世纪 30 年代开始美国公共卫生署启动了在 Tuskegee 的黑人身上进行的梅毒自然演变史的研究。在研究中，研究者没有告诉受试者他们染上了梅毒，也没有告诉他们梅毒的预防和治疗方法。相反，研究者告诉受试者他们参与研究可以得到"坏血"（许多疾病的通称）的免费治疗。在研究中，研究者不仅欺骗受试者，用子虚乌有的"治疗"引诱受试者参加研究。而且，研究者阻止受试者从其他机构寻求治疗。尤其严重的是，20 世纪 40 年代以后，青霉素已经成为治疗梅毒的有效药物，研究者不但不给受试者治疗，还阻止受试者使用青霉素，因为他们认为今后将找不到未经治疗的梅毒病人来进行毒素自然演变的研究。1972 年，这项研究因被媒体曝光而被终止。Tuskegee 研究的曝光促使美国于 1974 年通过了国家研究法案（National Research Act.），建立了旨在保护生物医学研究和行为研究中的受试者的国家委员会。1997 年，时任美国总统的克林顿代表美国政府为 Tuskegee 研究向幸存者、遇难者及其家属正式道歉。

Angell 用 Tuskegee 研究这样在美国社会有广泛影响的丑闻类比在发展中国家进行的这些安慰剂对照试验，使争论进一步升级。该杂志的编辑 David Ho 和 Catherine Wlfer 不满意 Angell 的观点，辞去了编辑职位。同年 10 月，国立卫生研究院的负责人 Varmus 和美国疾病控制和预防中心的主任 Satcher 联名撰写的对 Lurie 等人的批评的反驳在 NEJM 上发表[②]。Varmus 和 Satcher 在 NEJM 上发表的论文进一步阐述了在发展中国家进行的试验采用安慰剂对照而不是阳性对照的理由[③]：

> 对在伦理上批评安慰剂对照试验进行反驳的最明显的理由是，在这些当前没有任何干预措施的国家进行安慰剂试验并没有给受试者带

---

① Angell M., "The Ethics of Clinical Research in the Third World", *The New England Journal of Medicine*, Vol. 337, No. 12, 1997, pp. 847–849.

② Varmus H., Satcher D., "Ethical Complexities of Conducting Research in Developing Countries", *The New England Journal of Medicine*, Vol. 337, No. 14, 1997, pp. 1003–1005.

③ Ibid..

来超过标准治疗以外的干预的风险，当然，这个理由过于简单。另外的理由是，安慰剂对照试验通常能够使用更少的受试者，更快的获得答案，而非安慰剂对照试验则要在更多的地点或更积极的招募获得。使用安慰剂对照实验最有说服力的理由是，这种试验提供了研究进行情境下的干预措施的安全性和有效性的确定的答案。……安慰剂对照试验不是研究新干预措施的唯一方法，但与其他方法相比较，它提供了更确定的答案和关于副作用的更清晰的答案……安慰剂对照试验可能是获得最终对相似情境下的人群有用的答案的唯一方法。如果我们招募的受试者进行的研究不可能提供对受试者或受试者所在人群有用的结果，我们不能通过有利的检验。……国立卫生研究院和美国疾病控制和预防中心的研究方案经过了严格的伦理审查程序，不仅有试验将要进行的发展中国家的公共卫生和科学团体参与了伦理审查，而且也有应用美国法律保护受试者的相关的美国的和发展中国家的伦理机构委员会参与了。

由此，可以看到 Varmus 和 Satcher 等支持安慰剂对照试验的理由，主要是以下三点：①当时在乌干达是不存在有效的阻断艾滋病母婴传播的治疗手段，当地的治疗标准就是"不治疗"，因此不违反等效性原则，使用安慰剂（等同于"不治疗"）是符合伦理的。发展中国家当地的治疗标准是不治疗，安慰剂对照试验没有给参加试验的受试者带来比不参加试验更大的风险；②对当地有意义的问题是短程疗法比不治疗是否更好，安慰剂对照试验提供了对试验受试者人群有用的科学信息，可以使未来更多的婴儿减少感染 HIV 的风险；③安慰剂对照试验通过了伦理审查，得到了当地伦理审查委员会的批准。

这之后，*NEJM* 邀请争论的双方针对已发表的观点继续进行讨论。5 个月之后，包括 WHO、美国疾病控制和预防中心、国立卫生研究院等机构的成员、泰国试验组的科学家、乌干达研究机构的成员和来自于发展中国家和发达国家的政府官员、学者围绕双方的争论在 *NEJM* 上展开了讨论，Varmus 和 Satcher 拒绝发表任何回应[①]。争论最后的直接结果是，1998 年 2 月，美国疾病控制和预防中心停止了在泰国和象牙海

---

① "Ethics of Placebo‑Controlled Trials of Zidovudine to Prevent the Perinatal Transmission of HIV in the Third World", *The New England Journal of Medicine*, Vol. 338, No. 12, 1998, pp. 836–841.

岸的安慰剂对照试验。①

这场讨论主要聚焦于如下问题：

1）治疗标准是选取普遍标准还是当地标准

双方争论的焦点问题是，当存在经证明有效的诊疗手段时，在临床试验中使用安慰剂是否符合伦理的问题，其核心是临床试验中对照组治疗标准选择的问题。为了说明和分析双方的争论，先对临床试验中的一些问题进行说明。以药物研究为例，为了确定药物的有效性和安全性，就要采取对照试验，也就是将受试者至少分成两组，一组服用待研究的药物，其他组服用作为对照的药物。前者叫试验组，后者叫对照组。在第一代药物研究中，对照组使用的就是安慰剂。药物试验中使用的安慰剂与试验药物外形相同，但不含有药物的有效成分。安慰剂虽然不含有药物成分，但也存在着治疗某些疾病的"安慰剂效应"，也就是病人在服用安慰剂后，病情好转甚至痊愈。目前，认为这其中的机制可能是"心理暗示作用"，也就是病人"误以为"所服用的药物（实际是安慰剂）能治疗疾病而产生的心理期待促进疾病的治愈；也可能是条件反射机制，也就是安慰剂引起大脑中内源性阿片肽类物质产生，从而产生镇痛作用②。安慰剂的另一种原因可能是由于疾病的自愈。安慰剂对照实验就可以帮助排除安慰剂效应，提供所研究的药物是否比安慰剂有效的证据。在试验中，为了证明研究药物的有效性，研究者可能有意将病情轻、易治愈的病人安排在研究组，而将病情重，不易治愈的病人安排到对照组。为了减少研究者的上述偏倚，在受试者的安排上，采取了随机化的原则，也就是将受试者随机分配到试验组和对照组。另一方面，为了控制安慰剂效应，则采取随机双盲对照试验，也就是研究者和受试者在试验结束前均不知道谁服用安慰剂，谁在服用治疗药物。

在第一代药物中使用安慰剂对照试验是没有争议的，争议在于第二代药物的研究，也就是当存在经证明有效的治疗手段时使用安慰剂。在随机对照试验中，若试验组与对照组的有效性存在着优劣的差异时，则研究者未尽到保护被分配到劣势组的研究者的义务，是不符合伦理的。

---

① Angell M., "The Ethics of Clinical Research in the Third World", *The New England Journal of Medicine*, Vol. 337, No. 12, 1997, pp. 847–849.

② 马雪、王耘川：《循证医学时代安慰剂的再认识》，《医学与哲学》2005 年第 10 期，第 43—45 页。

反之，若医学共同体和专家对各种干预措施孰优孰劣不确定时，研究者对任何一组受试者都尽到了保护他们利益的义务，是符合伦理的。这种不确定性被称为均势，均势性原则是检验随机对照试验是否符合伦理学原则的重要标准[①]。根据均势原则，若存在经证明有效的治疗手段时，使用安慰剂做对照是不符合伦理的，这也正是 Lurie 等人批评上述 HIV 安慰剂对照试验的理由之一。

而 Varmus 的反驳理由也恰恰是均势原则，Varmus 等人提出安慰剂对照试验并未违背均势原则，因为当地的治疗标准就是不治疗。以均势原则为判断标准，只要不存在有效的治疗标准，使用安慰剂就不违背伦理。这样，在均势原则前提下，双方就将争论焦点聚焦到治疗标准的选择问题。Varmus 等人认为治疗标准的选择应该考虑当地的情境，这样的标准被称为当地标准。而 Lurie 等人提出治疗标准是医学标准，因而在国际合作研究中应采用单一标准而不是双重标准，这种标准被称为普遍标准。Lurie 等人的理由是，发展中国家的人民不能得到 ACTG076 疗法是由于当地的经济原因——当地无力负担其费用。而治疗标准是医学标准而不是经济标准，与当地能否承担无关。依据国际医学科学理事会和世界卫生组织制定的《涉及人的生物医学研究国际伦理准则》（1993），在国际合作研究中，研究者有义务向受试者提供资助国的治疗标准。Lurie 等人担心，若使用双重标准会刺激研究者去发展中国家进行其不能在发达国家进行的试验，造成对发展中国家的剥削。因此，Lurie 等人提出在国际合作研究中应采用单一标准而不是双重标准。

而 Varmus 等人认为在国际合作研究中，采用双重标准是可以通过有利原则和公正原则的检验的，是符合伦理的。他说："我们可以资助在另一个国家进行在美国不允许的试验吗？可以，因为这样的研究在当地更迫切。即使干预措施存在某些风险，这样的试验也可以通过有利原则的检验。我们可以不同意支持当地人们无法企及的干预措施的研究吗？可以，因为这样的试验不能通过公正原则的检验。"[②] 这样，从治

[①] 陈元方、邱仁宗：《生物医学研究伦理学》，中国协和医科大学出版社 2003 年版，第 9 页。

[②] Varmus H., Satcher D., "Ethical Complexities of Conducting Research in Developing Countries", *The New England Journal of Medicine*, Vol. 337, No. 14, 1997, pp. 1003–1005.

疗标准的选择问题引起的争论又将有利原则和公正原则的争论推向了前沿。

2) 研究者的义务是不主动伤害还是主动阻止伤害

支持安慰剂对照试验的理由是参加试验并未使受试者受到伤害,也就是未违反生命伦理学界公认的不伤害原则。他们的论证是,如果这些妇女不参加本次试验,她们在当地也是得不到治疗的。因此,被分配在安慰剂组的孕妇并没有受到伤害。而那些被分配在短程疗法组的孕妇不但没有受到伤害,反而得到了她们在当地本不可能得到的治疗。由此,她们不但没有受到伤害,而且由于参加试验而受益。正如 Varmus 所说:"对反对安慰剂对照试验的一个明显的反驳是,将受试者安排在安慰剂组,并没有带来超过当前没有干预措施的国家的标准实践的风险。"[1]因此,支持安慰剂对照试验的学者提出,这个试验与 Tuskegee 梅毒试验不可同日而语[2]。在 Tuskegee 试验中,试验者剥夺了受试者接受他们本可以在不参加试验的情况下就可以得到的治疗,只是去观察他们。而在本次试验中,试验者并没有剥夺受试者的任何治疗机会,也没有主动去伤害受试者。

批评安慰剂对照试验的理由是,被分配在安慰剂组的孕妇没有得到当前已知的最佳的治疗,会导致成百上千名新生儿感染 HIV——而这本来是实验者有能力避免的。实验者没有阻止受试者受到伤害,这就造成了对受试者的伤害。正如 Lurie 等说:"研究者本应使他们的研究设计减少致命疾病的发生率,这也是他们研究的目的。但他们没有这样选择。……'所有的医生,即使那些进行研究的医生,应当永不放弃他们的基本义务——保护和促进每位病人的健康。'"[3]

由此,可以看到双方的分歧在于如何解读"不伤害"原则——不主动伤害,还是主动阻止伤害。不主动伤害是消极的不伤害,而主动阻止

---

[1] Varmus H., Satcher D., "Ethical Complexities of Conducting Research in Developing Countries", *The New England Journal of Medicine*, Vol. 337, No. 14, 1997, pp. 1003 – 1005.

[2] "Ethics of Placebo – Controlled Trials of Zidovudine to Prevent the Perinatal Transmission of HIV in the Third World", *The New England Journal of Medicine*, Vol. 338, No. 12, 1998, pp. 836 – 841.

[3] Lurie P., Sidney M. W., "Unethical Trials of Interventions to Reduce Perinatal Transmission of the Human Immunodeficiency Virus in Developing Countries", *The New England Journal of Medicine*, Vol. 337, No. 12, 1997, pp. 853 – 856.

伤害则是积极行善①。试验者究竟有没有积极行善的义务？如果就医生和病人的关系而言，根据医生职业的希波克拉底传承，医生对病人无疑具有行善或促进善的义务。而现在所讨论的医学研究者与受试者的关系，是否可以直接类比于医生与病人的关系，也就是说，研究者对受试者，是否同样具有行善或促进善的义务呢？就以往的共识来说，这种类比无疑是成立的。正如经过多次修订的《赫尔辛基宣言》始终坚持引用世界医学会的《日内瓦宣言》和《国际医学伦理学准则》中关于医生义务的条款，提出"促进和维护病人，包括那些参与医学研究的人的健康是医生的义务。医生应奉献其知识和良知以履行这一义务"。而 Lurie 等人反对安慰剂对照试验的重要理由就是在安慰剂对照试验中，研究者没有尽到积极行善的义务。

3）有利原则上的问题。包括合理的风险/受益比，受试者的利益和社区的利益的协调，不同试验方案的比较等问题

由于人体试验在进行的过程中，受试者可能遭受身体、精神或社会的伤害，这样就出现了如何为伤害进行伦理辩护，以及什么样的伤害可以得到伦理辩护的问题。这个问题由有利原则来解答。《贝尔蒙报告》提出的"有利"指行善的伦理义务，也就是不仅要求不伤害人，也要求努力促进他人的健康和福利。这一原则有两个互补的原则，不伤害和利益最大化/风险最小化。因此撇开研究者有无阻止伤害的义务的讨论，双方争论的另一个焦点就是这些试验是否有利，是否可以通过风险/受益比衡量。

支持安慰剂对照试验的一方普遍使用的伦理理由就是该试验符合有利原则。例如，Varmus 提出"安慰剂对照试验通常能够使用更少的受试者，更快的获得答案，而非安慰剂对照试验则要在更多的地点或更积极的招募获得"。使用更少的受试者，能使试验中受试者承担的风险总量降低，更快地获得答案对于解决公共卫生问题是有价值的。对于上述理由，反对者提出即使在风险/受益比的分析框架下进行分析，这些安慰剂对照试验也是有问题的。合理的风险/受益比是分析多种方案筛选时的评价原则而不是单一方案的定量标准。正如《贝尔蒙报告》所讲：

---

① Beauchamp T. L., Walters L. R., *Contemporary Issues in Bioethics*, Thomson, 2004, p. 24.

"通常说利益和风险必须'平衡',而且显示出有'有利的比例'。这些术语的形而上学特征促使人们注意到做出精确判断的困难。只要在少数情况下,定量技术才适用于审查研究方案。这种观念要求为确定研究是否正当,需要全面收集和评估与研究有关的所有信息,系统地考察替代措施。"因此,反对安慰剂对照试验的学者进一步提出,即使考虑当地的情境,允许使用安慰剂对照试验,但也没有必要招募如此多的受试者,进行如此多的安慰剂对照试验[1]。另一些学者则提出,不采用安慰剂对照试验,而采用匿名检测方法,也可以获得确定短程的 AZT 疗法是否有效的证据。[2]

　　除了上述用有利原则对 Varmus 等人提出的安慰剂对照试验进行批驳,有学者将问题引入到临床试验在公共卫生危机中的角色这样更深层次的问题的讨论上。支持安慰剂对照试验的重要理由——尽快地获得试验结果对当地人群是有利的预设是临床试验产生的结果能迅速应用于公共卫生系统,化解 HIV 的公共卫生危机。如果这个预设不成立,"尽快地获得试验结果"就得不到伦理支持。在泰国开展阳性对照试验的 Lallemant 等科学家说:"虽然临床研究的正当性可以由公共危机论证,而且人们也确实期望临床研究能贡献它的解决方案。但是,临床研究本身不是公共卫生危机的解决之道。"[3] 临床研究只能提供解决公共卫生问题的方案,但该方案能否在实践中被采纳则还有许多研究者无法掌控的因素。一些临床研究中发现的费用低廉、能够挽救生命的干预措施并没有被最需要他们的人群得到。例如,将婴儿死亡率降低 30% 的维他命 A 补充剂和阻止乙肝母婴传播的疫苗并没有在最需要他们的人群中推广。根据上述现实,Lallemant 提出:"这种让人悲伤的现实要求在研究期间保护人类受试者,尤其是在政治和经济上脆弱的人群……。事实是,……国际协调会议提出好的临床研究准则重申了研究者的基本伦理义务是保护参加研究的受试者的福利,而不是可能从研究中受益的未来

---

[1] "Ethics of Placebo - Controlled Trials of Zidovudine to Prevent the Perinatal Transmission of HIV in the Third World", *The New England Journal of Medicine*, Vol. 338, No. 12, 1998, pp. 836–841.

[2] Ibid..

[3] Ibid..

病人的福利。"①

4) 公正原则下公正和剥削的问题

在讨论中，另一个被是双方共同援引的原则就是公正原则。公正原则是一条分配原则，指研究的利益和风险的公平分配，也就是谁受益谁承担风险的原则。支持安慰剂对照试验的一方坚持认为该试验符合公正原则。他们的理由是进行安慰剂对照试验满足了当地的卫生保健需要，回答了当地的问题——短程疗法是否比不治疗更好。而且，这个试验对部分受试者确实有利——得到了在当地无法得到的治疗，对部分受试者无伤害——与不参加试验的情况相同。这样当地人受益，当地人又无负担，不承担风险的试验，显然是符合公正原则的。乌干达癌症研究所艾滋病研究委员会主席给美国国立卫生研究院写的信中说："这些是由乌干达研究者在乌干达人身上进行的研究。由于缺乏资源，我们得到了像你们这样的组织的资助。我们感激你们为我们所做的。"②

而反对安慰剂对照试验的学者一方面提出要关注试验给受试者带来的负担。也有学者提示人们，并不是向有些人提出的，那些被分配到安慰剂组的妇女并没有承担什么风险，参加前后没有什么改变——在当地她们原本是得不到任何治疗的。实际情况是，参加试验的妇女首先要接受 HIV 检测，只有那些 HIV 检测结果为阳性的妇女才会成为受试者，而在当地，这些妇女原本是不参加 HIV 检测的。接受 HIV 检测给这些受试者带来了负担。由于许多发展中国家崇尚妇女多育，不接受节育措施，因此那些 HIV 阳性的妇女如果采取节育措施会遭受家庭暴力，被社会遗弃。这些妇女知道了自己的状况，但不能接受治疗，也不能改变生育计划，这就造成了负担。

在发展中国家进行的安慰剂对照试验对发达国家是有利的。如果试验表明简化的、短程疗法不比长程疗法差，则发达国家就可以采用短程疗法替代长程疗法从而降低医疗费用。反之，则发达国家继续使用长程疗法。如果发达国家受益，而发展中国家不受益，只承担研究的负担，

---

① "Ethics of Placebo – Controlled Trials of Zidovudine to Prevent the Perinatal Transmission of HIV in the Third World", *The New England Journal of Medicine*, Vol. 338, No. 12, 1998, pp. 836–841.

② Varmus H., Satcher D., "Ethical Complexities of Conducting Research in Developing Countries", *The New England Journal of Medicine*, Vol. 337, No. 14, 1997, pp. 1003–1005.

这毫无疑问构成了剥削。南非的 Carel 说："发达国家的研究者在研究中会获得好处。发展中国家由于被殖民而贫穷，又由于贫穷而不得不继续成为人体试验工厂。"这本身就是违背了公正原则，就是剥削。

总结双方的争论，可以看到争论的双方都将有利、尊重和公正作为判断试验是否符合伦理的标准。《贝尔蒙报告》提出的有利/不伤害、尊重和公正原则在美国生命伦理学的讨论中占据着重要的支配地位。从双方的争论看，双方的讨论也正是在这个框架下展开的。双方都同意研究短程疗法的有效性是解决当地的医疗问题，符合公正原则所要求的公平地分享受益和风险。虽然有意见提出当地的知情同意存在瑕疵，但这不是双方争论的焦点。双方争论的关键是对照组的选择问题，这种争论背后隐藏的是对有利原则所包含的两个互补原则之一——不伤害原则的理解。支持安慰剂对照试验的理由是参加试验并未使受试者受到伤害。在安慰剂对照试验中，分配在短程疗法组的孕妇不但没有受到伤害，反而得到了她们在当地本不可能得到的治疗；被分配在安慰剂组的孕妇也没有受到伤害，因为如果她们不参加本次试验，她们在当地得到的也是不治疗。因此，支持安慰剂对照试验的学者提出，这个试验与 Tuskegee 梅毒试验不可同日而语①。在 Tuskegee 试验中，试验者剥夺了受试者接受他们本可以在不参加试验的情况下就可以得到的治疗，而本次试验中，试验者并没有剥夺受试者的任何治疗机会，并没有主动去伤害受试者。而反对安慰剂对照试验的理由是，被分配在安慰剂组的孕妇没有得到当前已知的最佳的治疗，这导致成百上千名新生儿感染 HIV。而这本来是实验者有能力避免的，实验者没有阻止受试者受到伤害，这就造成了对受试者的伤害。

他们的分歧的根本在于如何理解人体试验中的"不伤害"原则。是不主动伤害，还是主动阻止伤害。上述在发展中国家进行的/准备进行安慰剂对照试验与以往公认的纳粹人体试验、Tuskegee 试验这些人体试验的暴行不同，试验者并没有主动伤害受试者。他们没有做到的是阻止伤害、积极行善。那么，试验者究竟有没有积极行善的义务？

我们知道，William Frankena 提出生命伦理学的有利原则包括四个

---

① Varmus H., Satcher D., "Ethical Complexities of Conducting Research in Developing Countries", *The New England Journal of Medicine*, Vol. 337, No. 14, 1997, pp. 1003 – 1005.

层次：①不应该造成罪恶或伤害；②应该阻止罪恶或伤害；③应该去除罪恶或伤害；④行善或促进善。① ①是消极的不伤害；②—④是积极的行善，从①到④伦理标准逐渐提高。如果就医生和病人的关系而言，根据医生职业的希波克拉底传承，医生对病人无疑具有行善或促进善的义务——即 William Frankena 的有利原则的最高伦理义务。而我们现在讨论的医学研究者与受试者的关系，是否可以直接类比于医生与病人的关系，也就是说，研究者对受试者，是否同样具有行善或促进善的义务呢？就以往的共识来说，这种类比无疑是成立的。正如经过多次修订的《赫尔辛基宣言》始终坚持引用世界医学会的《日内瓦宣言》和《国际医学伦理学准则》中关于医生的义务的条款，提出"促进和维护病人，包括那些参与医学研究的人的健康是医生的义务。医生应奉献其知识和良知以履行这一义务"。而 Lurie 等人反对安慰剂对照试验的重要理由就是在安慰剂对照试验中，研究者没有尽到积极行善的义务。

但在这场争论中我们看到，以 Varmus 等为代表的坚持安慰剂对照的学者似乎正在挑战这种共识。他们不认为研究者有用已经证明有效的长程 076 疗法给予安慰剂对照组的孕妇最佳的治疗的义务，而研究者只要做到 William Frankena 的最低原则：不主动伤害就足够了。在 Varmus 等人看来，不能将研究者和受试者的关系简单地等同于医生和病人的关系。医生的服务对象只是眼前的病人，而研究者面对的不仅仅是眼前的受试者，还包括整个社区、整个国家甚至全人类的病人。正如《贝儿蒙报告》提出的，"有利行动有两个互补的规则：其一，不伤害；其二，使可能的受益最大化和使可能的伤害最小化"。风险/受益比要求衡量试验对受试者、对受试者所在人群、对科学、甚至对人类的利益总和与试验的受试者所遭受的风险总和。这也正是 Varmus 提出的支持安慰剂对照试验的最重要的理由——安慰剂对照试验提供了短程疗法对受试者人群的有效性和安全性"更确定"的答案，这可以使未来更多的婴儿减少感染 HIV 的风险。

这场争论背后隐藏的是该如何处理有利原则所包含的不伤害和合理的风险/受益比这两个有内在张力的原则之间的冲突问题。在这场争论

---

① Beauchamp T. L., Walters L. R., *Contemporary Issues in Bioethics*, Belnont: Wadsworth-Thomson Learning, 2003, p. 24.

中，一方坚持研究者应承担的积极行善义务，一方坚持人体试验用风险/受益比衡量。这种争论，实际上是道义论的思考方式和效用论的思考方式冲突的结果。道义论坚持认为善存在于行为本身而不是行为结果之中，其思考方式是与医学伦理的希波克拉底传统联系在一起的，用医生和病人的关系来理解研究者和受试者之间的关系，强调医生对病人的绝对义务。而效用论则认为善存在于行为的结果之中，在医学研究中借用科学的利益，强调对最大多数人的最大善。

二　《赫尔辛基宣言》（2000）的形成过程

上述问题的讨论促使世界医学协会开始着手修订1996年版本的《赫尔辛基宣言》。1999年世界医学协会准备了一份修改草案，该草案在当年4月在圣地亚哥召开的第153届世界医学协会理事会上被讨论。草案与1996年《赫尔辛基宣言》相比，放宽了安慰剂的使用条件，提出：

（1）不能拒绝让他/她接受最好的诊断、预防或治疗方法，这些方法是他/她在其他情况下可得的；

（2）使用安慰剂可以被符合科学和伦理的研究方案论证；

（3）当安慰剂对照的结果既不是死亡，也不是残疾的时候，安慰剂或其他非治疗的控制可以在效率的基础上被论证为正当。[①]

草案出台后，伴随着原本就持续进行的艾滋病研究中的安慰剂讨论，争论更加广泛，在争论的持续过程中，对《赫尔辛基宣言》（1996）安慰剂问题上条款的修订有重要影响的论文也出现了。根据时任世界医学协会秘书长的Delon Human等人的回忆，"有关宣言及其修改草案的争论广泛，反应在许多一流的医学和生物医学杂志上。尤其值得一提的是，Levine和Brennan的论文引出了各种评论和立场……"[②] Human所说的Levine和Brennan的论文在1999年发表在 *NEJM* 的第七

[①] Brennan T. A., "Proposed Revisions to the Declaration of Helsinki – Will They Weaken the Ethical Principles Underlying Human Research", *The New England Journal of Medicine*, Vol. 341, No. 7, 1999, pp. 527 – 531.

[②] Human D., Fluss S. S., "The World Medical Association's Declaration of Helsinki: Historical and Contemporary Perspectives", http://www.wma.net/elethicsunit/pdf/draft_ historical_ contemporary_ perspective.pdf, 2009 – 09 – 21.

期上[①]。

　　Levine 是耶鲁大学的教授，他按照使用安慰剂给受试者造成的风险的严重程度将试验分为两类，一类是有死亡或残疾风险的试验，另一类是死亡或残疾的风险发生概率非常小的试验。Levine 认为后一类安慰剂试验是可以得到伦理辩护的[21]。Levine 给出两个辩护理由，一个理由是受试者参与安慰剂对照试验是其自决权的实现方式之一。正如健康的志愿者有自愿参与带有风险的科学试验的权利，病人也有权利自愿参加与自己疾病相关的试验。而不让病人参与这类试验则是对其自决权的剥夺。另一种辩护理由是，在低风险的临床试验中使用阳性对照会导致费用增加和效率丧失。在这类研究中，增加的费用和降低的效率不能被几乎可以忽略的伤害论证为恰当的。

　　而且 Levine 认为，从当前临床试验的实践看，安慰剂对照试验是普遍存在的，诸如止痛剂、抗组织胺剂和抗高血压药物的研究中通常使用的就是安慰剂对照。《赫尔辛基宣言》与现实的冲突，恰好说明《赫尔辛基宣言》（1996）需要修改，否则就会削弱宣言自身的权威性。[②]

　　Levine 提出的修改主张是，即使存在经证明的诊疗手段，在非死亡或残疾的情况下，可以使用安慰剂对照试验。Levine 进一步提出了对照组的选择标准应是试验所在国"最可得的和可持续的治疗"（highest available and sustainable therapy），而不是《赫尔辛基宣言》（1996）提出的"经证明的最佳治疗"（best proven therapy）。"最可得的治疗"是在试验条件下可以向受试者提供的治疗。"最可持续的治疗"是试验结束后，在东道国可以预期到的治疗水平。Levine 认为这样的考虑是对受试者及其所在人群负责的标准。按照这种观点，20 世纪 90 年代那些富有争议的艾滋病试验就是符合伦理的。

　　总结 Levine 的观点，他支持上述修正草案，认为可以用功利主义的思考方式为存在治疗标准情况下使用安慰剂对照试验做伦理辩护，也就是用安慰剂对照试验的低成本和高效率为受试者遭受的非死亡、残疾的

---

① Brennan T. A., "Proposed Revisions to the Declaration of Helsinki – Will They Weaken the Ethical Principles Underlying Human Research", *The New England Journal of Medicine*, Vol. 341, No. 7, 1999, pp. 527–531.

② Levine R. J., "The Need to Revise the Declaration of Helsinki", *The New England Journal of Medicine*, Vol. 341, No. 7, 1999, pp. 531–534.

风险辩护。而且，Levine 提出治疗标准的选择应考虑当地的可接受和可持续水平。

但哈佛大学的 Brennan 与 Levine 相反，他反对这份修正草案，同时也反对完全用功利主义的思考方式处理研究伦理问题。Brennan 认为若仅就阻断艾滋病母婴传播的研究本身而言，宣言采取这样的修改会支持在发展中国家进行的试验中采用安慰剂对照方案，因为受试者在当地本来是得不到治疗的。而且，研究者也会支持这种修改，因为这样会加速这些研究，而这些研究是符合发展中国家的利益的。从表面上看，让人很难拒绝试验会给发展中国家带来的益处。但是，宣言的修订会影响到所有的试验。

Brennan 认为，草案用"当地标准"取代普遍标准——最好的预防、诊断或治疗，削弱了对等效性的传统理解，用效率原则论证给受试者造成的非"死亡"和"残疾"的伤害，强化了功利主义原则。而且如果用效率为使用安慰剂对照试验做辩护，就使得功利主义的价值凌驾在公正、对受试者的义务等价值之上，会导致更大的不公正。Brennan 所担心的是，在宣言的修订中，"通过削弱对受试者权利的保护、公正分配研究的负担和利益、研究者对受试者的道德义务，修改会改变研究的伦理界限"[①]。从现实来说，Brennan 担心，宣言采取这样的修订方式之后，就使得研究者可以利用发达国家和发展中国家医疗标准的差异，以效率的名义进行一些在发达国家不可以进行的安慰剂对照试验，造成不公正现象。

Brennan 提出："该是我们停下来反思人体研究的伦理基础的时候了。当前的《赫尔辛基宣言》展示的是各种原则的精巧妥协，这些原则只有当我们仔细考虑后才可以修改。宣言一直为我们很好地服务，在保护脆弱人群的同时允许研究进展。人类受试者委员会依赖这些原则，今天比以往更依赖这些原则，因为它们审查了进行人体试验的日益困难的伦理争论。"[②] 他的这段话被世界医学协会认为表达其修订《赫尔辛

---

① Brennan T. A., "Proposed Revisions to the Declaration of Helsinki – Will They Weaken the Ethical Principles Underlying Human Research", *The New England Journal of Medicine*, Vol. 34, No. 7, 1999, pp. 527–531.

② Ibid..

基宣言》（1996）的指导原则①。

深入分析可以看到，这场表面上是道义论和效用论原则之间的张力带来的争论的背后是医学试验中研究者和受试者的关系究竟是什么的古老问题。医学研究和医学实践的目的不同，医学研究是为了检验假说，获取可以普遍化的医学知识，而医学实践是为了促进个别的病人的福利。显然，医学研究中研究者和受试者之间的关系能不能简单地类比于医生和病人的关系，在医学研究中提出的有利原则也正是对研究者和受试者的关系偏离医生—病人关系的体现。但另一方面，纳粹人体试验、Tuskegee 梅毒研究这些被写进教科书的经典案例又提示我们如果人仅仅成为获取知识的手段会带来的恶果，这也正是《赫尔辛基宣言》始终提出科学和社会的利益不可以凌驾在受试者的利益之上的历史原因，也是许多国际生命伦理准则坚持用医生—病人的关系类比研究者和病人的关系的原因。这场争论留给我们的急需解决的问题是如何定位研究者和受试者之间的伦理关系的问题，正如 Brennan 所说："该是我们停下来反省人体试验的伦理基础的时候了。"②

三 《赫尔辛基宣言》（2000）评析

在此之后，世界医学协会围绕草案的争论继续进行，整个修订过程被认为是世界医学协会历史上最难达成共识的一次修订。与《赫尔辛基宣言》（1996）相比，这次修订之后《宣言》的结构和内容都发生变化。首先是结构的变化，在《赫尔辛基宣言》（2000）之前的四个版本的《赫尔辛基宣言》中（1964、1975、1983、1989），其结构是：前言、基本原则、与医疗相结合的医学研究、非治疗性的生物医学研究。而在《赫尔辛基宣言》（2000）中结构变为前言、所有医学研究的基本原则和与医疗相结合的医学研究。

研究分类的这个变化主要是 Levine 支持的，目的是去除原来分类的

---

① Human D., Fluss S. S., "The World Medical Association's Declaration of Helsinki: Historical and Contemporary Perspectives", http://www.wma.net/elethicsunit/pdf/draft_historical_contemporary_perspective.pdf, 2009-09-21.

② Brennan T. A., "Proposed Revisions to the Declaration of Helsinki – Will They Weaken the Ethical Principles Underlying Human Research", *The New England Journal of Medicine*, Vol. 341, No. 7, 1999, pp. 527–531.

逻辑错误。但 Carlson 提出，按照 Levine 的意见修改后，对受试者没有任何潜在利益的研究就没有囊括进宣言所涉及的研究范围[①]。而这类研究，无论在受试者的征募，还是在受试者的报酬方面都与其他研究不同。这些问题需要进一步讨论。

参加对《赫尔辛基宣言》（2004）修订的 John R. Williams 认为，《赫尔辛基宣言》在分类中的变化也反映了《赫尔辛基宣言》关注对象的变化[②]。治疗性研究与非治疗性研究区别的前提是存在大量治疗性的区别研究，也就是有利于受试者："医生可将医学研究与医疗结合在一起，目的是获得新的医学知识，但结合的程度只能是给病人带来的可能的诊断或治疗价值可以论证该研究的正当性。"（1996，II.6）而《赫尔辛基宣言》（2000）修改后，研究的目的是推动对未来病人有利的知识；双盲试验显示了这个目的和对受试者的健康需求的限制。

其次是内容的变化，在《赫尔辛基宣言》（2000）的32个条款中，只有3个条款未完全改变。在安慰剂问题上，2000年版与1996年版一样，坚持安慰剂问题上的阳性对照正统立场。2000年版的第29条规定，"新方法的利益、风险、负担和有效性应该和当前最佳的预防、诊断和治疗方法相比较。如果没有已证明有效的预防、诊断、治疗方法，则并不排除在研究中使用安慰剂或无治疗。"前后两个版本的区别是，对照组的选择由"经证明最佳的"（best proven）改为"当前最佳的"（best current）。有人质疑宣言中所说的"当前最佳"（best current）的标准是当地标准还是发达国家的标准，世界医学协会当时的秘书长 Human 对此的回答是，对"当前最佳"下定义很难，但在大多数情况下，意味着发达国家的治疗标准。宣言的此项规定是为了使患者得到目前最具潜力、可能或流行的治疗。这样，在多国合作研究中，宣言坚持了国际的而非当地的治疗标准，保护了发展中国家的利益，避免了发达国家对发展中国家的剥削。

《赫尔辛基宣言》（2000）引入了公正的观念，那就是研究者和资

[①] Carlson R. V., Boyd K. M., Webb. "The Revision of the Declaration of Helsinki: past, present and future", *Br. J. Clin. Pharmacol*, Vol. 57, No. 6, 2007, pp. 695 – 713.

[②] Williams J. R., "The DoH and Public Health", *The New England Journal of Medicine*, Vol. 341, No. 7, 2008, pp. 527 – 531.

助者有向受试者人群提供利益的责任。研究要对当地人群有利。"只有当受试者人群有可能从研究的结果中获利的时候，医学研究的正当性才能得到论证"（第19条）这个补充在研究伦理中增加了"公共卫生"这一重要成分。①

与此同时，《赫尔辛基宣言》（2000）中增加了研究后利益分配的条款，也就是"研究结束时，应该确保参加研究的每个病人都能得到被研究证明的最佳预防、诊断和治疗方法"（第30条）。这样通过加重研究者和资助者的伦理义务，减少了Brennan所担心的发达国家利用国家间医疗水平的差异，将发展中国家当作试验场，试验结束后就卷包走人的不公正现象。此次修改后，公正的观念通过第19条和第30条得到了强化。公正的观念在国际合作研究增加，贫穷国家和富裕国家存在现实的治疗标准的差异，逐利组织的医学研究增加的背景下更好地维护了发展中国家的利益。而且宣言提出，每一位参加试验的受试者在试验结束后应获得本研究确定的最佳治疗。

四 对《赫尔辛基宣言》（2000）的澄清说明

《赫尔辛基宣言》（2000）中的第29条和第30条涉及的是有争议的安慰剂和研究后利益分配的问题。在上文的分析中我们已经看到，在其草案的讨论过程中对这两条是有分歧的。安慰剂问题上，有阳性对照正统观念和安慰剂对照正统观念的争论。在研究后利益分配的问题上，从制药公司的立场看，他们认为他们不应承担向受试者提供研究后利益的义务。《赫尔辛基宣言》（2000）通过时，许多代表提出延期通过的主张，他们担心研究者和资助者的反对。但是，世界医学协会认为，如果修订版迟迟不能通过的话，《赫尔辛基宣言》的可信度就会受到质疑。正如事先预料到的一样，《赫尔辛基宣言》（2000）一经颁布后，就受到世界医学协会的一些成员的反对。反对的声音来自学术权威、伦理委员会、制药企业等。

在各方面的力量的作用下，世界医学协会分别在2002年、2004年颁布了对《赫尔辛基宣言》（2000）第29条、第30条的澄清说

---

① Williams J. R., "The DoH and Public Health", *The New England Journal of Medicine*, Vol. 341, No. 7, 2008, pp. 527–531.

明，希望能协调各方面的利益，使《赫尔辛基宣言》能被更多的研究者接受。

（一）2002年对《赫尔辛基宣言》（2000）中的第29条的澄清说明

《赫尔辛基宣言》（2000）中第29条中关于安慰剂条款的规定，排除了存在有效治疗情况下，进行安慰剂对照试验的可能性，势必会遭到持有安慰剂对照正统观念者的强烈反对，这次反对要比对《赫尔辛基宣言》（1996）安慰剂条款的反对更激烈、更有影响力。2001年6月，美国医学会、以华盛顿为基础的美洲药物研究和制造集团（Pharmaceutical Research and Manufactures of America）和欧洲的药品评估部门（European Agency for the Evaluation of Medical Products/Committee for Proprietary Medicinal Products）各自发表声明，支持安慰剂对照试验。欧洲的药品评估部门提出[①]：

> 在治疗领域存在经证明的预防、诊断或治疗方法时，禁止使用安慰剂对照试验会阻碍获得评价新医疗产品的科学证据，也是有违公共健康利益的——公众对新产品和替代产品有需求。关于有效性和安全性的可靠的科学证据确保对医疗产品的利益和风险的值得信赖的评估，避免错误地拒绝或发放市场许可。鉴于确保安慰剂对照试验符合伦理的条件可以被清晰地理解和实现，CPMP和EMEA在安慰剂问题上的立场是继续使用安慰剂对照试验以作为满足公共卫生需要的必要条件。

安慰剂对照试验一向被FDA的官员当作"黄金标准"，并且至少在一个案例中FDA拒绝批准一个新药的理由就是该药与已获批准的药物进行了阳性对照试验而不是安慰剂对照试验。FDA的资深专家Temple几十年来一直坚持安慰剂对照正统观念，是FDA安慰剂对照正统观念的构造者之一。他撰写专文为安慰剂对照正统观念做辩护，提出除非安慰剂对照组由于不使用有效的治疗会造成死亡或残疾，安慰剂对照试验

[①] European Agency for the Evaluation of Medical Products. Document CPMP/2020/01, dated 26 June 2001. 转引自 Human D, Fluss S S. The World Medical Association's Declaration of Helsinki: Historical and Contemporary Perspectives。

是符合伦理的。

和许多研究伦理问题一样，科学正当性是伦理正当性的必要条件。为此，Temple 首先提出安慰剂对照试验的科学理由，也就是受限于试验的灵敏度，是安慰剂对照试验而不是阳性对照试验能得出药物有效性的结论。试验灵敏度是试验区分有效药物和无效药物的能力。阳性等效性试验是研究试验药物是否不比阳性对照差。这种试验的推理是间接的，需要引入本次实验以外的信息——假设阳性药物在本次试验中表现出有效性，才可以推断所研究的药物的有效性。如果假设不成立，则该药物与阳性对照等效时，只能说明该试验药物相当于安慰剂。而安慰剂对照试验则是直接推理，不需要引入本次试验以外的信息，可以直接判断药物是否有效。Temple 为安慰剂对照试验进行伦理辩护的方式与上文中 Levine 提出的主张类似，也就是安慰剂组受试者所承担的风险，可以被安慰剂试验带来的研究利益辩护。

由于 Temple 这样的学术权威和制药企业的发言人尖锐地提出要修改《赫尔辛基宣言》（2000），并声称否则他们就不遵守《赫尔辛基宣言》，这给《赫尔辛基宣言》带来了危机。这种联合抵制会降低世界医学协会的威望，削弱世界医学协会的道德领袖地位。[1] 为了转移这场危机，2001 年 3 月，世界医学协会与（GCP）欧洲论坛（EF-GCP）在南非组织了一场会议，试图解决这场危机。参加此次会议的，有大量来自制药公司、美国国家食品药品监督管理局和国立卫生研究院的代表，发展中国家的代表很少。此次会议唯一达成共识的就是需要保持《赫尔辛基宣言》在研究领域的重要地位。那些少数不能接受第 29 条和第 30 条的国家恰恰是那些主张对《赫尔辛基宣言》（2000）进行修订的富裕国家。在《赫尔辛基宣言》（2000）公布几个月之后就修订它无疑会给人产生这样的印象——世界医学协会向富裕国家的经济利益低头。为了打破这场僵局，世界医学协会理事会将这些分歧归因于对这些有争议的条款解读的差异，认为可以通过追加澄清说明的方式解决。美国同意这个建议——《赫尔辛基宣言》不重写，但需要审核第 29 条和第 30 条。2002 年 10 月，在华盛顿召开的

---

[1] Roy PGD. "Helsinki and the Declaration of Helsinki", *World Medical Journal*, Vol. 50, No. 1, 2004, pp. 9 – 13.

世界医学协会全体会议通过了为第 29 条增加澄清说明的议案。第 29 条的澄清说明提出[①]：

> 世界医学协会对赫尔辛基宣言修订版（2000 年 10 月）第 29 条所引起的不同解释和可能的混乱表示关注。世界医学协会在此重申其立场，即在进行安慰剂对照试验时应特别小心，在一般情况下，该方法只应该在不存在已证明有效的治疗时使用。但是，安慰剂对照试验在以下情况时在伦理上是可接受的，即使存在着已证明有效的治疗：
> ——由于令人信服的或科学上强有力的方法学理由，有必要使用安慰剂来决定某预防、诊断、治疗方法的效能或安全性；或
> ——当某个预防、诊断、治疗方法仅用于研究一种轻微疾病，而接受安慰剂的病人不会有严重或不可逆伤害的额外风险。

2002 年的澄清说明是用"或"（or）而不是"和"（and）来连接科学标准和伤害标准。这样就可以将其解读为，即使存在经证明有效的治疗，也有科学上的理由为安慰剂对照试验做伦理辩护。这种观点，仍旧是安慰剂对照正统的观念，但鉴于安慰剂对照正统观念的伦理辩护来自于功利主义的风险/受益比的衡量——将科学给未来人群或多数人带来的可能利益大于对受试者的伤害来为安慰剂试验进行辩护，这与《赫尔辛基宣言》坚持将病人的利益置于首位，而不是科学和社会的利益置于首位的原则相冲突。因此，2002 年第 29 条澄清说明公布后，引起了极大混乱。人们认为，安慰剂条款的澄清说明不但没有说明安慰剂问题，而且使《宣言》出现了自相矛盾。

（二）2004 年对《赫尔辛基宣言》（2000）中第 30 条的澄清说明

第 30 条涉及的是研究后利益分配的问题，提出研究结束后应确保参加研究的每个人都得到被证明为最佳的医疗，这引起了很大的争议。美国政府和制药业首先对第 30 条提出质疑，他们宣称，在研究结束后，

[①] 陈元方、邱仁宗：《生物医学伦理学》，中国协和医科大学出版社 2003 年版，第 316 页。

由资助者提供继续治疗是不现实的,而且这样会阻止许多研究。① 他们的主要反对意见是:遵守第30条会给研究者和资助者带来不公平的负担,是当地的卫生系统而不是研究者和资助者有义务给参加研究的受试者提供证明最佳的治疗。② 从制药公司的立场看,他们认为公司不是人道组织,而只是准备支持有可能从中获利的研究,不应承担向受试者提供研究后利益的义务。他们不想为发展中国家建立和负担医疗保健系统。制药公司不喜欢第30条。而资源贫乏的国家认为他们有权利获得本次试验确定的最佳治疗,试验终止后受试者在当地得不到治疗,第30条是他们的保护伞。

面对第30条引起的争议,世界医学协会从2002年开始,先后组建了两个工作组讨论是否应该修改第30条,并提出了对第30条的修订草案。直到2004年10月,第55届世界医学协会大会才正式确定了第30条的澄清说明,并将第29条、第30条的澄清说明作为宣言的组成部分与《赫尔辛基宣言》(2000)一起颁布,形成了《赫尔辛基宣言》(2004)。第30条的澄清说明提出:

> 世界医学协会在这里重申它的立场:必须在研究的计划阶段明确参与研究的人员在试验结束后获得研究中确定的有益的预防、诊断和治疗程序,或其他合适的医疗。试验结束后得到这些安排或其他医疗必须在研究方案中说明,以便伦理审查委员会在审查过程中考虑这些安排。

澄清说明坚持了世界医学协会关于利益分配公正的立场。一般来说,在研究结束的时候,研究者通常不能决定什么是最好的治疗,需要与其他研究结果相比较才知道哪些治疗措施是最好的,距离药品上市可能需要几十年。第30条及其澄清说明的颁布的目的不是让第三世界的人获得药物,而是保护受试者在临床研究中免受可能的剥削。

---

① Helen Frankish. "WMA postpones decision to amend Declaration of Helsinki", *Lancet*, Vol. 362, No. 9388, 2003, p. 963.
② "One standard, not two", *Lancet*, Vol. 362, No. 9389, 2003, p. 1005.

第四节 《赫尔辛基宣言》(2008)研究

一 《赫尔辛基宣言》(2008)的形成背景

对《赫尔辛基宣言》(2000)及其澄清说明进行修订主要为了解决如下四个问题：(1) 2002 年、2004 年分别增加澄清说明并没有解决《赫尔辛基宣言》(2000)中第 29 条和第 30 条引起的争议，世界医学协会希望做出进一步的努力；(2) 医学研究环境的变化。在医学检测和药物批准中出现的丑闻要求医学研究更加透明，为受试者提供更多的保护，《赫尔辛基宣言》在这些问题上的声明需要进一步明确和加强；(3) 想知道是否需要弥补《赫尔辛基宣言》没有涉及的医学研究中的伦理问题，例如以人体材料和信息（human material and data）为基础进行的医学研究；(4) 为了消除《赫尔辛基宣言》中术语的不一致。[①]

2007 年夏天，世界医学协会要求会员组织和有关各方确定《赫尔辛基宣言》的修订、新议题的加入等问题，以便为世界医学协会医学伦理委员会、理事会和工作组讨论。2007 年 5 月，世界医学协会授权了对新的《赫尔辛基宣言》的评述，呼吁广泛传播修改的建议。吸取对《赫尔辛基宣言》(1996) 修订的教训——历史上修订时间最长的一次，世界医学协会确定修订的时间是 1 年半。世界医学协会任命由巴西、德国、日本、南非和瑞典五个医学会的代表组成的工作组进行修订。工作组的主席是瑞典医学会的 Dr. Eva Nillsen – Bägenholm，他也是世界医学协会医学伦理委员会的主席。工作组的协调人是加拿大的 John William 教授。

第一轮磋商从 2007 年 6 月开始，到 8 月结束。由世界医学协会秘书处向各个国家的医学组织，国际研究组织，医学、健康和伦理组织发出邀请，请他们提出修改意见。当时，收到 39 份回应。这些意见汇总后被提交到 2007 年 10 月世界医学协会医学伦理委员会在哥本哈根召开的会议上讨论。委员会的建议是由工作组准备一份《赫尔辛基宣言》

---

① Williams J. R.，"Revising the Declaration of Helsinki"，*World Medical Journal*，Vol. 54，No. 4，2008，pp. 120 – 122.

的修改草案，交给有关各方讨论，并于 2008 年 5 月召开的会议上返回给委员会。该建议被理事会采纳。

2007 年 11 月，工作组完成修改草案，并向有关各方征集意见。这一轮征集意见共得到 46 个组织的响应，其中包括一些国家的医学组织。2008 年 2 月，这些意见被整理。其中一些有争议的问题被纳入 3 月份在赫尔辛基召开的有关各方的工作会议讨论。经过修改的草案在 5 月会议上被医学伦理委员会和理事会讨论。

2008 年夏天，开始了第三轮，也是最后一轮意见征集。草案和对草案修改的电子表格被张贴在世界医学协会的网站上。在埃及首都开罗、巴西的圣保罗召开了工作会议。工作会议之后，工作组在圣保罗碰面讨论征集到的 80 项建议并准备最后的草案。

在修订的过程中，工作组主要考虑的意见有是否为宣言增加更加细致的条款，最困难的问题就是安慰剂条款和研究后利益分配的问题。工作组认为，《赫尔辛基宣言》是一个伦理原则的宣言，而不是如何应用这些原则的指导手册，因此，工作组认为不适合将文件写得过细。但是，对于已经细致的条款，例如 2004 年的澄清说明中关于研究方案和研究伦理的条款，工作组认为如果删除这些要求，会让人误以为世界医学协会认为这些条款不重要，因此这些内容没有被删除。相反，这两条被认为明确区分了方案中应用什么，对研究伦理委员会的要求是什么。

修订中争议最大的依然是安慰剂条款和研究后利益分配的问题。工作组首先的考虑是将 2002 年和 2004 年的澄清说明整合进《赫尔辛基宣言》的文件中，希望在保留以前版本的内容的同时，使语言明晰化。修改达到了这两个目标，但没有解决在这个问题上的争论。这些争论在有关各方的工作会议和 2008 年 10 月的医学伦理委员会全会上都被文字记录下来。全会最后采取了在新的第 32 条中增加如下内容的办法："应采取特别的保护，以避免这种选择的滥用。"也就是说，当存在经证明有效的干预措施时允许使用安慰剂确定新的干预措施的有效性和安全性，但需谨慎地审查。但是，这个修改没有使所有的代表满意，也没有获得一致通过。[1]

---

[1] Williams J. R., "Revising the Declaration of Helsinki", *World Medical Jouranl*, Vol. 54, No. 4, 2008, pp. 120 – 122.

工作组面对的最困难的问题是人体材料和人体数据的研究要求是否与其他类型的人体研究相同的问题。工作组确定，对这类研究的同意有时不可能获得，或不切合实际，或对研究的有效性构成威胁，《赫尔辛基宣言》应只处理可识别身份的材料或数据的研究。但是，研究者不能自行决定这个问题，他们必须向伦理委员会证明免于同意的正当性。

新增的第 19 条要求每一个临床研究方案在招募受试者之前在公开可得的数据库中注册。工作组拒绝精细化这些原则，因为临床方案注册正在发展之中。

二 《赫尔辛基宣言》（2008）的内容

2008 年 10 月，第 59 届世界医学协会大会通过了《赫尔辛基宣言》新的修订版。2008 年版的《赫尔辛基宣言》修改了所有 2000 年版的内容，没有一个条款是和 2000 年版完全一致的。我们特别关注了曾经引起巨大争论的 2000 年版的第 29 条和第 30 条的修订，以及新版本增加的新内容。

（一）安慰剂条款

在修订《赫尔辛基宣言》（2008）的过程中，工作组清醒地意识到"在《赫尔辛基宣言》涉及的某些议题中不存在一致性，尤其是安慰剂的使用和……，因此，在这些议题上，《赫尔辛基宣言》以前的立场没有改变"[1]。2008 年版中第 32 条安慰剂条款规定："对新的干预措施的受益、风险、负担和有效性的检验必须与当前经过证明的最佳干预措施相比较，但以下情况可以例外：当不存在当前经过证明的干预措施时，安慰剂或不治疗是可以接受的；或由于令人信服的或科学上有根据的方法学理由，有必要使用安慰剂来确定一项干预措施的疗效或安全性，而且接受安慰剂或无治疗的病人不会遭受任何严重的或不可逆的伤害的风险。必须给予特别的关怀以避免造成这种选项的滥用。"[2] 这个修改并没有使所有的代表满意，也没有获得一致通过。

---

[1] Williams J. R., "Revising the Declaration of Helsinki", *World Medical Journal*, Vol. 54, No. 4, 2008, pp. 120–122.

[2] 《世界医学协会〈赫尔辛基宣言〉——涉及人类受试者的医学研究的伦理原则》，杨丽然译，邱仁宗校，《医学与哲学》（人文社会医学版）2009 年第 30 卷第 5 期，第 74—75 页。

2003年,世界医学协会的理事会主席、美国医学会前任主席Randolph Smoak以《安慰剂——在今天卫生研究中的作用和位置》为名发表了一份演讲。在这次演讲中,Randolph说,世界医学协会一直关注临床研究中安慰剂使用的进展,他特别提到Emanuel和Miller的论文,称其为"一篇优秀的论文"[1]。Emanuel和Miller的这篇论文中所提出的安慰剂问题的中间立场有助于我们理解《赫尔辛基宣言》(2008)中的安慰剂条款背后的伦理原则,即宣言所坚持的既要鼓励医学研究,同时要保护受试者的利益,坚持个体受试者的利益优于其他利益的原则[2]。

安慰剂的中间道路是国立卫生研究院的Emanuel和Miller在《安慰剂对照试验的伦理学——中间道路》一文中提出的[3]。Emanuel等人认为无论是安慰剂正统观念还是阳性对照正统观念都存在缺陷,都不能作为判断存在经证明的治疗时是否可以使用安慰剂对照试验的标准。他们提出安慰剂对照正统观念的问题在于:第一,符合伦理的使用安慰剂对照的条件从来就没有被清晰阐述出来。Temple等所说的当存在有效治疗的情形下使用安慰剂的条件是:受试者不遭受"永久的伤害"、"只有暂时的不适"、"不会受到伤害"。而这些条件是不等价的。第二,安慰剂对照正统观念允许受试者遭受"不可容忍的伤害"。但在某些情况下,即使这些伤害是非致命的或不会有不可逆的残疾,这些伤害也比"不适"要严重得多,是不符合伦理的。第三,安慰剂对照正统观念只将伤害局限在身体伤害中,没有考虑心理和社会伤害。例如,在抗抑郁药物的研究中,Temple只考虑使用安慰剂对照试验造成的身体,而不考虑心理和社会伤害,因此认为既然安慰剂对照组病人的自杀率不会升高,在这类药物的研究中使用安慰剂就是符合伦理的。而实际上,这类药物,包括精神类疾病药物的研究中,对受试者的心理和家人的伤害有时非常严重,必须予以考虑。

---

[1] Smoak R., "Placebo: Its Actions and Place in Health Research Today", Vol. 10, No. 1, 2004, pp. 9-13.

[2] Williams J. R., "Revising the Declaration of Helsinki", *World Medical Journal*, Vol. 54, No. 4, 2008, pp. 120-122.

[3] Emanuel E. J., Miller F. G., "The Ethics of Placebo-Controlled Trials-A Middle Ground", *New England Journal of Medicine*, Vol. 345, No. 12, 2001, pp. 915-919.

Emanuel 等认为阳性对照正统观念也存在三个问题。第一，阳性对照正统观念在科学和伦理之间的二分法是错误的。科学有效性本身就是一个伦理理由，科学无效的研究是不符合伦理的，即使这些研究对受试者的利益大于风险。第二，在有些情况下，安慰剂对照组的受试者不会遭受伤害或不适，或者是所受到的伤害或不适非常小。在这些情况下，坚持使用阳性药物作对照是找不到合适的伦理理由的。第三，最重要的反对阳性对照试验的理由是，与安慰剂对照相比，阳性对照试验往往需要更多的受试者，会使更多的受试者暴露在风险之中。

鉴于上述理由，Emanuel 等人提出了一条中间道路——即使存在有效的治疗方案，也存在使用安慰剂对照试验的令人信服的方法论理由，只要如下这些科学条件和风险条件得到满足，安慰剂对照试验就是在伦理上可接受的。

科学条件：

存在较高的安慰剂不良反应比例；

所研究的情形具有典型的盈亏特征，经常自动消除，或两者兼而有之；

现存的治疗是部分有效或有严重的副作用；

或者，所研究的情形出现的频率低，招募不到足够的受试者进行等效研究；

在上述方法论满足的前提下，需要评估安慰剂试验的风险，其标准是：

安慰剂组受试者死亡的可能性不应显著高于阳性治疗组的受试者；

不应当有不可逆转的死亡或残疾或其他伤害；

不应当有严重的可逆的伤害；

或，不应当经历严重的不适。[1]

《赫尔辛基宣言》（2008）中提出了当存在经证明最佳的治疗时可

---

[1] Emanuel E. J., Miller F. G., "The Ethics of Placebo – Controlled Trials – A Middle Ground", *New England Journal of Medicine*, Vol. 345, No. 12, 2001, pp. 915–919.

以使用安慰剂的两个条件：方法学理由，和非严重的不可逆的伤害。而 2002 年、2004 年的澄清说明中，安慰剂使用的条件是：方法学理由，或轻微疾病的研究。显然，《赫尔辛基宣言》（2008）中安慰剂对照试验的限制条件更加严格，接近 Emanuel 等人提出的中间道路。同时，由于"非严重的不可逆的伤害"没有客观、公认的标准，容易在实践中被滥用，因此，宣言特别在安慰剂条款中增加了这样的内容："必须给予特别的关怀以避免造成这种选项的滥用"。同时，2008 年版的宣言的第 1 条增加了以下内容："《赫尔辛基宣言》应作整体解读，它的每一个组成段落都不应该在不考虑其他相关段落的情况下使用。"新增的内容强调了《赫尔辛基宣言》的整体性，强调了其历次修订中都未实质改变的将受试者的利益置于科学和社会利益之上，不以科学和社会利益的名义侵害受试者的权利的原则。

表 2—11 *DoH*（2008）与 *DoH*（2000）及其澄清说明中安慰剂条款的比较

2008 年版	2000 年版
32. 新干预的利益、风险、负担和有效性必须与当前证明的最佳的干预相比较，除非在下列情况中：当不存在当前已证明的干预时，安慰剂或不治疗是可以接受的；或者，由于令人信服的或科学上有根据的方法学/论理由，有必要使用安慰剂来确定一项干预的效能或安全性，而且接受安慰剂或不治疗的病人不会遭受任何严重的或不可逆伤害的风险。必须给予特别的关照以避免造成这种选择的滥用。	29. 新方法的利益、风险、负担和有效性应该和当前最佳的预防、诊断和治疗方法相比较。如果没有已证明有效的预防、诊断、治疗方法，则并不排除在研究中使用安慰剂或无治疗。 对第 29 条的澄清： 由于令人信服的或科学上有根据的方法学理由，有必要使用安慰剂来决定某预防、诊断、治疗方法的效能或安全性；或当某个预防、诊断、治疗方法仅用于研究一种轻微疾病，而接受安慰剂的病人不会有严重或不可逆伤害的额外风险。

（二）研究后利益的分配

2000 年版的《赫尔辛基宣言》第 30 条的制定以及修订，都是针对目前医学研究中发达国家与发展中国家在风险负担和利益分配不公正的问题。即发达国家的制药公司利用发展中国家的受试者进行实验后，得到利益的往往是富裕国家的能够买得起新药的病人。而发展中国家的受试者参与试验，承担试验风险，可当来自发达国家的研究者结束研究返回资助国之后，受试者将得不到处在研究阶段时所得到的治疗。这种情况曾经出现在 20 世纪 90 年代在非洲进行的艾滋病研究中。[①] 在 2000 年的世界医学协会制定第 30 条的目的是"确保研究的参与者在试验结束后不至于比参加试验的过程中情况更糟"[②]。

2008 年版《赫尔辛基宣言》中的第 33 条与第 14 条内容是对 2000 年版的第 30 条和 2004 年通过的关于第 30 条的澄清说明的修订（见表 2—12）。从表 2—12 中可以看到，最近的修订与 2000 年版的条款相比，增加了受试者对研究结果的知情权，提出受试者应该分享来自研究的任何利益，而将原来 30 条中的确保受试者在研究结束后能够得到最佳的治疗作为"任何利益"的例子。在今天人体试验日益国际化的背景下，新的修订无疑会受到发展中国家的欢迎。新修订之后，受试者可以分享的研究利益扩大到"任何利益"，毫无疑问为发展中国家制定政策时加入更多的利益主张，如要求缩短专利保护期、降低药品售价等提供了依据。但由于"任何利益"没有明确所指，没有具体指明哪些利益可以分享，如何分享以及分享的比例，发达国家很可能以任何利益的模糊性为借口，从而削减受试者利益。

表 2—12　*DoH*（2008）与 *DoH*（2000）及其澄清说明中研究后利益分配条款的比较

2008 年版	2000 年版
33. 研究结束时，参加研究的病人应被告知研究的结果，分享来自研究的任何利益，例如获得本次研究确定的有益的干预或其他合适的关照或利益。 14. 涉及人类受试者的每项试验的设计和实施都必须在试验方案中清楚地说明。试验方案应该包含一项关于伦理考虑的声明，而且应该指出本宣言中的原则是如何被体现在试验方案中。	30. 研究结束时，应该确保参加研究的每个病人都能得到被研究证明的最佳预防、诊断和治疗方法。 对第 30 条的澄清： 世界医学协会在这里重申它的立场：必须在研究的计划阶段明确参与研究的人员在试验结束后获得研究中确定的有益的预防、诊断和治疗程序，或其他合适的医疗。试验结束后得到这些安排或其他医疗必须在研究方案中说明，以便伦理审查委员会在审查过程中考虑这些安排。

---

① Jeff Blackmer, Henry Haddad., "The Declaration of Helsinki: an update on paragraph 30", *CMAJ*, Vol. 173, No. 9, 2005, pp. 1052 – 1053.
② "WMA work group seeks further advice on Declaration of Helsinki", http://www.wma.net/e/press/2004_2.htm, 2009 – 3 – 01.

(三) 研究结果发表的伦理问题

《赫尔辛基宣言》对研究结果发表的伦理规定，无疑是希望通过影响结果的发表而最终对医学研究产生影响，促使研究者遵守《赫尔辛基宣言》中的伦理原则。对比 2008 年版《赫尔辛基宣言》的第 30 条和 2000 版的第 27 条（见表 2—13），可以发现有三处明显的变化。第一，新增加了编辑的伦理义务，要求除作者、出版者之外，编辑在发表研究结果的时候也有伦理义务。第二，明确规定了作者、编辑和出版者应该坚持有关合乎伦理的报告的被接受原则。第三，强调了发表的数据的完整性，即除阴性结果、阳性结果外，不能给出明确结论的结果也应该发表或使其能公开得到。

2008 年版《赫尔辛基宣言》的第 30 条无疑将会成为此次修订引起争论的一个焦点。这是《赫尔辛基宣言》首次确定编辑的伦理义务，问题不是编辑有没有伦理义务，而是在于编辑做出伦理判断的标准。如果以《赫尔辛基宣言》作为判断标准，借此确定涉及人体的研究是否是符合伦理的，并且据此作为论文可以发表的必要条件，这有助于敦促作者、编辑和出版者遵守《赫尔辛基宣言》，从而约束研究者从事符合伦理的研究。但问题是，《赫尔辛基宣言》的许多条款是存在争议的，以有争议的原则作为判断标准，势必会导致一些编辑忽略《赫尔辛基宣言》。

第 30 条中关于阴性结果和不能给出明确结论的结果的发表也会引起许多人的反对。人们已经达成了共识，人类医学的进步依赖于人体试验提供的数据，这一"数据"自然包括试验的阳性结果、阴性结果，以及那些不能给出明确结论的结果。受试者每参与一次实验，都会承担一定的风险；他们每冒一次风险所取得的数据，都应发表出来。这些数据，尤其是那些非阳性结果的数据的发表，很可能减少对相同药品、治疗方法等的不必要的重复试验，从而降低受试者承担的风险。此外，要求所有数据都要发表，也可以对药品、治疗方法的不良结果进行监督。

从保护人类受试者的角度和促进人类医学高效进步的角度看，发表非阳性结果无疑是合乎伦理的。但是，由于现行的论文发表系统只接受阳性试验结果，阴性试验结果和不能给出明确结论的试验结果如何通过同行评议、在何处发表、发表所需的经费由谁来提供，都是有待解决的

表2—13 *DoH*（2008）与 *DoH*（2000）研究结果发表问题条款的比较

2008 年版	2000 年版
30. 作者、编辑和出版者在发表研究结果的时候都有伦理义务。作者有义务使他们对人体受试者的研究结果能够公开得到，有义务保证结果的完整性和准确性。他们应该坚持有关合乎伦理的报告的被接受的原则。阴性结果、不能给出明确结论的结果和阳性结果均应发表或使其能公开得到。资金来源、隶属单位和任何可能的利益冲突都应该在发表的时候说明。不符合本宣言的原则的研究报告不应该被接受和发表。	27. 作者和出版者都有伦理义务。当发表研究结果时，研究者有义务保持结果的准确性。阴性或阳性结果均应发表或使其能公开得到。资金来源、隶属单位和任何可能的利益冲突都应该在发表的时候说明。不符合本宣言的原则的研究报告不应该被接受和发表。

问题。更重要的是，这一条显然会受到许多研究者的反对。因为，研究者发表论文是争夺优先权，在自己试验还没有成功的时候发表论文有助于竞争者掌握研究者的研究动向、使竞争者避免走弯路，这给发表者带来了优先权竞争中的不利。对那些受制药公司资助的研究者而言，此条规定无疑将公司的商业战略公布于众，减少了竞争对手重复非阳性结果试验的成本，将公司置于竞争的劣势。第27条的修订是站在全人类的整体利益之上考虑问题，在今天很少有人能超越自己的一己私利的主客观情境下提出这样的要求，其具体实现可能还有很长的路要走。

三 《赫尔辛基宣言》（2008）评析

由于2000年版的第29条和第30条给研究受试者提供了以往宣言中没有的更多的保护，而且将利益分配公正的理念引入了宣言中，被认为是不可能更高的伦理学准则。[①] 国立卫生研究院的Foster等人认为2000年版的《赫尔辛基宣言》相对于之前的版本有明显的进步[②]。从上文的分析可以看出，2008年版的《赫尔辛基宣言》在安慰试的使用、试验后利益的分配和研究结果发表中的伦理要求等三个条款的修订中不但没有放弃过去的立场，而且进一步加强了对受试者的保护，从而使《赫尔辛基宣言》继续沿着提高对受试者保护的道路前行，坚持了较高

---

① Brian Vastag. "Helsinki Discord? A Controversial Declaration", *JAMAs*, Vol. 284, No. 23, 2000, pp. 2983–2985. 转引自《赫尔辛基宣言的不谐音？一项有争议的宣言》，赵博译《美国医学会杂志中文版》2001年第20卷第5期，第259—261页。

② Forster H. P., Emanuel E., Grady C., "The 2000 revision of the Declaration of Helsinki: a step forward or more confusion?", *The Lancet*, Vol. 358, 2001, pp. 1449–1453.

的伦理标准。

在今天医学研究日益国际化的背景下,宣言的此次修订较好地保护了在国际研究情境下发展中国家受试者的利益,减少了对发展中国家受试者的剥削,为发展中国家主张利益提供了依据。但是,颇具讽刺意味的是,在2008年版的《赫尔辛基宣言》正式发布大约半年之前,FDA就放弃了《赫尔辛基宣言》。2008年4月,FDA发布局令,宣布从2008年10月27日起,美国FDA对在非IND下进行的,用于支持药物或生物制品在美国进行临床实验或者上市申请的国外临床实验的要求改为遵守由美国、日本和欧盟的监督管理部门和制药业六方组成的国际协调会议(ICH)制定的药物临床实验质量管理规范(GCP)标准,取代由82个国家的医学组织组成的世界医学协会制定的《赫尔辛基宣言》[①]。而且FDA在局令中写道:"……要求联邦法规第21部312章遵循《赫尔辛基宣言》是不恰当的,无论是1989年版,当前的(2000年)版,或其他将来的或过去的版本。"显然,FDA是要彻底放弃《赫尔辛基宣言》,这也包括2008年版的《赫尔辛基宣言》。

《赫尔辛基宣言》只是由国际组织制定的指导人体医学研究的伦理准则,并不具有强制效力;而且,美国还开了恶劣的先例,就是根本放弃这个具有指导意义的准则。当代,医学研究与制药公司的经济利益、国家利益日益紧密联系的同时,也同时不可避免地蕴含着各种利益冲突。如何协调各方的利益冲突是未来《赫尔辛基宣言》修订的时候要考虑的现实问题。对我国而言,我们是作为不发达国家参与国际合作研究,《赫尔辛基宣言》是我们用以保护受试者利益的重要依据,我们如何以此为依据,结合我国的政治、经济、文化背景,制定相应的法律、法规和管理条例,规范和促进医学研究逐步符合《赫尔辛基宣言》制定的较高的伦理标准是我们需要进一步探讨的问题。

---

① Human Subject Protection: "Foreign Clinical Studies Not Conducted Under an Investigational New Drug Application", *Federal Register*, Vol. 73, No. 82, 2008, pp. 22800 – 22816.

第三章 解释与发展
——《涉及人的生物医学研究国际伦理准则》

《涉及人的生物医学研究国际伦理准则》（International Guidelines for Biomedical Research Involving Human Subjects，简称为 CIOMS）是由国际医学科学组织理事会（Council for International Organization of Medical Sciences，简称为 CIOMS）与世界卫生组织合作制定的，是用以规范涉及人体的生物医学研究的伦理准则。CIOMS 的制定是为了表明《赫尔辛基宣言》的原则能够有效地应用于发展中国家[1][2][3]。

到 2009 年为止，《涉及人的生物医学研究国际伦理准则》共计颁布了 3 个版本（1982、1993、2002）。

第一节 《涉及人的生物医学研究国际伦理准则》与国际医学科学组织理事会

国际医学科学组织理事会是与世界卫生组织有正式关系的非正式组织。1949 年在世界卫生组织和联合国教科文组织的支持下创建，主要与联合国下属的这两个专门机构保持合作。

国际医学科学组织理事会长期关注科学技术知识运用于医学实践的过程中产生的伦理问题。由于人体的生理、药理和毒理的反应与动物反

---

[1] Council for International Organization of Medical Sciences. *Proposed International Guidelines for Biomedical Research Involving Human Subjects*, Geneva: CIOMS, 1982.
[2] Council for International Organization of Medical Sciences. *International Ethical Guidelines for Biomedical Research Involving Human Subjects*, Geneva: CIOMS, 1993.
[3] Council for International Organization of Medical Sciences. *International Ethical Guidelines for Biomedical Research Involving Human Subjects*, Geneva: CIOMS, 2002.

应的差异，因此，所有应用于人的诊断、预防和治疗疾病的新手段都必须通过人体试验确定其安全性和有效性。这就使人体试验在生物医学研究中日益受到重视，但与此同时，鉴于人体试验所需要的技术和资金，人体试验主要是在发达国家进行的。而发展中国家普遍受到传染性疾病、营养不良和未加控制的人口增长的困扰，这就产生了在发展中国家进行人体试验，解决发展中国家的医疗问题的现实需要。同时，由于在发达国家进行人体试验的成本高，这就使得一些资助者和研究者考虑在发展中国家进行人体试验，利用发展中国家进行人体试验的低成本和相对薄弱的人体试验管理。在这种情况下，如何保护人体试验中受试者的人权和福利，尤其是在发展中国家进行的试验中，受试者的保护成为国际医学科学组织理事会关注的核心问题。

1976年，国际医学科学组织理事会与世界卫生组织合作进行了一项研究。在这项研究的基础上，*CIOMS*（1982）的准则开始草拟。1980年，草案的第一稿完成。1981年9月，*CIOMS*（1982）的准则在国际医学科学组织理事会执行委员会的第56届会议上通过，并于同年10月在世界卫生组织医学研究咨询委员会第23届会议上通过。1982年，国际医学科学组织理事会在日内瓦正式出版了《涉及人的生物医学研究国际准则建议》(*Proposed International Guidelines for Biomedical Research Involving Human Subjects*)。由于国际医学科学组织理事会的英文简称是CIOMS，最早的这一版准则被人们习惯地称为 *CIOMS*（1982）。

刚刚出台的准则将自己作为"咨询性的文件"向"政府的卫生部门、医学研究委员会、医学系、相关的非政府组织、医学杂志和包括基于研究的制药公司等其他相关机构"分发。

第二节 《涉及人的生物医学研究国际准则建议》(1982) 研究

一 《涉及人的生物医学研究国际准则建议》的内容

（一）准则概述

《涉及人的生物医学研究国际准则建议》（1982）的原则基础是1975年版的《赫尔辛基宣言》。在国际医学科学组织理事会推出 *CI-*

OMS（1982）的时候，《赫尔辛基宣言》所规定的基本原则被看作是具有"普遍有效性"的，CIOMS 提出"指导生物医学研究的基本伦理原则和本准则建立的基础被包含在世界医学协会的《赫尔辛基宣言》中，它是 1975 年在东京召开的第 29 届世界医学大会上通过的对《赫尔辛基宣言》（1964）的修订"①。这些原则被认为是"不管试验在那里进行，涉及人类受试者的研究的伦理含义在原则上都相同：涉及到尊重人的尊严，保护人类受试者的权利和福利"②。国际医学科学组织理事会并不是要"重复"或"修改"这些《赫尔辛基宣言》（1964）提出的原则，而且向使用者建议宣言所规定的这些基本原则"如何能够被应用于技术不发达的国家"③。由此，可以将《涉及人的生物医学国际伦理准则建议》看作是对《赫尔辛基宣言》在发展中国家的应用或者说在发展中国家情境下的解释。

国际医学科学组织理事会制定准则的主旨是保护发展中国家的受试者。对当时外部资助的研究给出的定义是"在发展中国家进行的，由外部资助机构（包括国际组织或全国性的资助机构，例如基金、研究理事会、大学和以研究为基础的制药公司）资助的，并且有时由这些机构管理或实施的研究活动"④。这类合作研究的资助者来自发达国家或国际组织，受试者来自发展中国家，研究者来源地不固定。国际医学科学组织理事会的考虑是如何避免外部资助者剥削⑤发展中国家的受试者，即不为发展中国家的利益考虑、不尊重当地的文化、试验结束后不继续向受试者提供医疗、不向受试者提供因试验造成的伤害的赔偿。

对这些研究，CIOMS（1982）提出需要关注下列问题：

1. 研究可能促进的是外部资助者的而不是当地的利益。
2. 外国研究者和资助者不具备充分洞察当地风俗、习惯和法

---

① Council for International Organization of Medical Sciences. *Proposed International Guidelines for Biomedical Research Involving Human Subjects*, Geneva: CIOMS, 1982, p. 1.
② Ibid., p. 4.
③ Ibid., p. 23.
④ Ibid., p. 4 – 5.
⑤ 剥削受试者这个提法在以后的 CIOMS 中才正式出现。

律系统的能力。

3. 缺乏对研究中的受试者的长期义务，在他们的任务完成后撤出驻外人员，导致当地人的希望破灭。

4. 缺乏责任会剥夺受试者因偶然伤害而得到的补偿。[①]

这样，作为伦理规范，CIOMS（1982）的准则考虑问题的出发点之一就是预防原则，也就是预防外部资助者剥削发展中国家的受试者。在外部资助者可能做出违背发展中国家和受试者利益的选择的同时，发展中国家的生物医学研究现状又使其在国际合作研究中需要来自国际机构的帮助。首先是对技术的掌握，"很少有发展中国家掌握毒物学或临床药理学方面的资源和专门技术，而这些资源或技术在工业化国家被认为是新药物开发中支持复杂的控制设备必不可少的。"这样，"社区自身应当参加到研究的规划中，而国际咨询团应提供帮助。"[②]

国际医学科学组织理事会的这份出版物的内容由前言、概论和准则建议三部分组成。其中准则建议部分是整个文件的核心，由导言、国际宣言、具体的五个准则和准则的附录组成。考虑到准则建议的其他部分与准则在同一份出版物上发表，我们认为这些部分也反映了当时国际医学科学组织理事会制定准则的种种考虑，对解读准则是有帮助的。故此在下文中我们将结合上述内容和相关文献解读准则。

《涉及人的生物医学研究国际准则建议》（1982）提出的涉及人类受试者的研究中应坚持的伦理原则是，"尊重人的尊严，保护人类受试者的权利和福利"[③]。以这些原则为基础，CIOMS（1982）所提出的具体准则主要包括受试者的知情同意、审查程序、外部资助的研究、人身伤害的赔偿和数据保密等共 5 类 28 个条款。现将其条款要目总结于表 3—1 与图 3—1。

[①] Council for International Organization of Medical Sciences. *Proposed International Guidelines for Biomedical Research Involving Human Subjects*, Geneva：CIOMS, 1982, p. 5.

[②] Ibid., p. 6.

[③] Ibid., p. 4.

表 3—1　　　　　　　　　CIOMS（1982）准则条目数分布

主题词	具体准则	具体准则条目数	主题条目数
受试者的同意	儿童 孕妇和哺乳期妇女 精神疾病和精神缺陷的人 其他脆弱的社会人群 发展中国家的受试者 基于社区的研究	3 1 2 1 2 2	6
审查程序	评估安全性 伦理审查委员会 研究者提供的信息	1 5 2	3
外部资助的研究		3	1
研究受试者受到伤害的补偿		3	1
数据保密		1	1

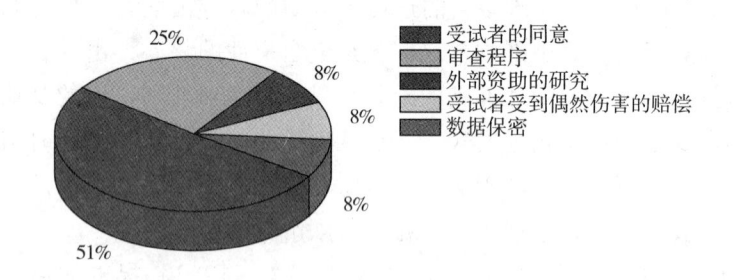

图 3—1　CIOMS（1982）准则条目数比例

从图 3—1 可以看到 CIOMS（1982）的 12 条准则中，条目数所占比例最多的是"受试者同意"部分，占总条目数的一半以上，最少的是"外部资助的研究"、"研究受试者受到偶然伤害的赔偿"和"数据保密"部分，各占 8%。在下一节内容中，我将就 CIOMS（1982）中篇幅最大，也是最重要的知情同意原则作出详细解读。

（二）知情同意原则

1. 知情同意的伦理基础

1）为什么要知情同意

从伦理学伦理理论、伦理原则、伦理规范和伦理判断这四个层面看，人体试验中的知情同意属于伦理规范的层面。为伦理规范提供辩护理由的是伦理原则和伦理理论。CIOMS（1982）为知情同意做的论证是，个人选择自由是知情同意的原则要求，它提出"将人类受试者包括进生物医学研究中，只要可能，就应当建立在自由引出的知情同意和在任何阶段自由停止或撤回合作而不必担心遭受歧视。不存在可替代的有效的保护个人的选择自由和确保这种研究获得各种观念接受支持的基础"①。由此，可以看到 CIOMS（1982）在人体试验存在伦理争论的现实面前，提出知情同意和自由退出是唯一有效地保护"个体选择的自由和确保这类研究能被各种观念接受"②的基础。同时，也提出："作为公理，同意是为了保护受试者的利益，而不是减轻研究者的法律义务。"③

2）知情同意是否是人体试验的必要条件

《纽伦堡法典》提出"受试者的自愿同意是绝对必要的"，这样不具备自愿同意能力的人和不处在自愿条件下的有同意能力的人自然是不能参加试验的④。也就是说，在《法典》中"自愿同意"是人体试验的必要条件。在 CIOMS（1982）中，受试者的知情同意不是人体研究的必要条件，只是保护受试者的机制之一。它提出"重要的是考虑为涉及这类研究者的研究是否能够得到辩护，如果能够得到辩护，用什么样的机制保护他们的福利，并确保研究的伦理适当性"。CIOMS（1982）为这样考虑提出的理由是，"每位研究受试者应当具有智力能力（intellectual capacity）和领悟能力（insight）以提供有效的知情同意，拥有独立性以行使绝对的选择自由（over the extend of the collaboration）而不必担心歧视。如果这些前提条件被认为是招募受试者的强制标准，那么许多研究，尤其是那些意图促进贫困社区和包括儿童和精神疾病患者的脆弱人群的研究将被阻止。"⑤ 由此，可以看到 CIOMS（1982）反对将知情

---

① Council for International Organization of Medical Sciences. *Proposed International Guidelines for Biomedical Research Involving Human Subjects*, Geneva：CIOMS, 1982：7.

② 各种观念是否应该考虑人体试验正当性的伦理辩护。

③ Council for International Organization of Medical Sciences. *Proposed International Guidelines for Biomedical Research Involving Human Subjects*, Geneva：CIOMS, 1982：7.

④ 参见第一章的分析。

⑤ Council for International Organization of Medical Sciences. *Proposed International Guidelines for Biomedical Research Involving Human Subjects*, Geneva：CIOMS, 1982：8.

同意看作是人体试验必要条件的观点。

2. 受试者的知情同意

1) 理想的/充分的知情同意

CIOMS（1982）提出充分的/理想的知情同意包括如下内容，"每位研究受试者应当具有智力能力（intellectual capacity）和领悟能力（insight）以提供有效的知情同意，拥有独立性以行使绝对的选择自由（over the extend of the collaboration）而不必担心歧视"[1]。由此，可以看到从受试者一方的因素分析，理想的知情同意包括三个要素：智力能力、领悟能力和独立性。这三个要素也是充分的知情同意的必要条件。

2) 有缺陷的知情同意

CIOMS（1982）列举的知情同意存在缺陷的情况为：

（1）包括儿童和精神缺陷的病人在内的一些人群不能够给出在法律上有效的同意。而且，当受试者来自与研究者有直接或间接依赖或从属关系的阶层，消除任何强迫或剥削都是困难的。

（2）有意或无意地提供与风险或不便有关的不合理的保证，提供超过服务应得的合理补偿的报酬或其他诱惑，从而引出同意。……

（3）提供参加试验的每个可能的风险的全面的信息可能是不可行的。可能会发生研究者预期不到，甚至是完全无法预测的副作用。更多出现的是，潜在的受试者可能不能充分理解方案的含义。在一些社区，治疗的研究性评估的概念与文化感知是背道而驰和矛盾的。同意只是标志着对研究者判断的先天信任。[2]

CIOMS（1982）列举的知情同意存在缺陷的情况如表3—2：

---

[1] Council for International Organization of Medical Sciences. *Proposed International Guidelines for Biomedical Research Involving Human Subjects*, Geneva: CIOMS, 1982: 8.

[2] Ibid. .

表3—2　　　　　CIOMS（1982）列举的知情同意存在缺陷

知情同意的要素		存在缺陷
受试者	智力能力	儿童、精神缺陷病人
	领悟能力	不理解方案
	文化差异	与原有文化冲突
	独立性	与研究者有依赖或从属关系的受试者
研究者	信息	对风险的不合理保证 未提供全面的信息 诱惑受试者

3）脆弱人群的知情同意

在CIOMS（1982）中，脆弱人群包括三类：第一类是智力能力和领悟能力受到限制，从而不能给出有效同意的人群，包括儿童和精神疾病患者（例如精神分裂、严重抑郁和精神缺陷人群）；第二类是孕妇和哺乳期妇女，这类人群被列入脆弱人群的范围是因为在这类人群身上进行的试验可能会给胎儿或婴儿带来伤害；第三类是处在等级组织下层的人员，由于与研究者有依赖或从属关系而使其独立性受到限制，从而可能受到对"偶然利益的期望"而同意参与研究（第13条）的人群（例如医学和护理学的学生，实验室和医院的下属人员、制药公司雇员、军人等）。

人体试验的伦理辩护，也就是为进行人体试验寻找辩护理由是一件有争议的事情。Eisenberg L等认为进行涉及人的生物医学研究是一种伦理义务[①]。Eisenberg L从医学发展史的角度提出当前进行生物医学研究的必要性。Eisenberg认为，一方面，当前的医学实践是从经验中发展起来的，很大程度上依赖于"习俗"而不是"证据"，医生所使用的一些诊疗措施是有害而不是有益的，进行对照试验可以确定"传统的做法是否是有害而不是有益的"。"应用于医学实践的医学研究拥有独一无二地改变不必要的人类痛苦和死亡的能力。"另一方面，医学发展史表明，"临床对照试验贡献了更有效的治疗措施，削弱了有害的手段。"在鸡

---

① Eisenberg L., "The Social Imperatives of Medical Research", Science, No. 108, 1977, pp. 1105 – 1110.

胚胎中培养脊髓灰质炎病毒方法每年挽救千百人的生命，减少了社会财富的损失；增加精神病学领域的神经生物学、基因学和流行病学的基础研究，可以促进精神病预防。Eisenberg用上述事例说明支持"基础研究和疾病预防研究"的必要性。以医学发展史的实例为基础，Eisenberg在提出生物医学研究的必要性之后进一步提出，"促进我们生活的社区的人的质量是我们每位公民的义务；承担这项义务的方式是分担消除人类痛苦的研究的风险"。也就是说，人们有伦理义务参加生物医学研究。

CIOMS（1982）为招募儿童和精神疾病人群参加研究提供的辩护理由是建立在试验的必要性基础上，也就是"作为公理，如果研究可以在成人身上同样好地进行，儿童永远都不能成为研究的受试者。但是，他们的参与对研究儿童期的疾病和儿童易受感染的条件是绝对必要的。在充分解释试验的目的和可能的伤害、不适或不便之后，父/母亲或其他法定监护人的同意总是必须的。"［*CIOMS*（1982），第7条］实质上，与儿童相同的伦理考虑适用于精神疾病和有精神疾患的人。如果研究能同样好地在拥有完全的理智能力的人身上进行，他们永远都不能成为研究的受试者。但他们显然是研究精神疾病或残疾的起源的唯一适用的受试者。

在*CIOMS*（1982）的第11条中，详细阐述了在某些研究中，以儿童或精神疾病人群作为受试者的必要性：

> 对于儿童来说，儿童期在生理上的独特发展，身体和精神的发展过程与年龄相关；某些儿童期疾病在成人身上不会发生，对某些疾病的耐受性，成人要优于儿童；在儿童身上进行药物的剂量研究。这些研究不能再以成人为受试者进行，必须用儿童作为受试者展开。同样，由于人类的精神疾病不出现在动物身上，许多精神活性制剂对正常人的行为和情绪没什么作用，这些研究也必须选取精神疾病人群作为受试者。

CIOMS（1982）详细规定了以儿童或精神疾病人群作为受试者的条件：

儿童参与研究的条件为：

(1) 试验是为了儿童特有的疾病;
(2) 试验不能在（非儿童的）成人身上同样好地进行。

精神疾病的人参与研究的条件为：

(1) 试验是为了精神疾病的人特有的疾病;
(2) 试验不能在（非精神疾病的）正常人身上同样好地进行。

由此，可以将 CIOMS（1982）提出的允许脆弱人群参与研究的条件，总结如下[1]：

(1) 试验是为了脆弱人群 X 特有的疾病;
(2) 试验不能在（非 X 的）Y 身上同样好地进行。

其中，X 和 Y 所指的内容见表 3—3：

表 3—3　　　　　　　　　公式中 X 和 Y 代表的内容

X	Y
儿童	成人
精神疾病和有精神缺陷的人	有完全的理智能力的人

对于孕妇和哺乳期妇女，CIOMS（1982）也规定了她们参与研究的条件[2]：

对于非治疗性研究，规定：在任何情况下她们都不应该成为会给她们的胎儿或婴儿带来风险可能的非治疗研究的受试者，除非研究是为了阐明妊娠期或哺乳期的问题。对于治疗性研究，规定：治疗性研究只有在满足如下条件时才被允许：研究的目的是促进母亲的健康而不伤害

---

[1] Council for International Organization of Medical Sciences. *Proposed International Guidelines for Biomedical Research Involving Human Subjects*, Geneva: CIOMS, 1982, pp. 24-26.

[2] 本表格是依据 CIOMS（1982）第 10 条的内容整理。

胎儿或婴儿，促进胎儿的生存能力，帮助乳儿的健康发展或帮助母亲提高充分哺育乳儿的能力。

孕妇和哺乳期妇女参与研究的规定也适用于儿童和精神疾患的病人参与研究的条件公式，也就是：

对于治疗性研究：

（1）试验是为了 X 特有的疾病；
（2）试验不能在非 X 身上进行。

对于非治疗性研究：

（1）试验是为了 X 的健康利益；
（2）试验不能在非 X 身上进行。

在这里 X 是孕妇及其胎儿，或哺乳期妇女及其婴儿。

由此，可以对 CIOMS（1982）规定的脆弱人群（儿童、精神疾病的人和孕妇或哺乳期妇女）参与研究的条件进行总结。这类人群参与人体试验的条件是：

试验是为了该人群的疾病/健康，试验只能在该人群中进行。

3. 知情同意原则的补充

知情同意强调受试者在知情的前提下，自由决定是否参与研究。受试者所获得的"情"的内容，在某种程度上决定了知情同意程序的质量。CIOMS（1982）提出的"情"的内容包括：试验的目的、方法、预期的利益和潜在的伤害、告知受试者他们自由拒绝参与研究或随时退出的权利。

如 CIOMS（1982）第 6 条提出"知情同意本身向受试者提供的是不完美的保护，应当总是由对研究方案的独立的伦理审查对其进行补充"。对知情同意进行补充的重要手段就是对研究方案进行"独立的伦理审查"。准则所规定的必须进行独立的伦理审查的情况是，涉及下列人群的研究：儿童、有精神疾病或有精神缺陷的人、完全不熟悉现代医学概念的人、不能给出充分同意的人。

知情同意决策的主体是受试者，在主体决策能力受限的情况下，出现了"代理同意"①,也就是受试者的代理人代替受试者做出同意/不同意的决策。表3—4列出了 CIOMS(1982)中对代理人和被代理人的规定。

表3—4　　　　　　　CIOMS(1982)中的"代理同意"②

被代理人	代理人
儿童	父亲/母亲或合法监护人
精神疾病和精神疾患者	直接的家庭成员
被法院指令强制送入收容所的精神疾病和精神疾患者	直接的家庭成员和法律指定的人
不发达社区的受试者	社区领袖
社区	公共卫生部门

二 《涉及人的生物医学研究国际准则建议》(1982)与《赫尔辛基宣言》(1975)的比较

下面,我们将 CIOMS(1982)所涉及的"受试者的同意"、"审查程序"、"外部资助的研究"、"给受试者的伤害的赔偿"、"数据保密"的五部分的内容与《赫尔辛基宣言》(1975)进行比较研究。希望通过比较,更加深入地理解两者之间的关系。

(一)知情同意

《赫尔辛基宣言》(1975)中有关知情同意的条款是它的第9—11条:

> 第9条　在任何人体研究中,每位潜在的受试者都必须被充分告知研究目的、方法、预期利益和潜在风险和研究可能引起的不适。必须告诉潜在的受试者,他/她可以自由地拒绝参加研究,自由地随时撤出他/她参与研究的同意而不受任何报复。然后,医生应该获得受试者自由给出的知情同意,最好是书面同意。
>
> 第10条　在为研究获取知情同意的时候,如果受试者与医生有依赖关系,或者可能在胁迫下同意,则医生应该特别谨慎。在这

---

① 代理同意(proxy consent)在 CIOMS(1982)中并没有出现,在 CIOMS(1993)中才开始出现。故在此处加引号。

② 本表依据 CIOMS(1982)的第7条、第12条整理。

种情况下，应该由一位不参与研究且完全独立于这种正式关系的医生去获得知情同意。

第 11 条 对法律上无行为能力者，应从法律监护人那里获得知情同意。对由于身体或精神原因而不能获得给出知情同意的人，或受试者是未成年人，则由法律规定的有责任的亲属代替受试者给出同意。

潜在的受试者的自由的知情同意是研究者/受试者关系建立的前提条件，是否存在受试者的知情同意是判断人体试验是否符合伦理的标准之一。与此同时，知情同意程序的质量也是影响对受试者权利和福利保护程度高低的重要指标，《赫尔辛基宣言》（1975）第 10 条是特殊情况下，医生回避的条款，也是确保知情同意质量的保障之一。鉴于受试者的自由的知情同意的必要性和人体试验中存在由于法律、精神或身体原因无能力给出知情同意的人群的现实，《赫尔辛基宣言》（1975）第 11 条提出了不能同意者的同意条款，也就是依据法律规定由他人代替不能同意者同意。总之，《赫尔辛基宣言》（1975）知情同意的三个条款，分别规定了自由的知情同意的必要性和情（信息）的内容、医生回避和无能力者的同意。

CIOMS（1982）在知情同意条款中，引用了《赫尔辛基宣言》（1975）第 9 条中关于"自由给出的知情同意"是人体试验的必要条件和受试者被告知的具体信息的内容。在坚持《赫尔辛基宣言》（1975）对知情同意的基本规定的同时，对知情同意条款做出了补充。首先是在准则中扩大了知情同意需要特殊关注的人群的范围，从无能力者扩展到脆弱人群。*CIOMS*（1982）在知情同意条款提出的儿童（第 7、8、9 条）、精神疾病和精神缺陷者（第 11、12 条）这类受试者人群可以看成是《赫尔辛基宣言》（1975）中无能力者。在此之外，*CIOMS*（1982）特别提及了发展中国家的人群。*CIOMS*（1982）不但明确提出了这些人群的知情同意的问题，而且提出了对这些人群的特殊保护措施，也就是对这些人群"独立的伦理审查"是必需的。

再有，*CIOMS*（1982）还提出了对社区的研究中的知情同意问题，它规定，由于对个人的知情同意难于获得，因此由该社区的公共卫生权威决定该社区是否参与研究（第 16 条）。

在由谁代表有精神疾病、精神缺陷的人和儿童给出知情同意的问题上，CIOMS（1982）与《赫尔辛基宣言》（1975）的规定类似（表3—5）。CIOMS（1982）增加了儿童、发展中国家受试者和社区研究情境下的知情同意的规定。

对于告知的信息的内容的条款，CIOMS（1982）与《赫尔辛基宣言》（1975）规定的向受试者提供的信息的内容是相同的。

表3—5　DoH（1975）与 CIOMS（1982）中知情同意条款的比较[①]

DOH（1975）	CIOMS（1982）
谁参加试验/谁给出知情同意	谁参加试验/谁给出知情同意
受试者/受试者	受试者/受试者
法律上无能力者/法定监护人	
身体或精神上无能力者/法律规定的亲属	有精神疾病和精神缺陷的人/直系亲属 有精神疾病和精神缺陷且被法院指令在收容所强制生活的/法律批准
未成年人/法律规定的亲属	儿童/父母或其他法定监护人 较大儿童/较大儿童并且父母或其他法定监护人
	发展中国家的受试者且不能向研究者直接给出充分的知情同意的/社区领袖
	参与社区研究的受试者/公共卫生权威

（二）伦理审查委员会

《赫尔辛基宣言》（1975）规定，"涉及人类受试者的每个试验程序的设计和实施都应当清楚地写在试验方案中，并提交给一个专门任命的独立委员会审查、评价和指导。"（I.2）也就是由独立委员会审查方案。CIOMS（1982）规定："在科学审查和伦理审查之间不可能划出一条清晰的界限，这是因为在科学上不合理的人体试验，将受试者毫无目的地暴露在风险或不适中，根据事实，也是不合伦理的。因此，通常伦理审查委员会考虑科学和伦理方面。如果伦理审查委员会发现研究方案科学合理，然后可以考虑给受试者带来的任何已知的或可能的风险能否

[①] 上表是依据《赫尔辛基宣言》（1975）的11条和 CIOMS（1982）的第7、8、11、12、15条整理。

被预期的利益论证为正当的。最后要考察试验计划是否满足受试者知情同意的要求（第20条）。"

即 *CIOMS*（1982）提出的审查的流程是：科学审查→风险/受益审查→知情同意审查。

1. 伦理审查委员会审查的内容

CIOMS（1982）提出涉及人类受试者的研究的审查的规定受行政机构、医学实践和研究组织、医学研究者的自主性程度的影响。但是，无论在何种情况下，社会有双重义务确保：

——所有在人类受试者身上进行的药物和器械的研究符合充分的安全标准。

——"赫尔辛基Ⅱ"的条款应用于所有涉及人类受试者的生物医学研究。"（第18条）这样借助"赫尔辛基Ⅱ"——也就是1975年的《赫尔辛基宣言》和 *CIOMS*（1982）的相关条款解读出条款科学审查的内容是：

"生物医学研究必须遵守……科学原则，应建立在实验室和动物实验，以及对科学文献的全面了解的基础上。"[《赫尔辛基宣言》（1975），I.1；]

"涉及人类受试者的生物医学研究只能由科学上合格的人进行，并且要一位合格的医学人员监督。……"[《赫尔辛基宣言》（1975），I.3；]

伦理审查应包括：

安全性审查，"所有在人类受试者身上进行的药物和器械的研究符合充分的安全标准。"[*CIOMS*（1982），第18条]

风险/利益审查，即"只有当研究的目的与其给受试者带来的内在风险成比例时，涉及人类受试者的生物医学研究才可以进行。"[《赫尔辛基宣言》（1975），I.4]和"涉及人类受试者的每个生物医学研究方案在实施之前，都应认真比较研究的内在风险和给受试者或他人带来的可预见的利益。对受试者利益的考虑应当永远高于对科学和社会利益的考虑。"[《赫尔辛基宣言》（1975），I.5]

隐私保护的审查，即"每位研究受试者保护个人完整性的权利必须受到尊重。必须采取一切预防措施以尊重受试者的隐私，将研究对受试者的身心完整性和人格的影响减少到最低。"[《赫尔辛基宣言》(1975), I.6]

知情同意的审查，即"在任何人体研究中，每位潜在的受试者都必须被充分告知研究目的、方法、预期利益和潜在风险和研究可能引起的不适。必须告诉潜在的受试者，他/她可以自由地拒绝参加研究，自由地随时撤出他/她参与研究的同意而不受任何报复。然后，医生应该获得受试者自由给出的知情同意，最好是书面同意。"[《赫尔辛基宣言》(1975), I.9] "在为研究计划获取知情同意的时候，如果受试者与医生有依赖关系，或者可能在胁迫下同意，则医生应该特别谨慎。在这种情况下，应该由一位不参与研究且完全独立于这种正式关系的医生去获得知情同意。"[《赫尔辛基宣言》(1975), I.10] 和"对法律上无行为能力者，应从法律监护人那里获得知情同意。对由于身体或精神原因而不能给出知情同意的人，或受试者是未成年人，则由法律规定的有责任的亲属代替受试者给出同意。"[《赫尔辛基宣言》(1975), I.11]

对人类受试者的责任必须总是由医学上合格的人承担；即使是获得受试者的同意之后，这种责任永远都不由受试者承担。

2. 伦理审查委员会的成员组成

CIOMS（1982）第23条规定："成员可以包括其他卫生专业人员，尤其是护士，也应包括有资格代表社区、文化和道德价值的外行。通过将与方案有直接利益关系的成员排除在参与评估之外，以保持与研究者的独立性。"

3. 伦理审查委员会的责任

CIOMS（1982）第21条规定：

当地起作用的伦理审查委员会的基本责任是双重的：
——核实所有的计划的干预措施，尤其是在研药物的管理，已经被一个有能力的专家团体评估为在人类受试者身上使用具有可以接受的安全性。

——确保试验方案引起的所有其他伦理考虑在原则和实践中都已经令人满意地解决了。

从上述比较分析可以看到,《赫尔辛基宣言》(1975)规定了独立委员会对研究方案的伦理审查,CIOMS(1982)增加了伦理审查委员会的责任,对审查内容的规定更加具体详尽,而且有所增加和发展。

(三)研究者向独立的伦理审查委员会提供的信息

在研究者向独立的伦理审查委员会提供的信息的规定方面,CIOMS(1982)的规定与《赫尔辛基宣言》(1975)相比更加详细和多样。具体条款内容见表3—6。

表3—6　　　　　　　　向审查委员会提供的信息①

DoH (1975)	CIOMS (1982)
试验程序的设计 试验程序的实施	——一份关于研究目的的清晰的声明,已经考虑了当前的知识状态,为在人类受试者身上进行研究的辩护。 ——精确地描述所有计划的干预措施,包括药物的剂量和治疗计划持续的时间。 ——表明招募受试者的数量和停止研究的标准的统计计划。 ——确定每位受试者进入和撤出的标准,包括知情同意程序的完整细节。 ——每种计划的干预措施和待研究的药物器械的安全性,包括相关的实验室和动物研究的结果。 ——参与的预期利益和潜在的风险。 ——满足知情同意原则的计划手段,或在受试者不能充分地知情同意的情况下,由监护人或亲属代替受试者人知情同意的计划手段,以及每位受试者的权利和福利会被充分地保护的令人满意的保证。 ——研究者有合适的资质和经验的证据,充足的设施以安全和有效地实施研究的指令。 ——数据保密的规定。 ——其他伦理考虑的性质,包括显示"赫尔辛基Ⅱ"阐述的原则将被贯彻。

(四)补偿研究受试者受到的伤害

《赫尔辛基宣言》(1964)和《赫尔辛基宣言》(1975)都没有提出受试者由于参加研究而受到伤害或死亡时的补偿问题,补偿问题是

---

① 本表格依据《赫尔辛基宣言》(1975)的 I.2 和 CIOMS(1982)的第25条、第26条整理。

CIOMS（1982）首先提出的。*CIOMS*（1982）指出，"受试者自愿参与治疗或非治疗研究的伤害、造成暂时或永久残疾，甚至是死亡的报道是非常少见的。"[*CIOMS*（1982），第30条]"但是，任何一位医学研究中的志愿受试者由于参与而受到伤害的，都有权利获得经济或其他帮助以充分补偿任何暂时的或永久的残疾。在死亡的情况下，受赡养者/被抚养者应当有资格获得合适的物质补偿。"[*CIOMS*（1982），第31条]而且，"试验的受试者在给出他们参与研究的同意时，不应当被要求在意外事故中放弃获得赔偿的权利；他们是研究的一员，不比研究者地位低下。"[*CIOMS*（1982），第32条]

（五）数据保密

《赫尔辛基宣言》（1975）和*CIOMS*（1982）都提出了要保护受试者的隐私（第6条）。二者的区别是，*CIOMS*（1982）列举了保护受试者隐私的具体措施，而这些措施在《赫尔辛基宣言》（1975）中并没有被专门提及。也就是说，*CIOMS*（1982）对数据保密方向的规定比《赫尔辛基宣言》（1975）更加详细（见表3—7）。

表3—7　*DoH*（1975）和*CIOMS*（1982）数据保密条款比较[①]

DoH（1975）	*CIOMS*（1982）
每位研究受试者保护个人完整性的权利必须受到尊重。必须采取一切预防措施以尊重受试者的隐私，将研究对受试者的身心完整性和人格的影响减少到最低。	研究可能涉及搜集和保存与每个人相关的数据，这些数据如果泄露给第三方，可能会造成伤害或痛苦。因此，应当由研究者做出安排以保护这类数据的机密性，例如省略可能导致每个受试者身份被确认的信息，限制接触这些数据，或其他合适的方法。

从以上分析可以看出，在知情同意、伦理审查委员会、研究者向伦理审查委员会提供的信息、数据处理这四点上，*CIOMS*（1982）没有与《赫尔辛基宣言》（1975）相悖的内容，可以将其看作是《赫尔辛基宣言》（1975）准则的可操作性的阐释。同时，*CIOMS*（1982）新增了补偿研究受试者受到的伤害的规定，可以将其看作对《赫尔辛基宣言》（1975）准则的补充。

---

① 本表格依据《赫尔辛基宣言》（1975）的 I.6 和 *CIOMS*（1982）的第33条整理。

三 本节内容小结

从以上对于 CIOMS（1982）分析以及对 CIOMS（1982）和《赫尔辛基宣言》（1975）的比较研究，我们可以得出以下结论：

（1）CIOMS（1982）的基本原则脱胎于《赫尔辛基宣言》，涉及尊重人的尊严、保护受试者的权利和福利。

（2）CIOMS（1982）主要关注的是：（1）知情同意，（2）伦理审查程序，（3）外部资助的研究，（4）伤害补偿，（5）数据保密问题。从准则条目数目看，内容所占比例最大的是"受试者的同意"。

（3）知情同意的原则有利于保护受试者选择的自由，是保护受试者的机制之一。CIOMS（1982）所确立的理想的知情同意包括三个要素：智力能力、领悟能力和独立性。满足上述三个条件的人群，知情同意是参与研究的必要条件，其不同意的意愿必须得到尊重。不满足上述三个条件的人群，知情同意不是参与研究的必要条件，其不同意的意愿是否得到尊重没有规定。

知情同意原则规定，研究者必须告知受试者试验的目的、方法、预期的利益和潜在的伤害，并告知受试者他们有自由拒绝参与研究或随时退出的权利。

在知情同意的问题上，CIOMS（1982）对受试者的分类与《赫尔辛基宣言》（1975）类似，但在《赫尔辛基宣言》（1975）分类的基础上，细化了对自主性不健全的人群，和自主性受到削弱的人群的分类，增加了第三类人群——发展中国家的受试者，对这些人群参与研究的限制条件有了更加严格的限定。

（4）CIOMS（1982）提出的允许脆弱人群参与研究的条件为：试验是为了脆弱人群 X 特有的疾病；试验不能在（非 X 的）Y 身上同样好地进行。

（5）在伦理审查程序的问题上，CIOMS（1982）在支持《赫尔辛基宣言》（1975）提出的研究方案要被"独立委员会"审查的观点的同时，就委员会审查的具体内容、委员会的人员构成、研究方案应包含的信息做了详细规定，也使其在实践中有更强的操作性。《赫尔辛基宣言》（1975）在《赫尔辛基宣言》的历史上首次提出了由独立的委员会审查研究方案（第2条），但没有具体指出审查的内容、审查委员会的人员组成等有关伦理审查的具体细节。CIOMS（1982）不但对上述问题做出了明确回答，而且明确提出了研究者需要向伦理审查委员会提供的待审查信息。如规定涉及下列人群的研究：儿童、有精神疾病或有精神缺陷的人、完全不熟悉现代医学概念的人、不能给出充分同意的人，必须进行独立的伦理审查。

另外，CIOMS（1982）规定了对外部资助研究的双重审查，而《赫尔辛基宣言》（1975）没有专门提出这类研究的审查，也没有提及双重审查。

（6）同这个时期的《赫尔辛基宣言》相比，受试者（及其亲属）获得伤害赔偿的权利是在 CIOMS（1982）中新增加的权利。

（7）在数据保密的问题上，CIOMS（1982）在《赫尔辛基宣言》（1975）的基础上具体列举了可能采取的保密措施，更加详细和具体。

（8）首部 CIOMS 准则在基本观点上没有与《赫尔辛基宣言》（1975）冲突的条款，对《赫尔辛基宣言》（1975）规定的部分条款作了更详细的规定，增加了一些具有可操作性的内容，是对《赫尔辛基宣言》（1975）的继承与补充。

第三节 《涉及人的生物医学研究国际伦理准则》(1993)研究

一 《涉及人的生物医学研究国际伦理准则》(1993) 的形成

自 1982 年以来，医学科学和生物技术已经取得了重要的进步，公众对医学试验的看法也有了巨大的变化，产生了许多新的伦理问题。不论是《赫尔辛基宣言》，还是 CIOMS（1982）出版准则的时候都未曾预料到这些问题。

其一，医学科学和生物技术的发展使人类生物医学研究的范围不断扩大，引发了许多新的伦理问题。例如，20 世纪 80 年代以来艾滋病流行引起的涉及人类受试者的研究的大规模进行，引出了许多新的伦理问题。再如，国际和跨文化的合作研究有了相当的增长，人体实验涉及到更多发展中国家。在一些发展中国家，对外部资助者和研究者或他们自己的研究者提供的研究方案进行独立审查的能力非常有限，引发了很多新的伦理问题。

其二，人们对人体研究的态度有了巨大的转变，从单纯将人体研究看作是有危险的转变为将人体研究看作是既有风险，又是有利的，一些群体甚至将参加人体研究看作是个人的权利。例如在一些社会，有意地将怀孕的妇女或有可能怀孕的妇女排除在研究之外，以免给胎儿带来风险的做法，已经受到质疑。因为这种做法剥夺了这类妇女的利益，否定了她们自己决定是否参加研究的权利。类似的，老年医学和老年药物学的发展引起了将老年人纳入对他们自身有利的医学研究的压力。再如，在许多国家有感染 HIV 风险的人宣布他们有参加临床研究的权利和获得未经充分检验的新疗法的权利。正是在这样的背景下，进行了 CIOMS (1993) 的修订。[①]

此次修订，由 CIOMS 与 WHO 合作完成。首先是组建了一个筹备委员会[②]指导这个过程。由于流行病研究关系到公共卫生，筹备委员会决定在修订过程中要特别关注流行病研究。最终，委员会认为有必要单独制定一份流行病研究中的国际伦理准则，1991 年，CIOMS 出版了《流行病研究伦理审查国际准则》，这项工作为 CIOMS (1982) 的修订奠定了基础。

CIOMS 组织顾问组[③]专家组织起草了 CIOMS (1982) 的修订草案，由筹备委员会修改后在 1992 年 2 月将草案的第一稿提交给了在日内瓦召开的 CIOMS 会议[④]。来自发达国家和发展中国家的大约 150 名公共卫生政策制定者、伦理学家、哲学家和律师讨论了该草案。修订后的草案于 1993 年颁布，被命名为《涉及人类受试者的生物医学研究国际伦理准则》（International Ethical Guidelines for Biomedical Research Involving Human Subjects），人们成之为 CIOMS (1993)。

CIOMS (1993) 反映了对保护研究受试者、脆弱人群的权利和福利的伦理关注。像 CIOMS (1982) 一样，准则是为了应用。尤其是发展中国家，新的准则有利于他们确定本国的生物医学研究政策，将伦理标准应用于当地的情况、建立或重新定义恰当的伦理审查机制。

---

① Council for International Organization of Medical Sciences. *International Ethical Guidelines for Biomedical Research Involving Human Subjects*, Geneva: CIOMS, 1993.
② 我国著名生命伦理学家邱仁宗教授是该筹备委员会的成员。
③ 北京协和医学院社会学系的张琚和流行病学系的 Zhang K. L. 是顾问组成员。
④ 邱仁宗教授参加了这次会议。

在准则中，某些领域没有被特别关注，包括基因研究、胚胎和胎儿研究、胎儿组织研究。这些研究领域正在迅速演化，在许多方面充满争议。筹备指导委员会认为，"既然这些研究领域引起的伦理争议尚未达成共识，在当前的准则中关注这些问题为时尚早。"①

CIOMS（1993）不认为伦理准则就能解决所有的道德疑问，"但准则至少能吸引研究者、资助者和伦理审查委员会注意到仔细考虑研究方案和实施研究的伦理含义，因此有利于提高科学和伦理标准的研究。"

二 《涉及人的生物医学研究国际伦理准则》（1993）与《涉及人的生物医学研究国际准则建议》（1982）的比较

（一）《涉及人的生物医学研究国际伦理准则》（1993）的基本原则

CIOMS（1993）与 *CIOMS*（1982）的基本原则的对比如表 3—8。

表 3—8　*CIOMS*（1993）与 *CIOMS*（1982）的基本原则的比较

CIOMS（1982）	*CIOMS*（1993）
不管涉及人类受试者的研究在哪里进行，研究的伦理含义都相同：它们与尊重人类尊严、保护人类受试者的权利和福利相关。[*CIOMS*（1982），第 4 页]	所有包括人类受试者的研究的实施都应当遵守三条基本原则，也就是尊重人、有利和公正。[*CIOMS*（1993），普遍的伦理原则]

从表 3—8 可以看到，涉及人的生物医学研究的基本原则从 *CIOMS*（1982）的两条原则"尊重人的尊严"和"保护受试者的权利和福利"发展为尊重人、有利和公正这三条原则。准则对这三条原则进行了详细阐述，我们将这部分内容与 1979 年的《贝尔蒙报告》进行比较，如表 3—9。

从表 3—8、表 3—9 可以看到，与 *CIOMS*（1982）相比，*CIOMS*（1993）将涉及人的生物医学研究的基本伦理原则从尊重人的尊严、保护人的权利和福利转变为尊重人、有利和公正。对比 *CIOMS*（1993）和《贝尔蒙报告》，可以看到 *CIOMS*（1993）的这三条原则无论是形式

---

① Council for International Organization of Medical Sciences. *International Ethical Guidelines for Biomedical Research Involving Human Subjects*, Geneva: CIOMS, 1993.

还是实质都同《贝尔蒙报告》的三条原则及对这三条原则的解释相同，且 CIOMS（1993）对公正原则的解读增加了考虑"脆弱性"的规定。

表3—9　　CIOMS（1993）与《贝尔蒙报告》三原则的比较[①]

CIOMS（1993）的三原则	《贝尔蒙报告》的三原则
尊重人至少包含两项基本的伦理学义务考虑，即： a）尊重自主性，这要求对那些有能力考虑其个人选择的人，应该尊重他们的自我决定能力； b）保护自主性受到损害或削弱的人，这要求对那些处于从属地位或脆弱的个人提供安全保护，使其免受伤害或［和］虐待。	尊重人至少包含两项基本的伦理要求： 其一，将每个人作为自主的行动者对待； 其二，自主性削弱的人有权得到保护。
有利是指有伦理学义务使利益最大化、伤害和错误最小化。由这项原则所衍生的规范要求，研究的风险是否合理必须根据预期利益来考虑，研究设计必须是严谨可靠的，研究者必须既有能力进行研究，又有能力保护受试者的福利。有利原则还禁止对人的故意伤害，这一点有时表述为一个单独的原则，即不伤害原则。	以合乎伦理的方式对待人不仅要尊重他们的决定，保护他们不受伤害，而且要努力保护他们的健康。这样对待人符合有利原则。"有利"一词通常被理解为包括超越严格义务之外的善行或仁慈。在本文件中，有利在更强的意义上被理解，也就是义务。在这个意义上，有利有两个互补的规则：（1）不伤害；（2）使可能的利益最大化和使可能的伤害最小化。
公正是指有伦理学义务按照道德上正确和适当的方式对待每个人，给予每个人以他/她所应得的利益。在涉及人类受试者的研究中，这项原则主要指分配公正，它要求公平地分配参与研究的负担和利益。负担和利益分配上的差别只有当这是基于人与人之间存在着与道德有关的区别时，其合理性才能得到论证；其中的一个区别就是脆弱性。"脆弱性"是指由于种种障碍在实质上无能力保护自己的利益，例如无知情同意能力，缺乏在其他办法得到医疗或昂贵必需品，或此人是等级森严群体中的年轻或下属人员，等等。因此，必须有特殊条款保护脆弱人群的利益。	谁应该从研究中受益，谁应该承担研究的风险？这是在"公平的分配"或"什么是应得的"的意义上的公正问题。当没有合适的理由却剥夺一个人应有的利益，或将负担不当地强加在某人身上时，就发生了不公正。

[①]　此处原文与 CIOMS（2002）没有变化，故此采用了陈元方老师的翻译，与陈老师不同的地方在［］前标注。《贝尔蒙报告》的翻译参考了韩跃红主编的《护卫生命的尊严——现代生物技术中的伦理问题研究》。

（二）准则的结构

CIOMS（1993）文本的主体部分只有一个部分，即准则。而*CIOMS*（1982）准则的主体部分有三个部分，即导言、国际准则和准则。这种改变只是结构的改变，导言、国际准则的内容本身并没有删除，而是置于准则之前分别作为*CIOMS*（1993）的"导言"和"国际宣言和准则"部分。除此之外，特别重要的变化是*CIOMS*（1993）全部15条准则之下都增加了"准则的评注"（Commentary on Guideline），这些评注是对准则的解释和说明，借助这些评注，有助于我们更好地理解解读准则。

具体条款的结构可见表3—10。

表3—10 *CIOMS*（1982）与*CIOMS*（1993）**具体条款结构的比较**

CIOMS（1982）	*CIOMS*（1993）
"受试者的同意"（准则7—17）	"受试者知情同意"（准则1—9）；
"审查程序"（准则18）	"研究受试者选择"（准则10—11）
"安全性评估"（准则19）	"数据保密"（准则12）
"伦理审查委员会"（准则20—24）	"给研究受试者造成的偶然伤害的赔偿"（准则13）
"研究者提供的信息"（准则25—26）	"审查程序"（准则14）
"外部资助的研究"（准则27—29）	"外部资助研究"（准则15）
"研究受试者受到伤害的补偿"（准则30—32）	
"数据保密"（准则33）	

从表3—10可以看到，从*CIOMS*（1982）到*CIOMS*（1993），准则的数目在减少（由33条减少为15条），准则的主题在增加（由5个主题增加为6个），所增加的主题是"研究受试者的选择"。对于准则数目的变化的研究见图3—2和图3—3。

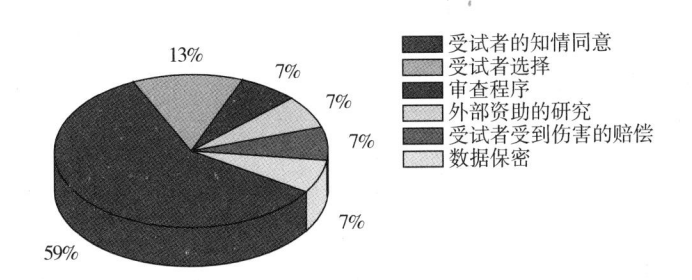

图3—2 *CIOMS*（1993）准则条目数比例

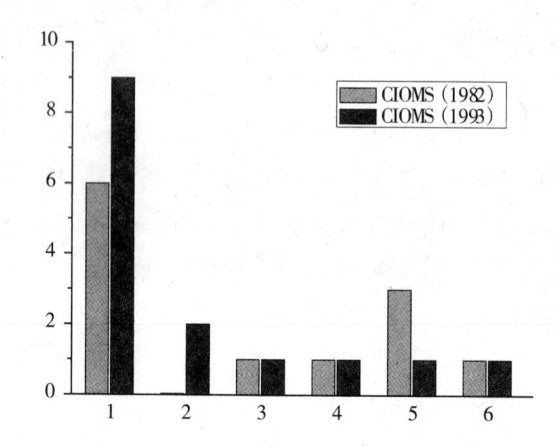

图 3—3　*CIOMS*（1982）与 *CIOMS*（1993）准则数目的变化
1. 受试者的知情同意；2. 受试者选择；3. 外部资助的研究；4. 受试者受到偶然伤害的赔偿；5. 审查程序；6. 数据保密

从图 3—2、图 3—3 可以看到，与 *CIOMS*（1982）相比，*CIOMS*（1993）的六组准则中，"知情同意"的条款所占的比例始终最多，"数据保密"、"伤害的赔偿"、"外部资助的研究"的条款所占的比例始终最小。从 1982 年到 1993 年，"知情同意"所占的比例在增加，而"审查程序"所占的比例在减小。

从图 3—3 中可以看到，"知情同意"的条目数在增加，其余三个主题（数据保密、伤害赔偿、外部资助的研究）下的条目数没有改变，"审查程序"主题下的条目数在减少，新增加的是"受试者选择"的条目。

在下文，我们将依次对六个主题所包含的准则进行内容分析和比较，以探究从 *CIOMS*（1982）到 *CIOMS*（1993）的主要变化及特点。

（三）准则具体条款的比较

1. 知情同意

1）概述

知情同意始终是重要的课题。与 *CIOMS*（1982）相比，*CIOMS*（1993）的规定如表 3—11。

表3—11 *CIOMS*（1982）与 *CIOMS*（1993）① 知情同意原则的比较

CIOMS（1982）受试者的同意	*CIOMS*（1993）受试者的知情同意
儿童	个人知情同意（+）
孕妇和哺乳期妇女（-）	应提供给未来受试者的基本信息（+）
精神疾病和精神缺陷的人	知情同意中研究者的义务（+）
其他脆弱的社会人群（-）	诱导参与研究（+）
发展中国家的受试者	涉及儿童的研究
基于社区的研究（-）	涉及精神或行为疾患的人的研究
	涉及囚犯的研究（+）
	涉及欠发达社区的人的研究
	流行病研究中的知情同意（+）

从表3—11可以看出，"知情同意"主题下的准则条目数始终是所有主题包含的准则中数量最多，占据比例最大的，均超过50%以上。但与 *CIOMS*（1982）相比，*CIOMS*（1993）规定的"知情同意"主题下所包含的准则的数量和内容发生了变化。由 *CIOMS*（1982）的脆弱人群（儿童、孕妇和哺乳期妇女、精神疾病和精神缺陷的人和其他脆弱的社会人群）、发展中国家的受试者和基于社区的研究，转变为知情同意程序的普遍问题（个人知情同意、应提供给未来受试者的基本信息、知情同意中研究者的义务和诱导参与研究）、脆弱人群（儿童、精神或行为疾患的人、囚犯）、欠发达社区的人和特殊疾病（流行病）研究中的知情同意。经过这样的变化，"知情同意"主题下准则最多的内容也从"脆弱人群的知情同意"转变为"知情同意程序"中带有普遍性的问题。而"脆弱人群的知情同意"可以看作是对普遍原则的具体应用。这些变化可以总结出以下的特点：

（1）与 *CIOMS*（1982）相比，*CIOMS*（1993）知情同意主题下的准则始终包括儿童、精神病人（精神缺陷的人）和不发达地区的受试者，这表明这些人群始终是需要特别给予关注的人群。

（2）与 *CIOMS*（1982）相比，*CIOMS*（1993）知情同意主题下的准则减少了三点内容。第一，孕妇和哺乳期妇女；第二，其他脆弱的社会人群；第三，基于社区的研究。这三点中前两点的内容实际上并没有

---

① （-）表示被删除的内容，（+）表示增加的内容。

在准则中删除，第一被归入"受试者的选择"的主题之下；第二被归入"受试者的选择"的主题之下的准则10"负担和利益的公平分配"的评注"其他脆弱的社会人群"中。第三点内容被删除。

（2）与 CIOMS（1982）相比，CIOMS（1993）知情同意主题下的准则增加了四点内容。第一，涉及囚犯的研究；第二，知情同意中研究者的义务；第三，诱导参与研究；第四，流行病研究中的知情同意的内容。第一是一类特殊的人群作为受试者，第二和第三涉及的是普遍的知情同意的内容，第四涉及的是一类特殊的研究。

在下文中，我们将按照 CIOMS（1993）中准则出现的顺序对"知情同意"主题下的内容进行阐述。

2）准则1：个人知情同意

对所有涉及人类受试者的生物医学研究，研究者必须取得未来受试者的知情同意，或在其无知情同意能力时，取得正式授权的代表的代理同意[①]。

准则1是新增的条款，但其所提出的涉及人的生物医学研究中的知情同意的要求在 CIOMS（1982）中已有所体现。在 CIOMS（1982）的"建议的准则"部分的第6条就援引《赫尔辛基宣言》的内容，提出除非获得"自由给出的知情同意"，否则"不应当在生物医学研究中使用人类受试者"。

在对准则1的评注中，还补充增加了知情同意的要素的内容，将这个内容同《贝尔蒙报告》进行比较见表3—12。

表3—12　CIOMS（1993）与《贝尔蒙报告》知情同意要素的比较

CIOMS（1993）	《贝尔蒙报告》
知情同意是有行为能力的个人在获得必要的信息后给出的同意，此决定是在对信息充分理解，并进行考虑后作出的，并且未受到胁迫、不正当影响或恐吓。 ［准则1的评注］	同意的过程包括三个要素：信息、理解和自愿，这一点是有广泛共识的。…… 知情同意的这个要素要求免除压迫和不正当影响的情况。 ［第三部分：应用］

[①] 代理同意（proxy consent）是准则1引入的一个新术语，指当未来受试者无知情同意能力时，由法律授权的代表给出的同意。以此，在准则1中将知情同意分为两类：知情同意（有能力给出知情同意的人）和代理同意（无能力给出知情同意的人）。

从表3—12可以看到，CIOMS（1993）所提出的知情同意的基本要素必要的信息、充分的理解和考虑、为受到胁迫、不正当影响或恐吓同《贝尔蒙报告》提出的信息、理解和自愿内容相同。

除此之外，CIOMS（1993）还对知情同意的伦理学论证进行了补充（见表3—13）。

表3—13　　　　　　　　知情同意的伦理学基础

CIOMS（1982）	CIOMS（1993）	《贝尔蒙报告》
保护个人的选择自由，确保涉及人的生物医学研究得到各种观点的支持…… [概述部分]	知情同意所基于的基本原则是，有行为能力的个人有权自由选择是否参与研究。知情同意保护个人的选择自由并尊重个人的自主性。 [准则1的评注]	尊重人要求在受试者能力的范围内，给予其选择发生或不发生在他们身上的事项的机会。而这个机会只有在充分的知情同意的标准被满足后才能实现。 [第三部分：应用]

从表3—13可以看到，与CIOMS（1982）相比，CIOMS（1993）坚持将知情同意建立在个人自由选择的原则基础上，补充了个人自主性作为知情同意的原则，这一点与《贝尔蒙报告》将"尊重人"解释为尊重自由选择和自主性［参见表CIOMS（1993）与《贝尔蒙报告》三原则的比较］是一致的。而《贝尔蒙报告》提出的知情同意所建立的原则"尊重人"就包含尊重自主性。

另外，CIOMS（1993）规定了人体试验中免除知情同意的条件[①]：

风险的可能性和严重程度不超过常规医学或心理学检查；

并且，获取每位受试者的知情同意不现实（例如，研究只是包括对受试者的记录进行摘录）；

并且伦理审查委员会明确同意。

总之，与CIOMS（1982）相比，CIOMS（1993）补充了知情同意的伦理学标准和免除知情同意的条件的内容，增加了代理同意的术语。知情同意的伦理学论证中增加了"自主性"的内容。

这个时期，知情同意的伦理学标准与《贝尔蒙报告》设定的标准相同。其知情同意的伦理学论证，同《贝尔蒙报告》的论证亦相似。

---

① 依据CIOMS（1993）准则1的评注整理。

3）准则2：向未来受试者提供的基本信息

与 CIOMS（1982）相比，CIOMS（1993）规定的知情同意的原则要求研究者向受试者提供的信息也有所增加（见表3—14）。

表3—14　CIOMS（1982）与 CIOMS（1993）向受试者提供的信息规定的比较①

信息	CIOMS（1982）	CIOMS（1993）
受试者受邀参加研究		√
试验目的	√	√
试验方法	√	√
试验期限		√
利益	√	√
试验风险或不适	√	√
替代疗法②		√
数据保密		√
若向受试者提供医疗，其范围		√
对伤害提供免费医疗		√
是否对伤害提供赔偿③		√
受试者自由退出的权利	√	√

从表3—14可以看到，经过修订后，在知情同意过程中向受试者提

---

① 依据 CIOMS（1982）"受试者的同意"（准则6、7、8）和 CIOMS（1993）准则2的内容整理。

② 替代疗法指"现在可得到的同正在研究的程序或治疗方法对受试者同样有利的其他程序或治疗方法"。

③ CIOMS（1982）规定"……任何一位参加医学研究的志愿受试者由于参与而受到伤害的，都有权利获得经济或其他帮助以充分补偿任何暂时的或永久的残疾。在死亡的情况下，被抚养者应当有资格获得合适的物质补偿。"（CIOMS（1982），第31条）并且提出，这种权利不可以放弃。"试验的受试者在给出他们参与研究的同意时，不应当被要求在意外事故中放弃获得赔偿的权利……"（CIOMS（1982），第32条）在 CIOMS（1993）中也有类似规定，既受试者有获得赔偿的权利以及该权利不得放弃。"研究受试者如因参与研究而受到伤害时，有权得到经济或其他方面的援助，以公平地补偿任何暂时的或永久的损伤或丧失能力。如果由于参与研究而死亡，他们所抚养的人有权得到物质补偿。赔偿的权利不应该被放弃。"（CIOMS（1993），第13条）结合上述分析，我们认为虽然 CIOMS（1993）第1条中向未来受试者提供的信息中关于赔偿的权利的原文是"whether the subject or the subject's family or dependant will be compensated for disability or death resulting from such injury"，也就是"是否存在这样的权利"，但实际上是这种权利不具有选择性。

供的信息的内容在增加，1982年准则中所要求的向受试者提供的信息的内容（试验目的、方法、风险、利益和自由退出的权利）被全部保留。在此基础上又增加了：（1）告知受试者他们是被邀请参与研究，（2）试验的期限，（3）替代疗法，（4）数据保密，（5）是否提供医疗，（6）对伤害提供免费医疗和（7）赔偿的内容。这些内容中，（2）、（3）是有关试验的医学知识，（4）、（5）、（6）、（7）是关于研究者/资助者对受试者的义务问题。

例如，CIOMS（1993）对研究后利益的分配的规定如下：

在评价疫苗、药物或其他产品的研究中，应告诉受试者若这些产品经证明是安全、有效的，是否以及如何使这些产品让这些受试者得到。应告诉受试者在他们参加的研究结束之后和产品得到普遍供应许可期间能否继续得到该产品，他们是会免费得到该产品还是需要付费。

［对准则2的评注：利益］

从准则2的评注中，可以看到研究后利益的分配问题已经被CIOMS（1993）关注到，但这种义务不是必需的，由研究者自行决定是否有向受试者提供试验后的利益的伦理义务。作为对比，可以看到前两个版本的《赫尔辛基宣言》（1964年版，1996年版）都没有提及此问题，直到《赫尔辛基宣言》（2000）涉及了此问题，其立场是研究者有此伦理义务。

再如，CIOMS（1993）对研究者是否向受试者提供医疗的规定如下：

如果研究者是医生，应明确地告诉受试者，研究者仅仅是研究者还是既是研究者又是受试者的医生。然而，具有医生—研究者双重身份的研究者要履行受试者的初级保健医生应尽的法律和伦理义务。……

如果研究者只是同意成为研究者，那么研究者必须向受试者建议，从研究之外的环境中寻求医疗。

［对准则2的评注：研究者的医疗责任］

同研究后利益分配问题一样,是否向受试者提供医疗的问题也是被 CIOMS（1993）关注,但由研究者自行决定是否愿意承担这样的义务。这种义务是否存在取决于研究者自己的身份选择,也就是选择仅当研究者还是研究者—医生。

4）准则3：知情同意中研究者的义务

CIOMS（1993）规定,为做到知情同意,研究者有以下义务：

（1）向未来受试者传递充分的知情同意所必需的全部信息；

（2）给未来受试者充分的机会,并且鼓励他们提问；

（3）排除毫无理由的欺骗、不正当影响或恐吓的可能性；

（4）只有在未来受试者对有关事实及参与研究的后果有充分认识之后,并有充分机会考虑是否参加研究之后,才能去征求其同意；

（5）一般规定是从每个未来受试者那里获取已签名的同意书,作为知情同意的证据；并且

（6）如果研究条件或程序有重要修改,应更新每个受试者的知情同意书。

在 CIOMS（1982）中没有提及研究者在知情同意中的义务,这部分内容是 CIOMS（1993）新增的。对研究者在知情同意中的义务归类,（1）—（4）这四项义务与满足有效的知情同意的标准（信息、理解和自愿）对应,（5）是为了保护研究者,而（6）是知情同意书更新的规定。

5）准则4：诱导参与研究

CIOMS（1993）规定：受试者可因研究带来的不便和花费时间而得到回报,并且因参与研究而带来的支出应该得到偿还；他们还可享受免费医疗服务。但是,所付的酬金不应太多,所提供的医疗也不应太广泛,以免诱导未来受试者同意参与研究,而违反他的判断（"不正当诱导"）。所有的支付、偿还或医疗服务均应得到伦理审查委员会的批准。

在 CIOMS（1982）的准则中没有诱导参与研究的内容,但在"概述"部分中"知情同意"的主题下提及了诱导参与研究的内容。"然

而，在有些情况下，同意程序不能向受试者提供充分保护：……同意可能是由超过服务的合理补偿的奖励或其他诱惑物引起的。作为公理，同意是为了保护受试者的利益，而不是减轻研究者的法律义务。"[1]

准则 4 的评注中给出的划界标准是："给研究受试者的金钱或其他形式的报酬，不应太多以至于促使受试者承担不正当风险或自愿背离他们更好的判断。"

在准则 4 的评注中还特别提到了"无能力行为者"，这些人容易被监护人利用，沦为监护人的赚钱工具。为此，评注提出："除了退还实际发生的费用之外，不应向代表无行为能力的人给出同意的监护人任何报酬。"

CIOMS（1982）已经关注到了不正当诱导，但并没有写入准则中。在 *CIOMS*（1993）中将其作为知情同意专题应考虑的问题被单独列示出来。

6）对准则 1—准则 4 的小结

CIOMS（1982）中关于获得受试者知情同意的要求、知情同意中所告知的信息的内容都是对《赫尔辛基宣言》（1975）第 I.9 条的引用。*CIOMS*（1993）对这部分内容进行了补充，新增了知情同意的标准、免除知情同意的条件的内容，也对知情同意中告知受试者的信息的内容进行了补充。在进行上述补充的同时，也将《贝尔蒙报告》的基本原则引入到了准则中。而准则 3 所提出的"知情同意中研究者的义务"是完全新增的内容。准则 4 所提出的避免诱导参与研究是 *CIOMS*（1982）中已经涉及（出现在"概述"部分），但未写入准则中的内容。

7）准则 5：儿童参与的研究

与 *CIOMS*（1982）相比，*CIOMS*（1993）对儿童参与研究的规定保留了研究条件和"代理同意"的内容；增加了风险/受益分析的内容；增加了尊重儿童意愿的内容（见表 3—15）。

---

[1] Council for International Organization of Medical Sciences. "Proposed International Guidelines for Biomedical Research Involving Human Subjects", *Geneva*: *CIOMS*, 1982, p. 8.

表3—15 *CIOMS*（1982）与 *CIOMS*（1993）中对儿童参与的研究的规定的比较①

	CIOMS（1982）	*CIOMS*（1993）
儿童参与研究的条件	为了儿童，只能在儿童身上进行	为了儿童，只能在儿童身上进行
知情同意	父/母亲或其他法定监护人的同意 获得儿童自愿合作 年长儿童的同意比父/母亲或其他法定监护人的同意更可取	父/母亲或其他法定监护人给出代理同意、获得儿童本人能力范围内的同意 儿童的拒绝得到尊重
风险/受益分析	无	不能为儿童受试者个人带来利益的干预措施的风险低，并且可以与获得知识的重要性相当；并且能为儿童受试者个人带来治疗利益的干预措施至少和现有其他方法同样有利

8）准则6：涉及精神或行为疾患的人的研究

与 *CIOMS*（1982）相比，*CIOMS*（1993）对涉及精神或行为疾患的人的研究的规定保留了研究条件和"代理同意"的内容；增加了风险/受益分析的内容；增加了尊重受试者本人的意愿的内容（见表3—16）。

表3—16 *CIOMS*（1982）与 *CIOMS*（1993）中对精神或行为疾患的人参与的研究的规定的比较②

	CIOMS（1982）	*CIOMS*（1993）
参与研究的条件	为了精神或行为疾患的人，只能在该类人群身上进行	为了精神或行为疾患的人，只能在该类人群身上进行
知情同意	直系亲属的同意 被法院指令在收容所强制生活的得到法律批准	在受试者能力范围内获得其同意，未来受试者拒绝参与非临床研究应受到尊重 无能力的受试者，获得法定监护人或其他合法授权的人的知情同意 未来受试者本人的意愿得到尊重
风险/受益分析	无	不能为受试者个人带来利益的干预措施的风险程度低，且与所获得的知识的重要性相称；并且能为受试者个人带来治疗利益的干预措施至少和现有的其他干预措施同样有利

---

① 依据 *CIOMS*（1982）"儿童参与的研究"（准则7—9）和 *CIOMS*（1993）准则5的内容整理。

② 同上。

9）准则7：涉及囚犯的研究

CIOMS（1993）规定：不应武断地拒绝患有严重疾病或面临严重疾病风险的囚犯接受有治疗或预防可能的研究性的药物、疫苗或其他药剂。

在 *CIOMS*（1982）的准则部分没有对囚犯参与研究做出规定。在 *CIOMS*（1982）的"准则"部分之前的"概述"部分中对"涉及囚犯的研究"有专门的论述。当时，对是否允许囚犯参与人体试验是有针锋相对的两种观点。支持者认为从试验的可控制角度看，囚犯处在被控制的环境下，有充足的时间，因而是非常合适的受试者。从囚犯的意愿看，他们愿意参加人体试验。参加试验可以避免过烦闷的监狱生活，可以展示他们的社会价值，还可以得到一些收入。从这两个角度看，囚犯是可以成为受试者的。而反对者认为，被囚禁状态下的人的同意是无效的，因为他们受对偶然利益的期望（例如缩短服刑期）的影响，是被这些或其他期望收买的而不是"自由给出的"[①]。在这种情况下，CIOMS 提出："虽然在生物医学研究中，当遵守适当的保护措施的情况下使用囚犯并没有被国际宣言明令禁止，但双方的论证都是有说服力的，这类有分歧的伦理评价不能为国际建议提供基础。但是，如果允许将囚犯作为研究受试者的地区，可能有必要提供独立监督这类研究的特别规则。"[②] 这样，在 *CIOMS*（1982）的准则部分就没有提及"涉及囚犯的研究"。

在 *CIOMS*（1993）的准则7中，对囚犯参与研究进行了规定："不应武断地拒绝患有严重疾病或面临严重疾病风险的囚犯接受有治疗或预防可能的研究性的药物、疫苗或其他药剂。"这条准则是新增的内容。也是准则涉足的一个有争议的领域。原有的关于是否允许囚犯参加人体试验的争论依旧没有达成共识，*CIOMS*（1993）是从人体试验能为受试者带来利益的角度提出"遭受或有诸如 HIV 感染、癌症、肺炎等严重疾病危险的囚犯不应被剥夺从在研药物、疫苗或设施中获得可能的利益，尤其是当没有更好的或相同的产品时（准则7的评注）"。

[①] Council for International Organization of Medical Sciences. "Proposed International Guidelines for Biomedical Research Involving Human Subjects". *Geneva*：*CIOMS*, pp. 12 – 13.

[②] Ibid. , p. 13.

CIOMS（1993）将囚犯参与的研究限定在有"严重疾病"且"在研药物、疫苗或制剂"有"治疗或预防可能性"的研究中，对其他情形 *CIOMS*（1993）并没有表明自己的立场。

准则7不能被解读为 *CIOMS*（1993）支持让囚犯成为受试者的立场。在准则7的评注中，*CIOMS*（1993）提出："准则7不是试图支持囚犯成为研究受试者。允许囚犯志愿参加生物医学研究只被少数几个国家允许，而且在这些国家中也充满争议（准则7的评注）。"准则7可以看作是对"公正原则"的具体应用。依据 *CIOMS*（1993）在"基本原则"部分的内容"分配公正要求公平地分配参与研究的负担和利益。负担和利益分配上的差别只有当这是基于人与人之间存在着与道德有关的区别时，其合理性才能得到论证"。

虽然不支持囚犯成为受试者，但允许囚犯使用在研药物，*CIOMS*（1993）给出的解释是：这与《赫尔辛基宣言》（Ⅱ.1条款）[①]一致，《赫尔辛基宣言》（Ⅱ.1条款）说"在治疗病人时，如果依据医生的判断，新的治疗手段可能会挽救生命、恢复健康或减轻痛苦时，他/她应当可以自由地选择新的诊断和治疗措施"。这样，让囚犯使用在研药物是在医疗的情境下，从人道主义和作为病人的囚犯的人权出发，将在研药物作为治疗措施给予病人的。

10) 对准则5—准则7的总结

这三条准则都是关于脆弱人群的知情同意的。脆弱人群的知情同意是 *CIOMS*（1982）"知情同意"主题下准则条目数最多的内容，在 *CIOMS*（1993）中其条目数减少的同时，是脆弱人群所包含的内容的变化（表3—17）。

CIOMS（1982）中被列入脆弱人群范畴的人包括知情同意的能力（智力能力和理解能力）受到限制的儿童和精神疾病患者、独立性受到限制的人群、孕妇和哺乳期妇女。而 *CIOMS*（1993）中被列入脆弱人群范畴的人群包括知情同意的能力受到限制的人群（不满足知情同意的"理解"要素的要求）、不自由和处在等级组织的低级和从属地位的人群（不满足知情同意的"自愿"要素的要求）和获得社会救助的人员、穷人、失业者等（不能保护自己的权利和福利）。这样，*CIOMS*（1993）将

[①] 这里所说的《赫尔辛基宣言》指的是《赫尔辛基宣言》（1989）。

在 CIOMS（1982）中被归入脆弱人群之列的孕妇和哺乳期妇女排除出去，并增加了不自由的人群和获得社会救助的人员、穷人、失业者等。与此相对应的是"脆弱人群的知情同意"主题下包含的准则的变化。

表3—17　CIOMS（1982）与 CIOMS（1993）中对脆弱人群包含的内容①的比较

CIOMS（1982）	CIOMS（1993）
智力能力和领悟能力受到限制，从而不能给出有效同意的人群，包括儿童和精神疾病患者（例如精神分裂、严重抑郁和精神缺陷人群）。	在传统上被认为脆弱的人是同意所需的能力受限或自由受限的人群，具体包括儿童、精神或行为疾患导致无能力给出知情同意的人，以及囚犯。
孕妇和哺乳期妇女，这类人群被列入脆弱人群的范围是因为在这类人群身上进行的试验可能会给胎儿或婴儿带来伤害。	在等级组织中处于低级或从属地位的人员，包括医学和护理学专业的学生、附属医院和实验室人员、制药公司的雇员、军队或警察人员。这些人的同意容易受到不正当的影响。
处在等级组织下层的人员，由于与研究者有依赖或从属关系而使其独立性受到限制，从而可能受到对"偶然利益的期望"而同意参与研究的人群（例如医学和护理学的学生、实验室和医院的下属人员、制药公司雇员、军人等）。	疗养院的居民、接受福利或社会帮助的人、其他穷人和失业者、急诊室的病人、异教徒和少数民族、无家可归者、流浪者、难民和患不治之症的病人。这些人具有脆弱人群的特征，需要考虑对他们的权利和福利的保护。

从上述对脆弱人群的知情同意主题下 CIOMS（1982）与 CIOMS（1993）准则的比较可以看到，CIOMS（1993）的准则5（儿童参与的研究）分别保留了 CIOMS（1982）中"儿童"（第6—9条）和"精神疾患和精神缺陷的人"（第11—12条）的内容，提出这类人（以 X 代表）参与研究的条件是"为了 X，只能在 X 身上进行，获得代理同意"。CIOMS（1993）在此基础上增加了尊重 X 本人意愿和风险/受益比分析的内容。CIOMS（1993）的准则7（涉及囚犯的研究）并没有出现在 CIOMS（1982）的准则部分，而是在"概述"部分被提及。CIOMS（1993）为"涉及囚犯的研究"制定专门的准则是20世纪90年代以后，人们将人体试验看作是有利于受试者，是一种利益的观点相呼应。

11）准则8：涉及不发达社区人群的研究

与 CIOMS（1982）相比，CIOMS（1993）对涉及不发达社区的人

---

① 依据 CIOMS（1982）准则6—13 和 CIOMS（1993）对准则10的评注：总的考虑和对准则10的评注：其他脆弱社会人群整理。

群的研究的规定见表3—18。

表3—18　*CIOMS*（1982）与*CIOMS*（1993）对涉及不发达社区的
人群的研究的规定的比较

CIOMS（1982）	*CIOMS*（1993）
14. 发展中国家偏远社区的人们可能不熟悉实验医学的概念和技术。在这些社区中，那些在不发达社区流行的疾病恰恰造成了严重的疾病、残疾和死亡的代价。这类疾病的预防和治疗是迫切需要的，最终只能在这些处在危险之中的社区进行。 15. 当社区的成员不具备对参加试验的含义的必要理解以至于不能直接向研究者给出充分的知情同意时，值得做的是以一位值得信赖的社区领袖作为中间人，从他那里获得参加或不参加的决定。这位中间人应当清楚，参加是完全自愿的，任何参加者有权随时放弃或撤出研究。	8. 无论是在发达国家还是在发展中国家，在进行涉及不发达社区受试者的研究之前，研究者必须确保： ——除非该研究不能合理地在发达社区进行，不发达社区的人们通常不应包括在研究中； ——研究是为了针对该社区的健康需求和优先需求； ——尽一切努力确保伦理责任／义务，即每位受试者的同意是知情的；并且 ——研究方案已经被伦理审查委员会审查和批准，该委员会包括完全熟悉该社区文化和传统的成员或顾问。

从表3—18可以看出，*CIOMS*（1982）关注的是不发达社区人员的知情同意问题，提出的是在不发达社区进行研究的必要性和社区领袖的同意。而在*CIOMS*（1993）中，首要关注的是避免剥削的问题。*CIOMS*（1993）提出的不发达社区容易受剥削的原因包括：

其一，受试者是文盲，不熟悉研究者的医学概念，或所生活的社区对知情同意的程序不熟悉，或该程序与社区的风俗背道而驰，这些因素使受试者无能力给出知情同意；

其二，在大多数发展中国家缺乏良好的规范或伦理审查委员会；

其三，在发展中国家实施为在发达国家上市的药物或产品的研究会比在发达国家进行便宜。

这样，一方面是受试者缺乏知情同意的能力，另一方面是研究者有降低费用和逃避监管的实际便利，这就使得不发达社区的人群容易受到剥削。鉴于此，*CIOMS*（1993）提出，"除非该研究不能合理地在发达社区进行，不发达社区的人们通常不应包括在研究中。"（准则8）而不发达社区的人群可以参加研究的条件是"研究是为了针对该社区的健康需求和优先需求"。这项要求也是*CIOMS*（1982）提出的脆弱人群参试验的规定：

试验是为了脆弱人群 X 特有的疾病；

试验不能在（非 X 的）Y 身上同样好地进行。

在这里 X 是不发达社区的受试者，Y 是发达社区的受试者。条件"为了 X"指对 X 的卫生保健需求负责，对 X 的优先性负责。对"优先性"负责指的是"该研究不应耗尽该社区通常情况下为它的成员提供卫生保健所需的资源。如果要开发某个产品，例如一个新的治疗性的药物，研究者、资助者、合作国家的代表和社区领袖应当清晰理解社区的期望，以及研究过程中和结束之后能否提供该产品。在研究开始前就应获得上述理解，以确保研究真的是对该社区的优先性负责"（准则 8 的评注）。

上述对"优先性"负责是讲研究不影响不发达社区原有的公共卫生资源分配。在准则 8 的评注中还涉及到研究后利益分配的话题——这个话题在十几年后成为激烈争议的话题。评注中提出："作为一般规则，资助机构应当确保在成功试验完成之后，开发出的任何产品都应当让研究进行的不发达社区的居民合理可得，而且在研究开始前得到有关各方的同意。"

这一时期的《赫尔辛基宣言》，无论是《赫尔辛基宣言》（1983）、《赫尔辛基宣言》（1989）还是《赫尔辛基宣言》（1996）都没有涉及这个议题。事实是，在 2000 年的《赫尔辛基宣言》中首次引入研究后利益分配的规定。卫生保健需求是 X 的自然需求，而优先性负责则涉及到卫生资源分配的社会公正问题。"作为一般任务，资助机构应确保在测试成功完成之后，所开发的任何产品在研究进行的不发达社区的居民是合理可得的；对这项普遍要求的例外在研究开始前就应进行合理性论证，并且被有关各方同意。"（准则 8 评注：研究的性质）

作为对上述原则的应用，评注中提出："I 期药物研究和 I 期、III 期疫苗试验应该只在资助者所在国的发达社区中进行。III 期疫苗试验和 II 期、III 期药物试验应在东道国和资助国同时进行；除非所有研究的药物或疫苗是为了治疗或预防在资助国很少或几乎不出现的疾病。"

在不发达社区进行的研究中，*CIOMS*（1993）在原来 *CIOMS*（1982）准则提出的社区领袖知情同意的基础上，增加了对伦理审查委员会成员的规定。新的规定要求："研究方案（在实施前）已经被伦理审查委员会审查和批准,该委员会的成员中必须有完全理解该社区的风俗和传统的成员或咨询顾问。"在伦理审查委员会中加入熟悉当地风俗和传统的成员的目的是帮助"委员会评估获取知情同意的手段以尊重未来受试者的权利"(准则8的评注:伦理审查)。这条规定与准则3和准则4提出的避免以不正当影响或引诱的方式获得未来受试者的知情同意相呼应,研究是由这些熟悉当地风俗、传统的成员确定某些物质利益在有礼尚往来传统的社区中是否构成引诱,为受试者提供属于隐私或敏感的个人信息的保护等。此外,"在某些发展中国家和社区,特殊的文化与社会环境可能成为信息交流与理解的障碍。"[①]

12)准则9:流行病学研究中的知情同意

对许多类型的流行病学研究而言,个人的知情同意要么不现实,要么不可取。在这种情况下,伦理审查委员会应当决定在未获得个人的知情同意的情况下进行研究在伦理上是否可以接受,研究者保护受试者的安全、尊重他们的隐私和数据保密的计划是否充分。CIOMS(1993)规定的流行病研究中免除知情同意的条件见表3—19:

表3—19 CIOMS(1993)中流行病研究中免除知情同意的规定[②]

免除知情同意的条件	受试者的权利及其保护
研究针对整个社区而不是个体受试者	个体可以拒绝提供个人数据
研究中将受试者作为人群中的成员	受试者的安全和数据保密
研究使用的是公开可得的信息	个人敏感信息不被泄露
某些社会行为研究中,若实施知情同意程序则会影响研究目的	数据保密,合理的研究的风险/受益比

CIOMS(1993)也特别提出在流行病学研究中要参考国际医学科学理事会制定的《流行病学研究中伦理审查的国际指南》(*International Guidelines for Ethical Review of Epidemiological Studies*)。

13)对CIOMS(1993)有关知情同意规定的总结

与CIOMS(1982)相比,CIOMS(1993)对于知情同意条款的变

[①] 陈元方、邱仁宗:《生物医学研究伦理学》,中国协和医科大学出版社2003年版,第14页。

[②] 依据CIOMS(1993)准则9的评注整理。

化见图 3—4、图 3—5、图 3—6。

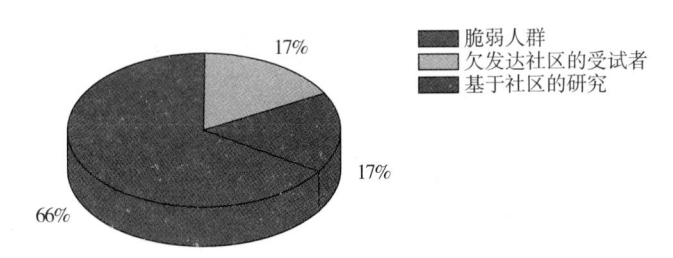

图 3—4 *CIOMS*（1982）知情同意主题下

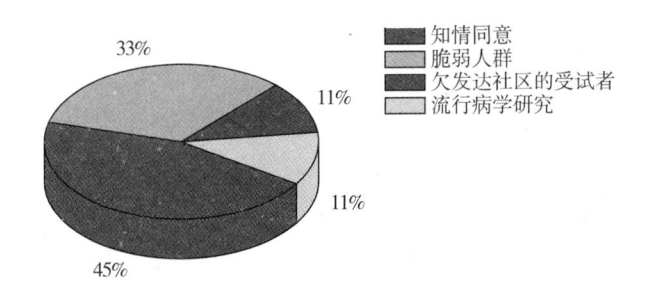

图 3—5 *CIOMS*（1993）知情同意主题下

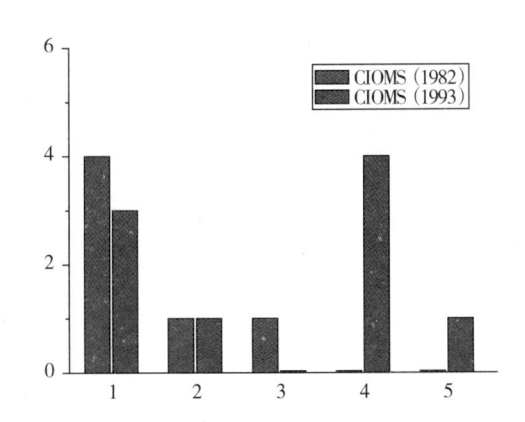

图 3—6 *CIOMS*（1982）与 *CIOMS*（1993）对于知情同意主题下准则条目数的比较
1. 脆弱人群；2. 欠发达社区的受试者；3. 基于社区的研究；4. 知情同意；5. 流行病学研究

从 1982 年到 1993 年，*CIOMS* "知情同意" 主题下所包含的内容中，条目数最多的内容由 "脆弱人群的知情同意" 转变为 "知情同意"。"知情同意"所包含的四个准则中，除了"知情同意中研究者的义务"的内容，其余三个准则的部分内容都在 *CIOMS*（1982）的"建议的准则"部分或"概述"部分被提及。在此基础上，*CIOMS*（1993）还对这三个准则的内容进行了补充，增加了充分的知情同意的标准、免除知情同意的条件、知情同意中应告知受试者的信息、避免诱导等确保知情同意质量的内容。"脆弱人群"所包含的准则随着 *CIOMS*（1993）对"脆弱人群"定义的不同，而将 *CIOMS*（1982）中的有关妇女的知情同意的准则排除出去，而保留了儿童、精神和行为疾患的人参与研究的准则，同时被保留下来的是对这类脆弱人群参与研究的限制条件，增加的是尊重受试者本人的意愿和进行风险/受益比分析的内容。在"脆弱人群"部分增加了"涉及囚犯的研究"的准则，这条准则涉及的是富有争议的并在 *CIOMS*（1982）中未出现的内容，这种改变与当时人们对人体试验的态度发生转变，将人体试验看作是利益而不仅仅是风险的观点，强调公正分配利益的思想相呼应。与此同时发生变化的是，同样是涉及不发达社区的受试者的研究，*CIOMS*（1993）也改变了 *CIOMS*（1982）关注"知情同意"转变为关注"公正"，提出研究针对健康需求和优先性的规定，并在对准则3的评注中首次触及了同时期的《赫尔辛基宣言》（1989年）没有涉及的研究后利益分配的问题。

14）受试者选择

同 *CIOMS*（1982）相比，这个主题是 *CIOMS*（1993）中新出现的主题，由"负担和利益的公平分配"和"选择孕妇或哺乳期妇女作为研究受试者"两条准则组成。其中准则10是新增的准则，准则11是原来 *CIOMS*（1982）主题"受试者的同意"下的内容。

15）准则10：负担和利益的公平分配

CIOMS（1993）规定：研究受试者个人或社区的选择应该使研究的负担和利益能够公平分配。如要征募脆弱人群参与研究必须有特别的合理性论证，他们一旦被选中，必须特别地采取保护他们权利和福利的严格措施。

从前文已经看到，被 *CIOMS*（1993）归为脆弱人群的人群包括知情同意的能力受到限制而不满足知情同意的"理解"要素的要求、不自由和处在等级组织的低级和从属地位的人群而不满足知情同意的"自愿"要素的要求和获得社会救助的人员、穷人和失业者这些不能保护自己的权利和福利的弱势人群。在对准则 10 的评注中，为这类人群参与研究给出了如下的伦理规定。

对于他们参与研究的伦理学论证通常要求研究者在以下几方面满足伦理审查委员会的规定：
——该研究不能在非脆弱人群的受试者中同样好地进行；
——该研究的目的是获得能改进疾病或其他健康问题的诊断、预防、治疗方面的知识，这些问题是脆弱人群所特有的或唯一具有的，包括受试者个人或脆弱阶层中处境相似的其他成员；
——对研究受试者和其所属的脆弱阶层的其他成员，通常应保证他们合理地得到作为研究成果的诊断、预防、治疗产品；
——研究的目的如果不是有利于受试者个人，则其风险应是最小的，除非伦理审查委员会授权允许稍微超过最小风险；并且
——当未来受试者无能为力或因其他原因实际上无知情同意能力时，他们的同意应以其法定监护人或其他正式授权的代表的代理同意作为补充。

在准则 10 的评注中还特别提到了感染 HIV 或有染上 HIV 风险的人群的保护。这部分人群不能归为由于同意能力受限制而界定的脆弱人类的范围之中，从而受到特别保护。但由于 HIV 的致命性、感染性应使这部分人群在当地医学伦理实践中受到特别的关注。

16）准则 11：选择孕妇或哺乳期妇女作为研究受试者

CIOMS（1993）规定：孕妇或哺乳期妇女在任何情况下都不应成为非临床研究的受试者，除非研究带来的风险不超过给胎儿或乳儿的最小风险，并且研究目的是为了获得与妊娠或哺乳有关的知识。作为一般规则，孕妇或哺乳期妇女不应成为任何临床研究的受试者，除非所设计的试验是为了保护或促进孕妇或哺乳期妇女或胎儿或乳儿的健康，并且非孕妇或非哺乳期妇女不适合成为受试者。

准则 11 规定了孕妇或哺乳期妇女作为研究受试者必须满足的前提条件，它是在 *CIOMS*（1982）"建议的准则"的"受试者的同意"主题

下的"孕妇和哺乳期妇女"的基础上修订而成的。这两者的比较见表3—20。

表3—20 *CIOMS*（1982）与 *CIOMS*（1993）中孕妇、哺乳期妇女
参加非治疗性研究①满足的条件的规定的比较

CIOMS（1982）	*CIOMS*（1993）
参加非治疗性研究： 研究是为了获得与妊娠或哺乳相关的知识	参加非治疗性研究： 给胎儿或接受哺乳的婴儿带来的风险不超过最小风险； 并且，研究是为了获得与妊娠或哺乳相关的知识
参加治疗性研究： 不伤害胎儿或婴儿的情况下促进母亲的健康； 提高胎儿的生存能力； 或，帮助婴儿的健康成长； 或，提高母亲充分的哺育能力	参加治疗性研究： 研究是为了保护或促进孕妇、哺乳期妇女或胎儿或正在哺乳的婴儿的健康； 并且，未怀孕的或未哺乳的妇女不是合适的受试者

从表3—20可知，孕妇、哺乳期妇女参加非治疗性研究满足的条件的规定分为非治疗性研究和治疗性研究两类。对非治疗性研究，与 *CIOMS*（1982）相比，*CIOMS*（1993）除保留了研究目的方面的规定，还增加了研究风险上的限制条件。对治疗性研究，*CIOMS*（1993）增加的限制条件是研究的不可替代性，也就是该研究不能在未怀孕或哺乳的妇女身上进行。

CIOMS（1993）准则11的评注中，给出了孕妇和哺乳期妇女参加临床研究的伦理论证。

  她们参加这类临床研究的伦理论证是，孕妇和哺乳期妇女参与为实现她们或她们的胎儿或婴儿的健康需要的研究对她们是有益的。而将妇女排除在这些研究中是不正当的，因为这剥夺了妇女从试验中获得新知识的利益，蔑视了她们自我决定的权利。只有当有证据或怀疑某种药物或疫苗会导致突变或致畸时，将这些妇女排除

---

① *CIOMS*（1982）将研究分为两类：治疗性研究（therapeutic research）和非治疗性研究（non-therapeutic research）。而 *CIOMS*（1993）将研究分为临床研究（clinical trial）和非临床研究（non-clinical trial）这两类。

在研究之外才是正当的。

由此，可以看到 CIOMS（1993）将孕妇和哺乳期妇女参加临床研究的伦理论证建立在"有利"和"自主"——自我决定的原则基础之上[①]。

同时，CIOMS（1993）关注了妇女参与研究与文化的关系。虽然妇女参与研究不在免除知情同意之列，但是在有些文化里，妇女行使自我决定的权利并作出有效的知情同意并不被认可。CIOMS（1993）规定是，在这样的文化背景下，通常不应该将妇女包括在试验中。但当妇女有严重的疾病或这些疾病有恶化的可能时，不应当剥夺她们接受研究性治疗的机会，即使她们不能自己同意，应努力让妇女知道这些机会并邀请她们决定是否与愿意接受在研疗法，即使正式的同意必须从另一个人那里获得。

与文化差异造成的不同文化背景下妇女参与试验的权利是否可以实现相关的是"终止妊娠的研究"。这个领域的研究与宗教信仰、文化传统和国家法律有关，CIOMS（1993）沿袭 CIOMS（1982）的立场，即不对这个领域的研究提供准则。

17）数据保密

CIOMS（1993）关于数据保密的规定体现在准则 12 中。与 CIOMS（1982）中对于数据保密的规定的比较见表 3—21。

表3—21　CIOMS（1982）与 CIOMS（1993）对于数据保密的规定的比较

CIOMS（1982）	CIOMS（1993）
33. 研究可能涉及搜集和保存与每个人相关的数据，这些数据如果泄露给第三方，可能会造成伤害或痛苦。因此，应当由研究者做出安排以保护这类数据的保密性，例如省略可能导致每个受试者身份被确认的信息，限制接触这些数据，或其他合适的方法。	12. 研究者必须建立对受试者研究数据保密的可靠保护措施。受试者应被告知研究者维护保密性的能力受到的限制，以及违反保密预期造成的后果。

值得一提的是，与 CIOMS（1982）相比，CIOMS（1993）为数据保密做伦理辩护的理由由避免伤害转变为个人权利——保护个人完整性

---

① 缺省设置：符合伦理的研究必须满足的条件是受试者的自主、有利。

的权利（见表3—22）。

表3—22　　*CIOMS*（1982）与 *CIOMS*（1993）中对数据保密的
伦理辩护的论证的比较

CIOMS（1982）	*CIOMS*（1993）
33. 这些数据如果泄露给第三方，可能会造成伤害或痛苦。	应当尊重受试者保护个人完整性的权利→应当尊重隐私→数据保密［对准则12的评注］。

同时，*CIOMS*（1993）的数据保密条款相比 *CIOMS*（1982）增加了"告知受试者数据保密能力的局限性和泄密后可预期的结果"的内容。在准则12的评注中列举了研究者对受试者数据保密受到限制的情况：一些国家的药物监管部门或研究的资助者要求向他们递交数据；被要求向公共卫生权威报告疾病，或向某些机构报告滥用或忽视儿童的证据。对于研究者保密能力受到限制的情况，准则提出应向未来受试者披露这些信息。

从上述分析可以看到，从 *CIOMS*（1982）到 *CIOMS*（1993），"数据保密"主题下的准则的数量保持不变，其规定从要求研究者采取措施进行数据保密，扩展为研究者的保密义务和告知受试者的义务。

2. 受试者因偶然伤害而得到的赔偿

CIOMS（1993）关于对受试者赔偿的权利的规定体现在准则13及其评注中，和 *CIOMS*（1982）的比较见表3—23。

从表3—23可以看到，*CIOMS*（1993）的准则13及对准则13的评注保留了 *CIOMS*（1982）中"伤害赔偿"的内容，即伤害是偶然的，受试者获得伤害赔偿的权利和该权利不得放弃。与 *CIOMS*（1982）最明显的区别是，在 *CIOMS*（1993）中提出了受试者遭受伤害但免于获得赔偿的情况[①]："通常不向那些从研究性的治疗或其他诊断或治疗的程序中受到可预期的或可预见的副反应的研究中受到伤害的受试者提供赔偿"（对准则13的评注）。*CIOMS*（1993）给出的解释是这些反应与医学实践中出现的反应没什么不同。在药物测试的早期，很难确定某个

---

① 缺省配置：受试者获得赔偿伦理审查委员会决定：在药物测试的早期，很难确定某个程序是为研究还是治疗目的，由伦理审查委员会事先决定哪些伤害是可以获得赔偿的，哪些不可以。

程序是为研究还是治疗目的，CIOMS（1993）提出，由伦理审查委员会事先决定哪些伤害是可以获得赔偿的，哪些不可以。

表3—23　CIOMS（1982）与CIOMS（1993）中对受试者赔偿的权利的规定的比较

CIOMS（1982）	CIOMS（1993）
30. 受试者自愿参与治疗或非治疗研究的伤害、造成暂时或永久残疾，甚至是死亡的报道是非常少见的。事实是，医学研究中的人类受试者通常会处在特别好的情境中，这是因为他们处在非常合格的研究者的密切和持久的观察中，这些研究者对不利的反应的早期征兆是敏感的。在常规的医学实践中这样的条件出现的机会很少。 31. 但是，任何一位医学研究中的志愿受试者由于参与而受到伤害的，都有权利获得经济或其他帮助以充分补偿任何暂时或永久的残疾。在死亡的情况下，受赡养者/被抚养者应当有资格获得合适的物质补偿。 32. 试验的受试者在给出他们参与研究的同意时，不应当被要求在意外事故中放弃获得赔偿的权利；由公共或私人基金资助的防范风险的系统的支持在增加，受伤害的一方只需要表明在研究和伤害之间存在因果关系。由制药企业资助的研究，制药企业自身在意外事故中应承担责任。这一点在外部资助的研究中尤其必要，尤其是当受试者未得到社会保险措施时。	偶然伤害：纯粹为了实现研究目的而实施的程序所引起的偶然伤害很少会出现死亡，或永久或暂时的损伤或丧失能力。死亡、损伤或丧失能力更有可能来自研究性的诊断、预防或治疗措施。但是，一般来说，在正确设计、实施和批准的研究中出现死亡或严重的丧失能力的可能性小于相似情况下常规医疗的标准治疗。通常，由于研究中的受试者受到合格的研究者的密切和持续的观察，他们会处在特别好的环境中。这些研究者能敏锐地发现不良反应的最早信号。这种好的情况在医学实践中出现的机会很少。 [对准则13的评注] 13. 研究受试者如因参与研究而受到伤害时，有权得到经济或其他方面的援助，以公平地补偿任何暂时的或永久的损伤或丧失能力。如果由于参与研究而死亡，他们所抚养的人有权得到物质赔偿。赔偿的权利不应该被放弃。 公平赔偿：受试者因为纯研究目的所进行的操作引起严重的身体伤害时，应该得到赔偿。公正要求每位生物医学研究的受试者自动获得对这类伤害的公平赔偿的权利。当受试者因为预期或预见的对研究性的治疗或其他诊断或预防疾病的措施的不良反应而受到伤害时，通常不提供赔偿。这种反应在类别上同医疗实践中出现的反应没什么不同。在药物试验早期，当不清楚某个操作基本上是为研究还是为治疗目的时，伦理审查委员会应事先确定哪些伤害受试者应得到赔偿，哪些伤害受试者不应得到赔偿。作为知情同意的一部分，未来受试者应被告知审查委员会的决定。 受试者不应被要求放弃赔偿权利……知情同意程序不应该含有任何关于在发生意外时免除知情同意责任的文字，或暗示受试者将放弃他们的合法权利，包括为所受伤害获得赔偿的权利的文字。 在一些地区内，为偶然伤害获得赔偿的权利并未得到承认。因此，当研究受试者给出参加的知情同意时，他们应被告知是否有对身体伤害的赔偿，以及在什么样的情况下，他们或他们的被抚养人将会得到赔偿。 资助者支付赔偿的义务：资助者，无论是制药企业、政府或机构，在研究开始前应该协议为受试者有权获得赔偿的任何身体伤害提供赔偿。建议资助者寻求足够的风险保险来支付赔偿，不管是否证明有错。 [对准则13的评注]

另外，*CIOMS*（1993）做出了受试者获得赔偿的伦理论证，即"公正要求每位生物医学受试者自动获得被赋予任何此类伤害的公平补偿"[对准则13的评注]，这是相对于*CIOMS*（1982）新增加的内容。

对于赔偿人的认定，*CIOMS*（1993）规定：资助者（无论是制药公司、政府或机构），在研究开始前应同意赔偿受试者遭受的任何身体伤害。这相对于*CIOMS*（1982）中仅仅规定"制药公司资助的研究，制药公司自身应承担伤害的赔偿责任"，更为细致与广泛。

3. 伦理审查委员会

CIOMS（1993）的准则14及对准则14的评注规定了伦理审查委员会的组成和责任等问题。

1）对准则14的评注——一般考虑

这是*CIOMS*（1993）对伦理审查委员会的一般性描述，也规定了社会对人体试验中人类受试者的义务。它与*CIOMS*（1982）的第18条内容相同（表3—24）。

表3—24　　*CIOMS*（1982）与*CIOMS*（1993）中规定的社会对人类受试者的义务的规定的比较

CIOMS（1982）	*CIOMS*（1993）
18. 涉及人类受试者的研究的审查的规定受行政机构、医学实践和研究组织以及医学研究者的自主性程度的影响。但是，无论在何种情况下，社会有双重义务确保： ——所有在人类受试者身上进行的药物和器械的研究符合充分的安全标准。 ——《赫尔辛基Ⅱ》的条款应用于所有涉及人类受试者的生物医学研究。	对准则14的评注——一般考虑 但是，无论在何种情况下，社会有双重义务确保： ——所有在人类受试者身上进行的药物和器械的研究符合充分的安全标准。 ——《赫尔辛基Ⅱ》的条款应用于所有涉及人类受试者的生物医学研究。

2）对准则14的评注——安全性评估

伦理审查委员会有义务对医学实验方案进行安全性评估。*CIOMS*（1993）对安全性评估的条款与*CIOMS*（1982）的比较见表3—25。

表 3—25　　CIOMS（1982）与 CIOMS（1993）对安全性评估的规定的比较

CIOMS（1982）	CIOMS（1993）
19. 评估应①用于人的新药品和器械的安全性和质量的权威，以国家层次的多学科顾问委员会的方式运作效率最高。②临床医生、临床药理学家、药理学家、毒理学家、病理学家、药剂师和统计学家对提供这些评估有重要贡献。③目前，许多国家缺乏被一些高度发达的国家当作是强制的程序和标准进行独立的技术数据评估的资源。短期来看，提高他们此项能力有赖于相关信息在国际范围内更有效的交流。	对准则 14 的评注——安全性评估 　　安全性评估：评估①应用于人的新药品和疫苗的安全性和质量的权威，以多学科咨询委员会的方式运作效率最高。②在许多情况下，这类委员会在国家层次运作最好；在另一些情况下，在地区或地方层次运作最有效率。③临床医生、临床药理学家、药理学家、微生物学家、流行病学家、统计学家和其他专家对提供这类评估有重要贡献。③许多国家缺乏被一些高度发达的国家当作是强制的程序和标准以进行独立的技术数据评估的资源。短期来看，这方面的提高有赖于相关信息在国际范围内更有效的交流。

将表 3—25 的描述进行分类整理，可得更加明了的表 3—26：

表 3—26　　整理后的对安全性评估的规定的比较

	CIOMS（1982）	CIOMS（1993）
评估委员会的评估对象	新药品和器械	新药品和疫苗
评估委员会的最优运作方式	以国家层次的多学科的顾问委员会方式运作	多学科的顾问委员会 依据具体情况确定在国家层次或地区层次运作
评估委员会的人员组成	临床医生、临床药理学家、药理学家、毒理学家、病理学家、药剂师和统计学家	临床医生、临床药理学家、药理学家、微生物学家、流行病学家、统计学家和其他专家

从表 3—25、表 3—26 可以看到，CIOMS（1993）在对准则 14 的评注：安全性评估中保留了 CIOMS（1982）中安全性评估（第 19 条）中关于评估委员会以多学科顾问委员会的运作方式、多学科专家作为委员会成员以及加强国际信息交流的内容。但在委员会运作方式的选择上进行了修改，提出依据具体分析的原则进行选择而不是单纯的"国家层次"。所列举的委员会成员中增加了 CIOMS（1982）没有提及的微生物学家和流行病学家，删除了毒理学家，这种列举的变化与这一时期出现大量的针对 HIV 流行的疫苗、药物等的研究相呼应。

3）对准则 14 的评注——伦理审查委员会和对 *CIOMS*（1993）准则 14 的评注——科学审查

这是对伦理审查的主要内容：科学审查和伦理审查的规定。*CIOMS*（1993）与 *CIOMS*（1982）规定的比较见表 3—27。

表 3—27　　*CIOMS*（1982）与 *CIOMS*（1993）**中科学审查和伦理审查内容的比较**

CIOMS（1982）	*CIOMS*（1993）	比较
20. 在科学审查和伦理审查之间不可能划出一条清晰的界限，这是因为在科学上不合理的人体试验，是不合伦理的，因为它使受试者毫无意义地暴露在风险或不适中。因此，伦理审查委员会通常会考虑科学和伦理两个方面。伦理审查委员会确认研究申请书科学合理后，才可以考虑申请书中的给受试者带来的任何已知的或可能的风险能否被预期的利益论证为正当的。最后，再考查知情同意的计划程序是否得到满足。	对准则 14 的评注——伦理审查委员会 科学审查和伦理审查不能截然分开：科学上不合理的人体试验本身就是不合伦理的，因为它使受试者毫无意义地暴露在风险或不适中。因此，伦理审查委员会通常会考虑研究申请书的科学和伦理两个方面的内容。 对准则 14 的评注——科学审查 《赫尔辛基宣言》I.1 要求："包括人类受试者的生物医学研究必须遵守普遍接受的科学原则，应当建立在充分的实验室研究和动物研究以及对科学文献的完全了解的基础之上。"① 有能力审查和批准临床方案的科学方面的委员会必须是多学科的，就像前文在安全性评估中提到的。在许多情况下，这类委员会在国家层次运作最有效率。国家伦理审查委员会在许多方面优于地方委员会。首先，将必要的专家经验合并在一个组里有助于其成员加深该领域的知识，因而会提高审查的质量和实用性。其次，国家委员会对该国所有研究申请书的认识促进了另一项基本功能，即选择那些最有可能实现国家卫生研究目标的研究方案。② 伦理审查委员会认为研究申请书科学合理，或确认一个胜任的专家组已经确认如此后，才可以考虑给受试者带来的任何已知或可能的风险可以被预期的利益论证为正当（并且，实施研究的方法是否能使风险最小化、利益最大化）。最后再审查申请书中的获得知情同意的程序是否令人满意，所计划的选择受试者的程序是否是公正的。③	①、②、③为新增的内容。其中②的内容是科学审查委员会的人员组成和运作方式。③增加了伦理审查的内容：受试者选择的公正审查。

从表 3—27 可以看到，*CIOMS*（1982）第 20 条被扩展为对 *CIOMS*（1993）准则 14 的评注——伦理审查委员会和对 *CIOMS*（1993）准则 14 的评注——科学审查。上述对准则 14 的评注保留了 *CIOMS*（1982）第 20 条"科学审查与伦理审查不可分割"、从科学审查→风险、利益审查→知情同意审查的审查流程的内容。*CIOMS*（1993）所增加的内容是

科学审查的依据（遵守科学原则、建立在实验室研究和动物研究基础上、对科学文献的充分了解），科学审查委员会人员组成（多学科）和运作方式（多数情况下在国家层次运作最有效率）。在审查流程了中补充了受试者选择公正的审查，这样审查流程就成为：科学审查→风险、利益审查→知情同意审查→受试者选择公正的审查。

4）对准则14的评注——全国性或地方性伦理审查

在这一条评注中，规定了伦理审查委员会的组建和责任。*CIOMS*（1993）的规定与*CIOMS*（1982）的规定的比较见表3—28。

表3—28　*CIOMS*（1982）与*CIOMS*（1993）中对全国性或地方性伦理审查内容规定的比较

CIOMS（1982）	*CIOMS*（1993）
21. 在高度集中的行政机构中，国家伦理审查委员会可以组建起来从科学和伦理立场对研究方案进行审查。在医学研究不是中央领导的国家，在地方或地区层面从伦理角度对方案进行审查更有效率和便利。当地起作用的伦理审查委员会的基本责任是双重的： ——证实建议中的所有干预措施，特别是研发中的药物的使用，已经被有能力的专家组评估为在人类受试者身上具有可接受的安全性。 ——确保试验方案中所涉及的所有其他伦理学问题已在原则和实践上得到满意解决。 22. 伦理审查委员会可以在全国的或地方卫生管理部门、或全国医学研究理事会或其他代表全国的医学组织的支持下建立。在地方基础运作的委员会的权限可局限在一个特定的研究机构，也可扩大到某个地理区域内的所有涉及人类受试者的生物医学研究。	对准则14的评注——全国性或地方性伦理审查 审查委员会可在全国性或地方性卫生行政机构，全国性医学研究理事会或其他全国性代表团体的支持下建立。在高度集中的行政机构中，可以组建国家性审查委员会，来进行研究方案的科学和伦理审查。在医学研究不是中央集权的国家里，在地方或地区层次从伦理视角进行方案的审查将会更有效和更方便。地方委员会的权限可局限在一个研究机构，也可扩大到某个地理区域内的所有人类受试者的生物医学研究。当地伦理审查委员会的责任是双重的： ——证实建议中的所有干预措施，特别是研发中的药物、疫苗的管理或医疗器械的使用，已经被有能力的专家组评估为在人类受试者身上具有可接受的安全性；并且 ——确保研究方案中所涉及的所有其他伦理学问题已在原则上和实践上得到满意解决。

从表3—28可以看到，*CIOMS*（1993）准则14的评注——全国性或地方性伦理审查是*CIOMS*（1982）的第21条和第22条的内容合并而成的，它完全保留了这两条的内容，也没有增加新的内容。

这部分内容规定了伦理审查委员会的组建和责任（安全审查和伦理审查）。

5）对准则14的评注——委员会成员

与*CIOMS*（1982）相比，*CIOMS*（1993）对伦理审查委员会成员

的要求有若干变化。请见表3—29。

表3—29　CIOMS（1982）与CIOMS（1993）规定的伦理审查委员会组成成员的比较

CIOMS（1982）	CIOMS（1993）
23. 地方性审查委员会，其组成应该能够对呈送给他们的研究活动提供充分和完整的审查。成员可以包括其他卫生专业人员，尤其是护士，也应包括有资格代表社区、文化和道德价值的外行。通过将与方案有直接利益关系的成员排除在参与评估之外，以保持与研究者的独立性。	对准则14的评注——委员会成员： 地方性审查委员会的组成应该有利于对呈送给他们的研究进行充分和完整的审查。成员应包括医生、科学家和其他专业人员，如护士、律师、伦理学家、书记员以及有资格代表社区文化和道德价值的外行人。成员中应包括男性和女性。经常对涉及某一特定疾病或损伤（如AIDS或截瘫）的研究进行审查的委员会，应考虑将患有这类疾病或损伤的病人纳入委员会成员或顾问的优势。同样地，审查涉及儿童、学生、老人或雇员等脆弱人群的研究的委员会，应考虑将这类人群的代表或代言人包括进委员会的优势。应定期更换一定数量的委员，以便经验方面的优势能与文化和科学演化的新观点的优势结合。为了维持与研究者的独立性和避免利益冲突，任何与研究方案有直接利益的成员都不应该参与评定。

对表3—29进行整理，梳理出四方面的内容。将这四方面内容的比较列于表3—30。

表3—30　审查委员会组成成员的四方面内容的比较

	CIOMS（1982）	CIOMS（1993）	内容比较
地方性审查委员会的成员组成标准	确保对研究进行充分和完整的审查	确保对研究进行充分和完整的审查	二者相同
地方性审查委员会的成员组成	其他卫生专业人员——护士，代表社区文化和道德价值的外行	医生、科学家和其他专业人员，如护士、律师、伦理学家、书记员以及有资格代表社区文化和道德价值的外行人，成员中应包括男性和女性	增加了列举的内容，增加了性别要求
成员的独立性要求	保持与研究者的独立性	保持与研究者的独立性和避免利益冲突	增加了避免利益冲突的要求
成员定期轮换	未规定	应定期更换一定数量的委员	新增的内容

从表3—30可以看到，CIOMS（1993）在保留 CIOMS（1982）提出的地方性伦理审查委员会的组成成员的标准、具体成员组成和成员保持独立性之外，增加了组成成员的性别要求——既有男性也有女性，同时提出了避免利益冲突的要求，提出了委员会委员应有一定的任期。

4. 对准则14的评注——需要特别严格审查的要求

对一些特定的人群为受试者的人体试验，CIOMS 规定应需要特别关注，即需要特别严格审查。CIOMS（1993）对此的规定与 CIOMS（1982）的规定的比较列于表3—31。

表3—31 CIOMS（1982）与 CIOMS（1993）规定的需要特别严格的审查要求的内容比较

CIOMS（1982）	CIOMS（1993）
24. 审查委员会的要求尤其在涉及儿童、孕妇和哺乳期妇女、精神疾病或心智残障的人、不熟悉现代临床医学概念的发展中社区的成员，和其他侵入性的非治疗性研究的研究方案尤其应当严格。	对准则14的评注——需要特别严格审查的要求： 在审查涉及儿童、孕妇和哺乳期妇女、有精神或行为疾患的人、不熟悉现代临床医学概念、其他脆弱社会人群，以及侵入性非临床研究的方案时，审查委员会的要求应当特别严格。在审查这类申请书时，审查委员会尤其应当注意研究受试者的选择既是公平（其设计使研究的负担和利益公平分配），又是使对受试者的风险最小化。

从表3—31可知，与 CIOMS（1982）相比，CIOMS（1993）规定"需要特别严格审查的人群"除了包括 CIOMS（1982）规定的儿童、孕妇和哺乳期妇女、有精神或行为疾患的人、不熟悉现代临床概念发展中社区的成员这外，还增加了"其他脆弱社会人群"。同时，也增加了审查内容的要求：公平和风险最小化审查。

5. 准则14的评注——研究者提供的信息

详细规定研究者向伦理审查委员会提供的信息，便于伦理审查委员会对医学试验进行审查。CIOMS（1993）规定的研究者向伦理审查委员会提供的信息和 CIOMS（1982）的比较见表3—32。

表 3—32　　*CIOMS*（1982）与 *CIOMS*（1993）对研究者向伦理
审查委员会提供的信息内容①的比较

CIOMS（1982）	*CIOMS*（1993）
25. 无论伦理审查所采取的程序的模式是什么，审查都应建立在详细的方案上，包括： 1）一份关于研究目的的清晰的声明，已经考虑了当前的知识状态，为在人类受试者身上进行研究的辩护。 2）精确地描述所有计划的干预措施，包括药物的剂量和治疗计划持续的时间。 3）表明招募受试者的数量的统计计划和停止研究的标准。 4）确定每位受试者进入和撤出的标准，包括知情同意持续的完整细节。 26. 也应包括如下信息，以确定： 5）每种计划的干预措施和待研究的药物或器械的安全性，包括相关的实验室和动物研究的结果。 6）参与的预期利益和潜在的风险。 7）所计划的引出知情同意的方法，在不可能得到知情同意的情况下，令人满意的保证与监护人或家庭适当的交流，每位受试者的权利和福利会被充分地保护。 8）研究者有合适的资质和经验的证据，充足的设施以安全和有效地实施研究的指令。 9）数据保密的规定。 10）其他伦理考虑的性质，包括显示《赫尔辛基Ⅱ》阐述的原则将被贯彻。	准则 14 的评注——研究者提供的信息 无论伦理审查采取什么样的程序，这类审查都应建立在详细的方案上，该方案包括： 1）一份关于研究目的的清晰的声明，已经考虑了当前的知识状态，为在人类受试者身上进行研究的辩护。 2）精确地描述所有计划的干预措施，包括药物的剂量和治疗计划持续的时间。 3）描述研究进行中撤出或停止标准治疗的计划； 4）对研究进行统计分析的计划的描述，……，尤其是结束研究的标准和表明将要招募的受试者的合适的数量； 5）每位受试者进入和撤出的标准，包括获取知情同意程序的完整细节。 6）描述任何经济的或其他形式的诱导参与的手段，例如提供现金、礼物、或免费的服务或设施，受试者承担的任何经济义务，例如为医疗服务付费；并且 7）对超过最小风险的身体伤害，如果有赔偿计划，描述对这类赔偿提供的医疗和与研究相关的残疾或死亡的赔偿。 也应包括如下信息，以确立 8）每种计划的干预措施和待研究的药物或器械的安全性，包括相关的实验室和动物研究的结果。 9）参与研究的预期利益和潜在的风险。 10）获得知情同意的计划手段，或当未来受试者不能给出知情同意时，能够令人满意的保证从适当授权的人那里获得代理同意，每位受试者的权利和福利会被充分地保护。 11）确定资助研究的组织的身份，详细描述资助者对研究机构、研究者、研究受试者和适当的时候，对该社区的经济义务； 12）告知受试者研究期间的伤害和利益以及研究结束后研究的结果的计划； 13）解释谁会参加研究、他们的年龄、性别和条件，如果有阶层被排除在研究之外，要论证将其排除的正当性； 14）对将同意的能力受到限制的人或脆弱社会人群的成员作为研究受试者进行论证； 15）研究者有合适的资质和经验的证据，充足的设施以安全和有效地实施研究的指令。 16）数据保密的规定。 17）其他伦理考虑的性质，包括显示《赫尔辛基宣言》所阐述的原则将被贯彻。

---

① 准则内的编号为本文作者所加。画横线表示增加的内容。

表 3—32 中的内容较多，现将其分类整理讨论，结果见表 3—33。

表 3—33　*CIOMS*（1982）与 *CIOMS*（1993）规定的研究者向伦理审查委员会提供的信息内容的比较研究

信息	*CIOMS*（1982）	*CIOMS*（1993）	比较
科学审查	（1）研究目的、考虑当前的知识状态、对研究进行辩护。 （2）干预措施的详细描述。	（1）研究目的、考虑当前的知识状态、对研究进行辩护。 （2）干预措施的详细描述。	相同
		（3）撤出或停止标准治疗的标准。	新增
	（3）招募受试者的数量的统计计划、停止研究的标准。	（4）招募受试者的数量的统计计划、停止研究的标准。	相同
	（5）受试者进入和撤出的标准，知情同意程序的细节。	（5）受试者进入和撤出的标准，知情同意程序的细节。	相同
安全性评估	（6）每种计划的干预措施和待研究的药物或器械的安全性，相关的实验室和动物研究的结果。	（8）每种计划的干预措施和待研究的药物或器械的安全性，相关的实验室和动物研究的结果。	相同
伦理审查		（6）诱导参与的手段、受试者承担的经济义务。 （7）伤害赔偿计划。	新增
	（7）研究的利益和风险。	（9）研究的利益和风险。	相同
	（8）获得知情同意的方法，当受试者不能给出知情同意时，与监护人或家庭适当的交流，受试者的权利和福利被保护。	（10）获得知情同意的方法，当受试者不能给出知情同意时，获得代理同意，受试者的权利和福利被保护。	相同
		（11）资助者的身份和经济义务。 （12）受试者被告知研究的伤害、利益和结果的计划。 （13）受试者选择的条件，若有阶层被排除在研究之外，论证其正当性。 （14）脆弱社会人群参与研究的论证。	新增
	（9）研究者有合适的资质和经验的证据，充足的设施以安全和有效地实施研究的指令。	（15）研究者有合适的资质和经验的证据，充足的设施以安全和有效地实施研究的指令。	相同
	（10）数据保密的规定。	（16）数据保密的规定。	相同
	（11）《赫尔辛基Ⅱ》将被贯彻。	（17）《赫尔辛基宣言》将被贯彻。	相同

从表3—33可以得知,"CIOMS(1993)准则14的评注——研究者提供的信息"保留了CIOMS(1982)"伦理审查:研究者提供的信息"主题下的第25条和第26条的内容。所提供的信息涉及科学审查、安全性评估和伦理审查共11条内容。在此基础上,"对CIOMS(1993)准则14的评注:研究者提供的信息"增加了6条内容,其中1条属于科学审查的内容。其余5条属于伦理审查的内容,涉及诱导、伤害赔偿、资助者的义务、受试者选择中的公正和受试者知情同意的内容。

6. 对CIOMS(1993)的准则14及对准则14的评注的总结

CIOMS(1993)的准则14及对准则14的评注规定了伦理审查委员会的组成和责任等问题。将其与CIOMS(1982)相关内容的比较见表3—34。

表3—34　　CIOMS(1993)准则14及其评注与CIOMS(1982)相关内容的比较

CIOMS(1993)	CIOMS(1982)	内容比较
总的考虑	审查程序:第18条	相同,提出社会有双重义务确保研究的安全性和遵守《赫尔辛基宣言》。
安全性评估	审查程序:安全性评估:第19条	无删除,保留评估委员会多学科顾问委员会的运作方式,加强国际信息交流。 改变:委员会的运作方式依照具体情况选择国家或地方层次而不单纯是国家层次。
伦理审查委员会	审查程序:伦理审查委员会:第20条	是第20条的前半部分,无删除,只做了文字修改。提出科学审查和伦理审查不可分割。
科学审查	审查程序:伦理审查委员会:第20条	是第20条的后半部分,无删除。保留了科学审查的流程的内容。增加了科学审查的依据、科学审查委员会的人员组成和运作方式的内容,在审查流程中增加了受试者选择公正审查的要求。
风险和受益		这是完全新增的内容。引用《赫尔辛基宣言》条款数目最多的评注,涉及HIV研究、疫苗和药物研究、安慰剂、随机对照试验等问题。
全国性或地方性伦理审查	审查程序:伦理审查委员会:第22条、第21条	无删除、无增加。保留了伦理审查委员会的责任的内容。

续表

CIOMS (1993)	CIOMS (1982)	内容比较
委员会成员	审查程序：伦理审查委员会：第23条	无删除，保留了地方性伦理审查委员会的组成成员的标准、具体成员组成和成员保持独立性的内容，增加了组成成员的性别要求。同时提出了避免利益冲突的要求。
需要特别严格的审查要求	审查程序：伦理审查委员会：第24条	无删除，增加所审查内容的要求。
多中心研究①		这是完全新增的内容。涉及多中心研究的研究一致性、伦理审查的内容。
制裁		这是完全新增的内容。涉及违反伦理标准的研究的制裁。
研究者提供的信息	审查程序：研究者提供的信息：第25条、第26条	无删除，保留了原有内容。同时增加了科学审查和伦理审查方面的信息。

从表3—34可以看到CIOMS（1982）"审查程序"主题下所涵盖的三个主题——安全性评估、伦理审查委员会和研究者提供的信息共9条内容全部被包括进对CIOMS（1993）准则14的评注的8个专题中（共有11个专题）。在所保留的这9条中，第18条、第21条和第22条在整合进CIOMS（1993）的评注时内容没有删除也没有增加，其余6条在被整合进准则的评注中都有所增加。这些增加的内容一类是对原有内容的具有可操作性的补充，例如第20条→"科学审查"，增加了科学审查的依据的内容。另一类是在原有内容的基础上增加了新的规定，例如第23条→"地方性伦理审查委员会成员"，增加了对成员的性别规定。除了上述继承和补充外，对准则14的评注还增加了归属于"风险和收益"、"多中心研究"、"制裁"的内容。

7. 外部资助的研究

CIOMS（1993）的准则15及对准则15的评注对有关外部资助的研究的伦理问题做出详细的规定。

---

① 多中心研究是在不同社区或国家的许多地点进行的研究。

1) 对准则 15 的评注——定义

CIOMS（1993）给出的外部资助的研究的定义为：这里所使用的外部资助的研究指在东道国进行的，但由外部的国际组织或国家依据与东道国适当的管理当局合作或协议发起、资助，有时全部或部分实施的研究。这与 *CIOMS*（1982）第 27 条中给出的定义完全相同，一字不易。

2) 准则 15：资助国和东道国的义务和对准则 15 的评注——开发治疗、诊断或预防产品的研究

CIOMS（1993）对资助国、东道国的义务的规定与 *CIOMS*（1982）中规定的比较见表 3—35。

表 3—35　　*CIOMS*（1982）与 *CIOMS*（1993）对资助国和东道国的义务的规定的比较

CIOMS（1982）	*CIOMS*（1993）
28. 这类研究意味着两种伦理义务： ——研究方案应当由发起机构提交伦理审查。所使用的伦理标准应当与在发起国进行的研究一样准确。 ——获得发起机构的伦理批准后，东道国适当的管理部门应当借助伦理审查委员会或其他机构，对研究计划是否符合他们自己的伦理要求进行审察。 当外部资助的研究是由制药企业发起或资助时，符合东道国利益的作法是要求所提交的研究申请书附有研究发起国的负责任的部门，例如卫生部门，医学或科学研究委员会或学术机构的评论。	准则 15：资助国和东道国的义务 外部资助的研究包括两项伦理义务： ——外部资助机构应依据资助机构所在国的标准呈送一份研究方案，进行伦理和科学审查，所采用的伦理标准应该和资助机构所在国的研究一样严格。 ——通过资助机构所在国的科学和伦理批准之后，东道国合适的权威，包括全国性或地方性伦理审查委员会或它的等价机构应该确保该研究建议符合东道国的伦理要求。 对准则 15 的评注：开发治疗、诊断或预防产品的研究：当外部资助的研究是由诸如制药公司这样的企业资助者发起或资助时，符合东道国利益的作法是要求所提交的研究有发起国的负责任的部门，例如卫生部门，医学或科学研究委员会或学术机构的评论。 旨在开发治疗、诊断或预防产品的外部资助的研究必须对东道国的卫生需要负责。该研究只能在所开发的产品针对的疾病或情况对研究所在的东道国是重要的问题的国家才可以进行。一般说来，资助机构在研究开始之前就应同意研究中开发出的任何产品在研究成功完成之后，应当让东道国或社区的居民合理可得。对上述一般要求的例外应当在研究开始前就得到论证并被有关各方接受。应当考虑资助机构是否同意，在研究结束之后继续保留为研究而建立的卫生服务和设施。

从表 3—35 可知，对于资助国与东道国，*CIOMS*（1993）沿袭了 *CIOMS*（1982）所规定的伦理审查的义务，但规定资助国增加了"科学审查"的伦理义务。*CIOMS*（1993）还增加了外部资助的研究对东道国的

卫生需求负责，研究产品使东道国社区或全国的居民合理可得的要求。

8. 对准则 15 的评注：外部资助者的义务

CIOMS（1993）对外部资助者的义务的规定与 CIOMS（1982）中规定的比较见表 3—36。

表 3—36 CIOMS（1982）与 CIOMS（1993）中对外部资助者义务的规定的比较

CIOMS（1982）	CIOMS（1993）
29. 外部资助的研究的重要的第二个目标是训练东道国的卫生人员独立进行相似研究。	对准则 15 的评注：外部资助者的义务 外部资助的合作研究的第二个目标是帮助东道国提高独立进行相似研究的能力，包括伦理审查的能力。由此，外部资助者被期望雇佣并若必要时训练本地人成为研究者、科研辅助人员和数据管理者，以及其他类似能力。必要时，资助者也应当向受试者抽样的人群提供必要的医疗保健服务所需的设施和人员，虽然资助者无义务在研究需要的范围以外提供医疗保健设施或人员，但如果他们能这样做，将会得到道德上的赞誉。但是，如果受试者因为研究性干预措施而受到伤害，资助者有义务保证其得到免费医疗；如由于这些伤害而导致死亡或丧失能力，则应得到赔偿。（参见准则 13 对这类义务的范围和限制的说明）当发现受试者患有与研究无关的疾病时，资助者和研究者应该将他们转去医疗保健服务；当未来的受试者因为不符合参与研究所需的健康条件而不能成为研究受试者时，资助者和研究者应该建议他们去治疗。资助者被期望保证研究受试者和受试者抽样的社区在研究结束之后不会变得更差（除非研究性干预措施有经合理论证的风险），例如将当地稀缺的伦理资源投入到研究活动中。资助者可以向东道国当局报告研究中发现的与东道国或社区卫生有关的信息。 外部资助者被期望必要时提供合理数量的经济、教育和其他援助以提高东道国对研究方案进行独立伦理审查的能力和形成独立的有能力的科学和伦理审查委员会。为了避免利益冲突，保证委员会的独立性，这类援助不应该直接给委员会，而应该给东道国政府或东道国研究所。 外部资助者的义务因具体研究情况和东道国需要而异。资助者在某一特定研究中的义务应在研究开始前予以明确。如果有，研究方案中应说明在研究中和研究后，将提供什么资源、设施、援助和其他商品或服务。这些安排的细节应由资助者、东道国官员、其他有关团体和受试者抽样的社区进行协商。东道国伦理审查委员会应决定这些细节的一部分或全部是否应当成为知情同意过程的一部分。

由表 3—36 可知，CIOMS（1982）对外部资助者仅规定的训练东道国的卫生人员独立进行相似研究方案一条义务。CIOMS（1993）保留了这条义务，并对此义务的规定进行了细化（训练本地人成为研究者、科研辅助人员和数据管理者，以及其他类似能力，包括伦理审查的能力）。另外，新规定的义务有：

（1）伤害赔偿的义务；

（2）当发现受试者患有与研究无关的疾病时，建议治疗以及转院治疗的义务；

（3）保证研究受试者和受试者抽样的社区在研究结束之后不会变的更差的义务；

（4）向东道国当局报告研究中发现的与东道国或社区卫生有关的信息的义务；

（5）必要时提供合理数量的经济、教育和其他援助的义务。

另外，CIOMS（1993）提出东道国的义务需要具体情况具体分析，通过协商解决。这也是与 CIOMS（1982）相比，新增加的内容。

9. 对准则 15 的评注——伦理和科学审查

这是与 CIOMS（1982）相比，CIOMS（1993）新增加的内容。规定了东道国和资助国的伦理审查委员会在科学和伦理审查中分别承担的特别的责任。其原文摘录如下：

> 资助国和东道国的委员会有责任进行科学和伦理审查，同时有权撤销对不符合科学伦理标准的研究申请书的批准意见。当发达国家的资助者或研究者计划在发展中国家进行研究时，两个国家的伦理审查委员会将承担特别的责任。当外部资助者是一个国际机构时，研究方案必须依据它对应的伦理审查程序和标准进行审查。
>
> 外部资助国或国际机构的委员会对确定科学方法是否可靠并适合于研究目的负有特别的责任，待研究的药物、疫苗或器械是否符合相应的安全标准，是否有足够理由来论证该研究需要在东道国而不是在外部资助机构的国家进行，以及该研究申请书在原则上是否不与外部资助国或国际组织的伦理学标准冲突。
>
> 东道国委员会有特别的责任确定研究目的是否符合东道国的健康需求和优先需要。而且，由于他们更好地理解研究所在地的文化，他们有特别的责任确保公平选择受试者，确保获取知情同意，尊重隐私，保密，提供不超过诱导知情同意的利益的计划可以接受。

简言之，东道国的伦理审查委员会有较强能力审查细节是否符合伦理标准，因为它们对所研究人群的文化和道德价值观更了解，则外部资助国的伦理审查可只限于确保研究符合基本的伦理标准。

10. 对准则 15 及对其的评注的总结

CIOMS（1982）"外部资助的研究"主题下的所有内容——第 27、28、29 条内容全部被包含在 *CIOMS*（1993）准则 15 及对准则 15 的评注中。这些内容涉及外部资助研究的定义、资助国与东道国在外部合作研究中的义务和外部资助者训练东道国进行相似研究能力的义务。在所保留的这 3 条中，第 27 条在转变为对 *CIOMS*（1993）准则 15 的评注时内容没有改变，其余两条在被整合进准则和对准则的评注后都有所增加。这些增加的内容一类是对原有内容的具有可操作性的补充，第 29 条"资助者的义务"，增加了具体如何提高东道国研究能力的措施，例如训练人员、提供设施、教育等。另一类是在原有内容的基础上增加了新的规定，第 28 条"资助国和东道国的义务"，增加了科学审查的规定，还增加了隶属于公正原则的外部资助的研究对东道国的卫生需求负责、研究产品使东道国合理可得的要求。除了上述继承和补充外，对准则 15 的评注还增加了"伦理和科学审查"这样规定外部资助国和东道国伦理审查中应当关注的侧重点的全新的内容。增加了归属于"风险和收益"、"多中心研究"、"制裁"的内容。

三 《涉及人的生物医学研究国际伦理准则》（1993）与《赫尔辛基宣言》（1989）的比较

在第二章中，我们将《赫尔辛基宣言》（1983）同《赫尔辛基宣言》（1975）、《赫尔辛基宣言》（1989）分别进行了比较。从这些比较中我们可以推知，《赫尔辛基宣言》（1989）同《赫尔辛基宣言》（1983）相比，除了文字上三处编辑性变化外，在内容上只有两处变化。一处是增加了独立委员会的"独立性"的规定。即独立委员会应"独立于研究者和资助者，遵守试验所在国的法律和法规"（第 2 条）。另一处是在未成年人参加研究的规定中增加了"当未成年人实际上能够给出同意时，在获得未成年人的法定监护人的同意之外，还应获得未成年人的同意"（第 11 条）。

在第本节中我们将 *CIOMS*（1993）同 *CIOMS*（1982）进行了比较。依据本章第二节，我们将 *CIOMS*（1982）同《赫尔辛基宣言》（1975）比较的结果，和《赫尔辛基宣言》（1989）同《赫尔辛基宣言》

(1983) 相比较的结果，我们可以推出 CIOMS (1993) 与《赫尔辛基宣言》(1989) 相互比较的结果。

（1. CIOMS (1982) 的基础是《赫尔辛基宣言》。在 CIOMS (1982) 中明确指出 CIOMS 是《赫尔辛基宣言》合乎逻辑的发展，是《赫尔辛基宣言》在发展中国家的应用。但在 CIOMS (1993) 中，并没有提及 CIOMS (1982) 与《赫尔辛基宣言》的关系，甚至在其"总的伦理准则"部分也没有提及《赫尔辛基宣言》。从前文的分析我们看到，虽然 CIOMS (1993) 在"总的伦理原则"部分没有提及《贝尔蒙报告》，但它所讲的三原则实际就是《贝尔蒙报告》的三原则，对这三原则的具体阐述也是引自《贝尔蒙报告》，而且 CIOMS (1993) 使用三原则及这原则的论证来论证自己的准则。《贝尔蒙报告》所提出的生命伦理学三原则及原则的应用成为 CIOMS (1993) 的重要伦理资源。但这并不是说 CIOMS (1993) 已经和《赫尔辛基宣言》脱离了关系。一方面，《贝尔蒙报告》的三原则是和《赫尔辛基宣言》相容；另一方面，从 CIOMS (1982) 发展起来的 CIOMS (1993) 继续保留了《赫尔辛基宣言》的基本规定，而且 CIOMS (1993) 在部分准则的评注中，还直接引用《赫尔辛基宣言》。这些引用的具体内容是：CIOMS (1993) 中对准则 6 的评注：监护人的代理同意引用《赫尔辛基宣言》(1989) 的 I.6；CIOMS (1993) 中对准则 14 的评注：科学审查引用《赫尔辛基宣言》(1989) 的 I.1；CIOMS (1993) 中对准则 14 的评注：风险和利益引用《赫尔辛基宣言》(1989) 的 I.4、I.7、I.5、II.3 和 III.2。

（2. CIOMS (1993) 不但涵盖了《赫尔辛基宣言》(1989) 的所有内容，而且，同 CIOMS (1982) 相同，CIOMS (1993) 也补充了《赫尔辛基宣言》(1989) 的具体准则的应用的内容。例如，在《赫尔辛基宣言》(1989) 中知情同意中特别关注的群体是未成年人和精神疾患的病人，而在 CIOMS (1993) 中除了关注这两类人群外（儿童和精神或行为疾患的人的研究），还关注了囚犯参与的研究和流行病学研究——特殊的研究类型中的知情同意。在具体原则上，CIOMS (1993) 也做了更加详细的规定。例如，《赫尔辛基宣言》(1989) 规定研究者必须对受试者提供必要的信息，包括实验目的、方法、风险、利益和自由退出的权利，CIOMS (1993) 除对这五点做出的更加详尽的阐释之外，还进一步规定研究者必须告知受试者他们是被邀请参与研究的，必须告知受试者实验的期限，有关替代疗法、数据保密、是否提供医疗、对伤害提供免费医疗及赔偿等方面的内容，这对《赫尔辛基宣言》（1989）是很大的补充和发展。

（3. CIOMS（1993）同《赫尔辛基宣言》（1989）一样，都关注到了伦理审查委员会的独立性问题。《赫尔辛基宣言》（1989）同《赫尔辛基宣言》（1975）相比增加的内容中规定：独立委员会应"独立于研究者和资助者，遵守试验所在国的法律和法规"（第2条）。而 CIOMS（1993）提出"为了维持与研究者的独立性和避免利益冲突，任何与研究方案有直接利益的成员都不应该参与评定"（对准则14的评注：科学审查）。

（4. CIOMS（1993）比《赫尔辛基宣言》（1989）增加了对人体试验中公正问题的关注。这不仅涉及到受试者选择中负担和利益的公平分配（准则10），而且包括研究后利益分配的问题（对准则的评注：利益）。

第四节 《涉及人的生物医学研究国际伦理准则》（2002）[①]研究

一 《涉及人的生物医学研究国际伦理准则》（2002）的形成

引起国际医学科学组织理事会修订 CIOMS（1993）的原因主要是医学试验的发展中涌现了"原有准则中没有特别规定的伦理问题"。这些伦理问题包括"外部资助者和研究者在资源贫乏国家进行临床对照试验，以及使用证明有效的干预措施以外的对比措施"[②]。最直接的导火索就是20世纪90年代在发展中国家开展的艾滋病试验，这个背景在前文讨论《赫尔辛基宣言》（1996年）的修订中已经详细论述，这里不再赘述。

图3—7显示了 CIOMS（1993）与《赫尔辛基宣言》（1996）修订的过程。其实，这两部伦理准则修订的时间几乎相同。很多专家（如 Levine

---

[①] 如果没有特别说明,本部分所引用的 CIOMS(2002)文本中的内容,包括背景、总的原则、准则和准则的评注等部分,均是引用了陈元方翻译,胡庆澧校订的《涉及人的生物医学研究国际伦理准则》[R].陈元方译,胡庆澧校,日内瓦:CIOMS,2002. 这本书由邱仁宗教授馈赠。这本书在市面上难以找到,感兴趣的读者还可以参阅陈元方、邱仁宗合著的《生物医学研究伦理学》,这本书后附有 CIOMS(2002)文本中的准则及对准则的评注的中译文。

[②]《涉及人的生物医学研究国际伦理准则》,陈元方译,胡庆澧校,日内瓦：CIOMS,2002。

等）都同时参与了两部伦理准则的修订，它们必然会相互影响的。

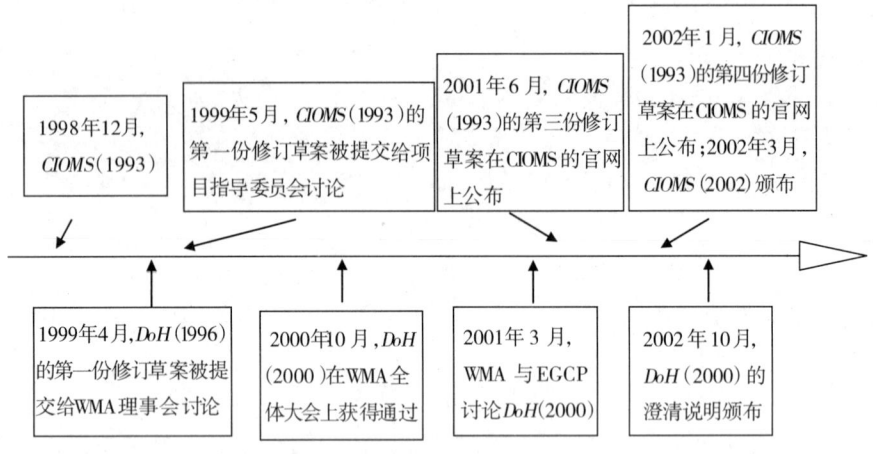

```
1998年12月,          1999年5月,CIOMS(1993)的     2001年6月,CIOMS      2002年1月,CIOMS
CIOMS(1993)          第一份修订草案被提交给项      (1993)的第三份修订    (1993)的第四份修订
                     目指导委员会讨论            草案在CIOMS的官网     草案在CIOMS的官网
                                                上公布              上公布;2002年3月,
                                                                  CIOMS(2002)颁布

1999年4月,DoH(1996)   2000年0月,DoH         2001年3月,          2002年10月,
的第一份修订草案被提     (2000)在WMA全        WMA 与EGCP          DoH(2000)的
交给WMA理事会讨论      体大会上获得通过       讨论DoH(2000)        澄清说明颁布
```

图 3—7　CIOMS（1993）与《赫尔辛基宣言》（1996）修订的过程①

二　《涉及人的生物医学研究国际伦理准则》（2002）与《涉及人的生物医学研究国际伦理准则》（1993）的比较

（一）准则的基本原则

准则的基本原则用以阐述准则所体现的伦理思想。现将 CIOMS（2002）的基本原则与 CIOMS（1993）的基本原则的比较列于表 3—37。

表 3—37　　CIOMS（1993）与 CIOMS（2002）基本原则的比较②

CIOMS（1993）的基本原则	CIOMS（2002）的基本原则
尊重人至少包含两项基本的伦理学义务考虑，即： a）尊重自主性。这要求对那些有能力考虑其个人选择的人，应该尊重他们的自我决定能力； b）保护自主性受到损害或削弱的人。这要求对那些处于从属地位或脆弱的个人提供安全保护，使其免受伤害或［和］虐待。	尊重人至少包含两项基本的伦理学义务考虑，即： a）尊重自主性。这要求对那些有能力考虑其个人选择的人，应该尊重他们的自我决定能力； b）保护自主性受到损害或削弱的人。这要求对那些处于从属地位或脆弱的个人提供安全保护，使其免受伤害或［和］虐待。

---

①　本图依据 CIOMS（2002）中的"背景"部分的内容和世界医学协会杂志的内容整理、绘制。

②　本表依据 CIOMS（1993）、CIOMS（2002）"普遍的伦理原则"的内容制作。CIOMS（2002）的翻译引用了陈元方老师的翻译，与陈老师不同的地方以［ ］标注。

续表

CIOMS（1993）的基本原则	CIOMS（2002）的基本原则
有利是指有伦理学义务使利益最大化、伤害和错误最小化。由这项原则所衍生的规范要求，研究的风险是否合理必须根据预期利益来考虑，研究设计必须是严谨可靠的，研究者必须既有能力进行研究，又有能力保护受试者的福利。有利原则还禁止对人的故意伤害，这一点有时表述为一个单独的原则，即不伤害原则。	有利是指有伦理学义务使利益最大化、伤害和错误最小化。由这项原则所衍生的规范要求，研究的风险是否合理必须根据预期利益来考虑，研究设计必须是严谨可靠的，研究者必须既有能力进行研究，又有能力保护受试者的福利。有利原则还禁止对人的故意伤害，这一点有时表述为一个单独的原则，即不伤害原则。
公正是指有伦理学义务按照道德上正确和适当的方式对待每个人，给予每个人以他/她所应得的利益。在涉及人类受试者的研究中，这项原则主要指分配公正，它要求公平地分配参与研究的负担和利益。负担和利益分配上的差别只有当这是基于人与人之间存在着与道德有关的区别时，其合理性才能得到论证；其中的一个区别就是脆弱性。"脆弱性"是指由于种种障碍在实质上无能力保护自己的利益，例如无知情同意能力，缺乏在其他办法得到医疗或昂贵必需品，或此人是等级森严群体中的年轻或下属人员，等等。因此，必须有特殊条款保护脆弱人群的利益。	公正是指有伦理学义务按照道德上正确和适当的方式对待每个人，给予每个人以他/她所应得的利益。在涉及人类受试者的研究中，这项原则主要指分配公正，它要求公平地分配参与研究的负担和利益。负担和利益分配上的差别只有当这是基于人与人之间存在着与道德有关的区别时，其合理性才能得到论证；其中的一个区别就是脆弱性。"脆弱性"是指由于种种障碍在实质上无能力保护自己的利益，例如无知情同意能力，缺乏在其他办法得到医疗或昂贵必需品，或此人是等级森严群体中的年轻或下属人员，等等。因此，必须有特殊条款保护脆弱人群的利益。 资助者或研究者一般不能对研究实施场所的不公正情况负责，但他们必须尽可能避免不公正情况恶化或产生新的不平等的某些做法。他们也不应该利用资源贫乏国家或脆弱人群不能保护自己利益的相对无能状况，例如进行比较廉价的研究，逃避工业化国家复杂的管理系统，以便在这些国家有利可图的市场中进行产品研发。 一般地说，研究计划应该使资源贫乏的国家或社区比以前更好，或至少不比以前更差。应该对他们的健康需求和优先需要尽快作出反应，开发的产品是他们合理可得，尽可能使这个人群处于更佳的地位，获得有效的医疗保健，保护他们的健康。 公正还要求研究能适合脆弱受试者的健康情况或需要。所选择的受试者应该是能达到研究目的的人中最不脆弱的人。当干预措施或操作程序对受试者的健康可能有直接利益时，对脆弱受试者风险的合理性最容易得到论证。但如果干预措施或操作程序不具有直接利益，则风险必须根据对受试者代表人群的预期利益来论证。

从表3—37可以看到，CIOMS（2002）保留了CIOMS（1993）提出的涉及人类受试者的生物医学研究应遵守的基本伦理原则——尊重人、不伤害和公正。对这三个原则的内涵的阐述也与CIOMS（1993）相同，即尊重人包括尊重自主性和保护自主性受到损害或削弱的人的伦理义务；有利指利益最大化和伤害最小化的伦理义务；公正指分配公正，即公平地分配参与研究的负担和利益。由此可以看到，从1993年

到 2002 年近十年中，在 *CIOMS* 的准则中，"尊重人、不伤害和公正"这三条基本伦理原则及其内涵被确立下来，并且保持内涵基本不变。*CIOMS*（2002）对这三个原则的阐述中唯一增加的内容都是与公正相关的，具体包括在发展中国家进行研究和选择脆弱人群作为研究受试者时的公正问题。

CIOMS（2002）提出在发展中国家不应当进行加重当地不公正或带来新的不平等的研究；不应当进行服务于发达国家市场的产品的开发；研究项目应使资源贫乏国家或社区更好或至少不更坏；研究对当地人群的健康需求和优先需要，所开发的产品使当地合理可得。选择脆弱人群进行研究的，研究应针对脆弱人群的健康状况或需要，风险应得到论证。与 *CIOMS*（1993）相比，这是更详尽的原则规定，更加强调对不发达国家及脆弱人群的公正的实现。

（二）*CIOMS*（2002）与 *CIOMS*（1993）的比较

1. 准则的结构

CIOMS（2002）准则的结构与 *CIOMS*（1993）相同，由准则和对准则的评注组成（个别准则没有评注）。

2. 准则的条目

与 *CIOMS*（1993）相比，*CIOMS*（2002）的条目数由 15 条增加为 21 条。准则的主题也在增加，由 6 个主题增加为 12 个主题。现将其变化的情况列于表 3—38。

表 3—38 *CIOMS*（1993）与 *CIOMS*（2002）准则条目的变化情况

CIOMS（1993）	*CIOMS*（2002）
受试者知情同意（准则 1—9） 研究受试者选择（准则 10—11） 数据保密（准则 12） 给研究受试者造成的偶然伤害的赔偿（准则 13） 审查程序（准则 14） 外部资助研究（准则 15）	涉及人类受试者的生物医学研究的伦理学论证和科学性（准则 1） 伦理审查（准则 2—3） 知情同意（准则 4—9） 在资源贫乏的人群和社区中的研究（准则 10） 临床试验中对照组的选择（准则 11） 脆弱人群（准则 12—15） 妇女作为研究参加者（准则 16—17） 数据保密（准则 18） 受伤害的受试者获得治疗与赔偿的权利（准则 19） 加强生物医学研究中伦理与科学审查的能力（准则 20） 外部资助者提供医疗保健的义务（准则 21）

图3—8、图3—9是 *CIOMS*（2002）准则条目的分布情况，及其与 *CIOMS*（1993）的比较。

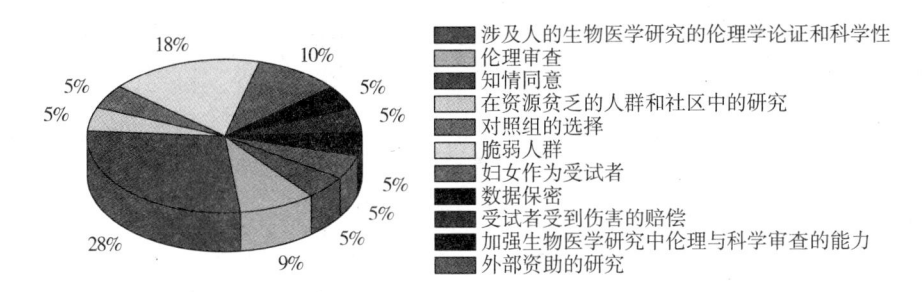

图3—8 *CIOMS*（2002）准则条目数比例

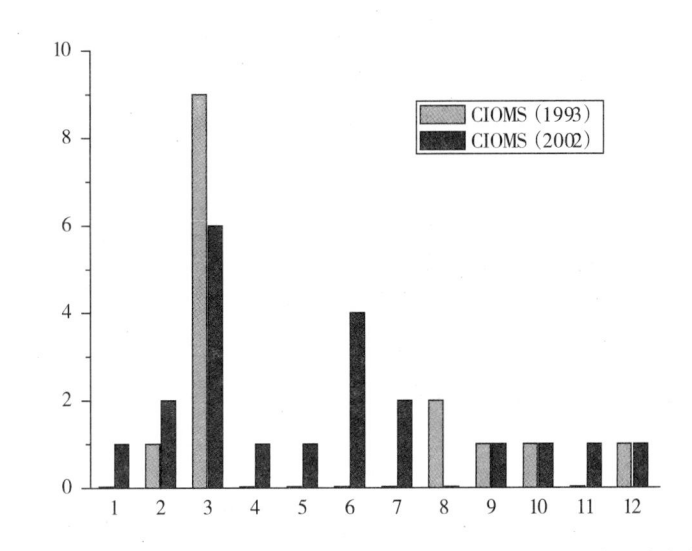

图3—9 *CIOMS*（2002）、*CIOMS*（1993）准则条目分布情况的变化

1. 涉及人的生物医学研究的伦理学论证和科学性；2. 伦理审查；3. 知情同意；4. 在资源贫乏的人群和社区中的研究；5. 对照组的选择；6. 脆弱人群；7. 妇女作为受试者；8. 受试者选择；9. 数据保密；10. 受试者受到伤害的赔偿；11. 加强生物医学研究中伦理与科学审查的能力；12. 外部资助的研究

从图3—8可以看到，在 *CIOMS*（2002）的11组准则中，"知情同意"的条款数所占的比例最大，占四分之一以上；"脆弱人群"的条款数所占的比例居中，为18%，妇女作为研究受试者和临床试验中对照组的选择所占的比例居"脆弱人群"之后，其余7组准则的条款所占的

比例最少，都各为 5%。

与 CIOMS（1993）类似，CIOMS（2002）所包含的准则的主题中"知情同意"的条款所占的比例始终最多，"数据保密"、"伤害的赔偿"和"外部资助的研究"主题下的条款所占的比例始终最小。

从图 3—9 可知，CIOMS（2002）与 CIOMS（1993）相比，"知情同意"的条目数在减少，"伦理审查"和"受试者选择"主题下的准则数目在减少，而其余 3 个主题（数据保密、伤害赔偿和外部资助的研究）下的条目数没有改变。

在下文中，我们将结合上述定量分析，依次对 11 个主题所包含的准则进行内容分析和比较，以探究从 CIOMS（1993）到 CIOMS（2002）的主要变化及特点。

（三）CIOMS（2002）的具体准则及其与 CIOMS（1993）比较

拟从涉及人类受试者的生物医学研究的伦理学论证和科学性、伦理审查、知情同意、在资源贫乏的人群和社区中的研究、临床试验中对照组的选择、脆弱人群、妇女作为研究参加者、数据保密、受伤害的受试者获得治疗与赔偿的权利、加强生物医学研究中伦理与科学审查的能力、外部资助者提供医疗保健的义务等准则给出的 11 个主题讨论 CIOMS（2002）的具体准则。

1. 涉及人的生物医学研究的伦理学论证和科学性

该主题涉及的准则是准则 1：涉及人的生物医学研究的伦理学论证和科学性，这一准则的内容是由 CIOMS（1993）中的对准则 14 的评注发展而来的。现将二者列于表 3—39 以便比较。

从表 3—39 可以看到，准则 1 为涉及人的生物医学研究提供的伦理学理由是：涉及人的生物医学研究有利于公众利益（有希望发现有利于人民健康的新途径）；该研究以合伦理的方式进行（尊重和保护受试者，公正地对待受试者，而且在道德上能被进行研究的社区接受）；该研究在科学上可靠（符合普遍接受的科学原则，而且是建立在对有关科学文献充分通晓的基础上）。

与 CIOMS（1993）相关内容进行比较可以看到，CIOMS（2002）保留了 CIOMS（1993）提出的研究的合科学性是合伦理性的必要条件，科学性的标准——符合科学原则、对科学文献充分通晓的内容。这其中变化比较大的是研究的合伦理性的条件，增加了新的要求——研究被社区接受这样的与公共利益有关的内容。这样就使得侧重保护受试者个体的条件（风险/受益要求、知情同意要求和受试者选择公正）发展为既强调受试者个体的保护，又强调对群体保护。

表3—39 *CIOMS*（2002）中"涉及人的生物医学研究的伦理学论证和科学性"的内容及其与*CIOMS*（1993）相应内容的比较

CIOMS（1993）	*CIOMS*（2002）
对准则14的评注——伦理审查委员会 科学审查和伦理审查不能截然分开：科学上不合理的人类受试者研究本身就是不合伦理的，因为它使受试者毫无意义地暴露在风险或不适中。因此，伦理审查委员会通常会考虑研究申请书的科学方面和伦理方面。 科学审查：《赫尔辛基宣言》I.1要求："包括人类受试者的生物医学研究必须遵守普遍接受的科学原则，应当建立在充分的实验室研究和动物研究以及对科学文献的完全了解的基础之上。" …… 如果伦理审查委员会认为研究申请书科学合理，或确认一个胜任的专家组已经发现如此，就可以考虑给受试者带来的任何已知的或可能的风险是否可以被预期的利益论证为正当（并且，实施研究的方法是否能使风险最小化、利益最大化），如果是这样，所计划的获得知情同意的程序是否令人满意，所计划的选择受试者的程序是否是公正的。	准则1：涉及人的生物医学研究的伦理学论证和科学性 涉及人的生物医学研究的伦理学论证基于有希望发现有利于人民健康的新途径。这类研究只有当它尊重和保护受试者，公正地对待受试者，而且在道德上能被进行研究的社区接受时，其合理性才能在伦理上得到论证。此外科学上不可靠的研究必然也是不符合伦理的，因为它使研究受试者暴露在风险面前并无可能的利益。研究者和资助者必须确保所建议的涉及人类受试者的研究符合普遍接受的科学原则，而且是建立在对有关科学文献充分通晓的基础上。

2. 伦理审查

伦理审查这一主题的内容体现在*CIOMS*（2002）的准则2中：伦理审查委员会及对准则2的评注，和准则3中：由外部资助研究的伦理审查及对准则3的评注。

1）准则2：伦理审查委员会

现将准则2及对准则2的评注的内容及其与*CIOMS*（1993）相应内容（准则14及对准则14的评注）列于表3—40、表3—41中。

表3—40　　CIOMS（1993）与 CIOMS（2002）规定的伦理审查准则的比较

CIOMS（1993）	CIOMS（2002）
准则14：伦理审查委员会的组成和责任 所有涉及人类受试者的研究申请书必须呈送给一个或多个独立的伦理与科学审查委员会，以便进行审查和批准。研究者在研究开始之前必须得到研究申请书的批准。	准则2：伦理审查委员会 所有涉及人类受试者的研究申请书必须呈送给一个或更多个科学与伦理审查委员会，以便对其科学价值和伦理可接受性进行审查。审查委员会必须独立于研究组之外，委员会从研究中可能获得的直接经济利益或其他物质利益不应影响其审查结果。研究者在进行研究之前必须得到伦理委员会的批准或准许。伦理审查委员会必要时应该在研究过程中作进一步审查，包括监督研究过程。

与 CIOMS（1993）相关内容进行比，CIOMS（2002）保留了CIOMS（1993）提出的基本原则，又对其部分内容做了具体说明。如对伦理审查委员会的独立性做了具体说明，即审查委员会必须独立于研究组之外，委员会从研究中可能获得的直接经济利益或其他物质利益不应影响其审查结果。对伦理审查的内容做了具体说明，即伦理审查委员会必要时应该在研究过程中作进一步审查，包括监督研究过程。另外，还提出了伦理审查委员会的审查应该是一种持续性的审查。

表3—41　　CIOMS（1993）与 CIOMS（2002）对伦理审查准则的评注的比较[①]

CIOMS（1993）对准则14的评注	CIOMS（2002）对准则2的评注
（1）总的考虑	
（2）安全性评估	
（3）伦理审查委员会	（2）伦理审查
（4）科学审查	（1）科学审查
（5）风险和利益	
	（3）研究性治疗方法紧急和特准使用时的伦理审查
（6）全国性或地方性审查	（4）全国性（中央）或地方性审查
（7）委员会委员资格	（5）委员会委员资格
（8）特别严格的审查要求	
（9）多中心研究	（6）多中心研究
（10）制裁	（7）制裁
（11）研究者提供的信息	
	（8）与项目资助有关的潜在利益冲突

---

① 表中的编号是这些内容出现的顺序。

从表3—41可以看到，*CIOMS*（2002）中对伦理审查准则的评注与*CIOMS*（1993）相应内容相比，保留了"伦理审查委员会"、"科学审查"、"全国性或地方性伦理审查"、"委员会委员资格"、"多中心研究"、"制裁"共6条内容，删除了"总的考虑"、"安全性评估"、"风险和利益"、"特别严格的审查要求"、"研究者提供的信息"共5条内容，增加了"研究性治疗方法紧急和特准使用时的伦理审查"和"与项目资助有关的潜在利益冲突"共3条内容。

2）准则3——由外部资助研究的伦理审查

CIOMS（2002）将*CIOMS*（1993）归属于"外部资助的研究"主题下的准则15：资助国和东道国的伦理义务列入"伦理审查"主题，并将其更名为"由外部资助研究的伦理审查"。现将准则3及对准则3的评注的内容及其与*CIOMS*（1993）的准则15及对准则15的评注分别列于表3—42、表3—43中。

表3—42 *CIOMS*（1993）与*CIOMS*（2002）对由外部资助研究的伦理审查准则的比较

CIOMS（1993）	*CIOMS*（2002）
准则15：资助国和东道国的义务 外部资助的研究包括两项伦理义务： ——外部资助机构应依据资助机构所在国的标准呈送一份研究方案，进行伦理和科学审查，所采用的伦理标准应该和资助机构所在国的研究一样严格。 ——获得资助机构所在国的科学和伦理批准之后，东道国适当的机构，包括全国性或地方性伦理审查委员会或它的等价机构应该确保研究方案符合东道国的伦理要求。	准则3：由外部资助研究的伦理审查 外部资助机构和各研究者应向资助机构所在国呈送一份研究方案，进行伦理和科学审查，所采用的伦理标准应该和资助机构所在国的研究一样严格。东道国卫生当局和全国性或地方性伦理审查委员会应该确保研究方案符合东道国的健康需求和优先需求，并达到了必需的伦理标准。

从表3—42可以看到，*CIOMS*（2002）准则3在保留*CIOMS*（1993）准则15的全部内容的基础上，主要增加了东道国的审查机构审查时应该确保研究建议符合东道国的"健康需求和优先需要"这样与公共卫生和公正议题有关的内容。另外，明确了提交伦理审查的责任人是研究者，进行东道国审查的主体为卫生当局。

表3—43　　　*CIOMS*（1993）与 *CIOMS*（2002）对外部资助的研究的
伦理审查准则评注的比较①

CIOMS（1993）对准则15的评注	*CIOMS*（2002）对准则3的评注
（1）定义	（1）定义
（2）伦理和科学审查	（2）伦理和科学审查
（3）外部资助者的义务	

从表 3—43 可以看到，*CIOMS*（2002）对准则 3 的评注与 *CIOMS*（1993）的相应内容相比，保留了"定义"、"伦理和科学"的内容。在这里被删除的"外部资助者的义务"成为 *CIOMS*（2002）的准则 20：加强伦理与科学审查以及生物医学研究能力的内容，留待下文详细分析。

3. 知情同意

知情同意主题是准则中包含准则数目里最多的主题。在知情同意主题的讨论中，将先对知情同意主题的条目作出介绍，再详细讨论每一条准则。

4. 知情同意主题中准则条目介绍

现将 *CIOMS*（2002）与 *CIOMS*（1993）中的知情同意条款总结与表 3—44。

表3—44　　　*CIOMS*（2002）与 *CIOMS*（1993）知情同意条款的比较②

CIOMS（1993）	*CIOMS*（2002）
准则1：个人知情同意	准则4：个人知情同意
准则2：应提供给未来受试者的基本信息	准则5：获得知情同意：应提供给未来受试者的基本信息
准则3：知情同意中研究者的义务	准则6：获得知情同意：资助者和研究者的义务
准则4：诱导参与研究	准则7：诱导参与研究
准则5：涉及儿童的研究（0）	准则8：参与研究的利益与风险（+）
准则6：涉及精神或行为疾患的人的研究（0）	准则9：当研究涉及无知情同意能力的人时对风险的特殊限制（+）
准则7：涉及囚犯的研究（-）	
准则8：涉及欠发达社区的人的研究（0）	
准则9：流行病研究中的知情同意（-）	

从表 3—44 可以看到，与 *CIOMS*（1993）相比，*CIOMS*（2002）中

---

① 表中的编号是这些内容出现的顺序。

② （-）表示被删除的内容，（+）表示增加的内容，（0）表示分类变化的内容。编号为本文作者为了叙述方便加的。

知情同意主题所包含的准则出现了比较大的变化。从数量上看，准则数目在减少，由原来的 9 条减少到 6 条。从内容上看，原来 CIOMS（1993）"知情同意"中的准则包括知情同意的一般规定（准则 1—4）、脆弱人群的知情同意（准则 5—7）、欠发达社区的人的研究（准则 8）和流行病研究中的知情同意（准则 9）的内容，而在 CIOMS（2002）中，随着准则数目减少的是将脆弱人群的知情同意的准则全部删除（这些内容有些被放在新的主题"脆弱人群"中），并将流行病研究中的知情同意的内容删除。代之增加了"利益与风险"内容（准则 8—9）。这样从 CIOMS（1993）到 CIOMS（2002），知情同意主题下保留了个人知情同意（1）、应提供的基本信息（2）、研究者在知情同意中的义务（3）和诱导参与研究（4）的内容。其中（1）的内容是知情同意的基本要求。（2）、（3）和（4）是确保充分和自愿的知情同意而从研究者的角度对待"信息"（研究者提供的信息、研究者的义务）、"理解"（研究者的义务）和"自愿"（研究者的义务和诱导参与研究）。

在下文中，我们将按照 CIOMS（2002）中"知情同意"主题下准则出现的顺序对内容进行比较。

5. 准则 4：个人知情同意及对准则 4 的评注

CIOMS（2002）中的准则 4：个人知情同意的内容是由 CIOMS（1993）中的准则 1：个人知情同意发展而来的。现将二者列于表 3—45 以便比较。

表 3—45　　CIOMS（1993）与 CIOMS（2002）中个人知情同意内容比较

CIOMS（1982）	CIOMS（1993）	比较
准则 1：个人知情同意 对所有涉及人类受试者①的生物医学研究，研究者必须取得未来受试者的知情同意，或在其无知情同意能力时，取得正式授权的③代表的代理同意④	准则 4：个人知情同意 对所有涉及人①的生物医学研究，研究者必须取得未来受试者自愿②的知情同意，或在其无知情同意能力时，取得按现行法律授权的③代表的允许④。免除知情同意是少见的或例外的，在各种情况下都必须取得伦理审查委员会的批准。⑤	增加： 取得未来受试者"自愿"的知情同意（②） 免除知情同意的规定（⑤） 文字上编辑性变化： 用"人"代替"人类受试者"（①） 用"法律授权的代表的允许"代替"正式授权的代表的代理同意"（③、④） 无删除内容

从表 3—45 可以看到，CIOMS（2002）保留了 CIOMS（1993）"个

人知情同意"中关于研究需要取得受试者知情同意和对于无知情同意能力的人取得"代理同意"的内容。在此基础上，CIOMS（2002）增加了免除知情同意必须取得伦理审查委员会批准的规定。在 CIOMS（1993）对准则 1 的评注：总的考虑中提出："研究者在未获得受试者的同意之前，不得开始涉及人类受试者的研究，除非已由伦理审查委员会决定"，并具体规定了免除知情同意的条件（参见本章第 2 节）。由此可以看到，同 CIOMS（1993）准则 1 相比，CIOMS（2002）准则 4 中增加的规定并不是全新的内容，是位置的变化，从准则的评注进入到准则中。在"知情同意"前增加了"自愿"的，这可以看作是一种强调而不是完全新增加的内容。因为在 CIOMS（1993）中已经提出知情同意要满足自愿的条件。在这里有术语的变化，将无知情同意能力的人的"代理同意"转变为法律授权的代表的允许。

CIOMS（2002）中对准则 4 的评注，以及 CIOMS（1993）中与其对应的内容，列于表 3—46 以便比较。

表 3—46　CIOMS（1993）与 CIOMS（2002）个人知情同意评注内容比较①

CIOMS（1993）	CIOMS（2002）
对准则 1（个人知情同意）的评注： 总的考虑	对准则 4（个人知情同意）的评注： （1）总的考虑
对准则 2（给未来研究受试者的基本信息）的评注： 过程 语言 理解	对准则 4（个人知情同意）的评注： （2）过程 （3）语言 （4）理解
对准则 3（给未来研究受试者的基本信息）的评注：知情同意书	（5）知情同意书
对准则 1（个人知情同意）的评注： 总的考虑	（6）免除知情同意要求
对准则 3（研究者在知情同意中的义务）的评注：继续同意	（7）更新知情同意书
	（8）文化方面的考虑 （9）同意为研究目的使用来自临床试验受试者的生物资料（包括遗传资料） （10）使用病历和生物标本 （11）研究记录和生物标本的二次使用

---

①　序号（1）—（11）为本文作者所加。

从表3—46可以看到，对"个人知情同意"准则的评注的主题的数目在增加，由原来的1个主题扩展为11个主题。这些主题涉及知情同意的质量（过程、语言、理解、文化方面的考虑）、知情同意的形式（知情同意书）、知情同意的例外（免除知情同意的要求）、知情同意的更新和研究记录和生物标本的二次使用。在这些新增加的评注中，完全新增的内容是文化方面的考虑和涉及生物资料使用的问题即从（9）至（11）。

6. 准则5：获取知情同意：应提供给未来研究受试者的基本信息

CIOMS（2002）中的准则5：获取知情同意：应提供给未来研究受试者的基本信息的内容是由*CIOMS*（1993）中的准则2（应提供给未来受试者的基本信息）发展而来的。现将二者列于表3—47（*CIOMS*（2002）相对于*CIOMS*（1993）有所发展的内容）、表3—48（*CIOMS*（2002）相对于*CIOMS*（1993）新增的内容）以便比较。

表3—47　　*CIOMS*（1993）与*CIOMS*（2002）对应提供给未来受试者的基本信息的内容的比较[①]

	CIOMS（1993）	*CIOMS*（2002）	比较
1	准则2： 应提供给未来受试者的基本信息	准则5： 获取知情同意：应提供给未来研究受试者的基本信息	
	1.1 每个人都是受邀参与研究的	1.1 每个人都是受邀参与研究的	相同
	对准则3的评注：必要的信息	1.2 受试者入选的原因	
		1.3 参加是自愿的	新增
	1.2 研究的目的 1.3 研究的方法	3.1 研究的目的 3.2 由研究者和受试者实施的程序	相同 新增
		3.3 解释研究和医疗的不同	新增
	1.4 参与研究的预定期限	5.1 参与研究的预定期限	相同
		5.2 提前结束试验的可能	新增
	1.5 研究给受试者或其他人的预期利益	10 研究给受试者的直接利益 11 研究对社区或全社会的利益	

---

① 序号为本文作者所加。

续表

	CIOMS（1993）	CIOMS（2002）	比较
2	可预期的风险或不适	9.1 可预期的风险、痛苦或不适	相同
		9.2 对受试者的配偶或性伴的风险、健康或福利的影响	新增
3	替代治疗	13 现在可得的其他干预措施或治疗方法	相同
4	保密规定	14 确保尊重受试者隐私和能识别受试者身份的记录的保密	相同
		15.1 研究者保密的能力受到法律或其他方面的限制	新增
		15.2 违反保密的可能后果	新增
5	研究者向受试者提供医疗的责任范围	22 研究者向受试者提供医疗的责任范围	相同
6	与研究有关的某些特殊类型的伤害得到免费医治	23.1 对与研究有关的某些特殊类型的伤害或并发症将提供免费医治 23.2 治疗的性质 23.3 治疗的期限 23.4 医疗机构名称或个体医生姓名 23.5 该治疗的资金有无问题	新增
7	一旦伤害造成丧失能力或死亡，受试者或其家庭、被抚养者是否会得到赔偿	24.1 一旦伤害造成丧失能力或死亡，受试者或其家庭、被抚养者是否会得到赔偿	相同
		24.2 将以什么方式得到赔偿 24.3 赔偿的机构	新增
8	8.1 自由拒绝参与研究 8.2 随时撤出研究	2.1 自由拒绝参与研究 2.2 随时撤出研究	相同

表3—48　"应提供给未来受试者的基本信息"[①] 中 CIOMS（2002）相对于 CIOMS（1993）新增的内容

4	4.1 对照试验中，解释研究设计的特点 4.2 对照试验中，解释在研究结束和解盲之前，受试者将不被告知指定的治疗

---

① 序号为本文作者所加。

续表

6	6.1 是否以货币或其他物品作为参与研究的回报 6.2 回报的种类 6.3 回报的数量
7	7.1 研究结束后，受试者将被告知总的研究发现 7.1 研究结束后，受试者将被告知与个人特殊健康状况有关的发现
8	8.1 受试者有权要求获得其数据 8.2 若伦理审查委员会批准暂时或永远不公开数据，通知受试者 8.3 若伦理审查委员会批准暂时或永远不公开数据，说明不公开的理由
12	12.1 是否向受试者提供已证明安全有效的研究产品或干预措施 12.2 何时提供 12.3 如何提供 12.4 是否要付钱
16	16.1 使用遗传检验结果和家庭遗传信息的政策 16.1 是否有避免遗传检验结果被泄露的预防措施
17	17.1 研究资助者 17.2 研究者隶属单位 17.3 研究基金的性质 17.4 研究基金的来源
18	有可能为研究目的使用医疗过程中取得的受试者的病历或生物标本
19	19.1 是否有计划在研究结束时将所收集的生物标本销毁 19.2 标本在何处保存 19.3 标本如何保存 19.4 标本保存多久 19.5 标本的最后处置 19.6 标本将来可能的使用 19.7 受试者有权对将来的使用做决定 19.8 受试者有权拒绝保存 19.9 受试者有权要求把材料销毁
20	20.1 是否有可能从生物标本中研发出商业产品 20.2 受试者是否将从产品的开发中获得货币或其他利益
21	研究者是仅作为研究者，还是既作为研究者又作为受试者的医生
25	在未来受试者被邀请参与研究的国度里，索赔权是否有法律保证
26	本研究方案已获伦理审查委员会批准或准许

从表 3—47 可以看到，CIOMS（2002）保留了 CIOMS（1993）中应告知受试者信息的全部 8 条内容。在这 8 条内容中，有 5 条内容（第 1、2、4、6、7 条）都有所增加。在增加的内容中，第 1 条增加了"受试者自愿"参加研究；第 2 条内容的增加，扩大了试验风险考虑的对象，从对受试者的风险扩展到对受试者配偶或性伴的风险；第 4 条增加

了保密受到的限制和违反保密的后果；第6、7条的增加是增加了免费医疗和赔偿的细节。

完全新增的内容中（表3—48），涉及研究回报（6）、试验后受试者的知情权（7、8）、研究后利益分配（12）、研究者和基金信息（17、21）和生物标本的使用和开发（18、19、20）。

7. 准则6——获取知情同意：资助者和研究者的义务

CIOMS（2002）中的准则6：（获取知情同意：资助者和研究者的义务）及对其评注的内容是由CIOMS（1993）中的准则3（知情同意中研究者的义务）及对其评注发展而来的。现将二者列于表3—49（准则）、表3—50（评注）以便比较。

表3—49　　获取知情同意：资助者和研究者的义务的比较

CIOMS（1993）	CIOMS（2002）	比较
准则3：知情同意中研究者的义务 研究者有以下责任： ——向未来受试者传递充分的知情同意所必需的全部信息； ——给未来受试者充分的机会，并且鼓励他们提问； ——排除①毫无理由的欺骗、不正当影响或恐吓的可能性②； ——只有在未来受试者对有关事实及参与研究的后果有充分认识③之后，并有充分机会考虑是否参加研究之后，才能去征求其同意； ———般规定是从每个未来受试者那里获取已签名的同意书，作为知情同意的证据；并且 ——如果研究条件或程序有重要⑥变动，应更新每个受试者的知情同意书。	准则6：获取知情同意：资助者和研究者的义务 资助者和研究者有以下责任： ——避免①毫无理由的欺骗、不正当影响或恐吓； ——只有在确定未来受试者对有关事实及参与研究的后果已有充分理解③，并有充分机会考虑是否参加研究之后，才能去征求其同意； ———般规定是从每个未来受试者那里获取已签名的同意书，作为知情同意的证据，——研究者对这一规定的任何例外均应说明理由，并应取得伦理审查委员会的批准（参阅对准则4的评注，知情同意书）④； ——如果研究条件或程序有了明显⑤变动，或者获得了可能影响受试者愿意继续参加研究的新信息时，⑥应更新每个受试者的知情同意书； ——在长期研究项目中，应按预先定好的间隔期与每个受试者继续签知情同意书，即使研究目的和设计并无变动。⑦	增加： 将"资助者"也纳入责任主体 取得未来受试者"自愿"的知情同意（②） 免除签名的知情同意书的规定（④） 更新知情同意书的条件（⑥） 在长期研究中更新知情同意书的要求（⑦） 文字上编辑性变化： 用"人"代替"人类受试者"（①） 用"法律授权的代表的允许"代替"正式授权的代表的代理同意"、用"明显"代替"重要"（⑤） 删除："向未来受试者传递充分的知情同意所必需的全部信息"、"给未来受试者充分的机会，并且鼓励他们提问"（所删除的这些内容出现在对准则4的评注：理解）

表3—50　*CIOMS*（1993）与 *CIOMS*（2002）中获取知情同意：
资助者和研究者的义务准则评注的比较

CIOMS（1993）	*CIOMS*（2002）	比较
对准则3（知情同意中研究者的义务）的评注	对准则6（获取知情同意：资助者和研究者的义务）的评注	
（1）必要的信息		删除
（2）提问的机会	研究者有责任确保从每个受试者那里取得充分有效的知情同意。征求知情同意的人对研究项目应该很了解，并能回答未来受试者的问题。	
（3）欺骗	（1）截留信息和欺骗	
（4）不正当影响		
（5）恐吓	（2）恐吓与不正当影响	
对准则3的评注：风险	（3）风险	
	（4）在紧急问题的研究中，如研究者预见到受试者将不可能给予知情同意，则知情同意的要求可以例外处理	新增
	（5）因急性情况入选临床试验的人成为无知情同意能力时，知情同意的要求可以例外处理	新增
（6）知情同意书		删除①
（7）继续同意		

从表3—49、表3—50可以看到，从 *CIOMS*（1993）到 *CIOMS*（2002），获取知情同意中研究者的义务追加了一个责任主体——资助者，义务的内容中增加了更新知情同意书的条件。这样不仅仅是在研究程序有重要变化的时候需要更新知情同意书，而且在出现了可能影响受试者继续参加研究的意愿的新信息时，也应更新知情同意书。增加了长期研究续签知情同意书的规定。这些内容与"*CIOMS*（2002）对准则4的评注：过程"中将知情同意作为过程的观点是一致的。

获取知情同意是一个过程，这个过程开始于初次与未来受试者接触，并在整个研究过程中继续下去。通过向未来受试者提供信

---

①　出现在对准则4的评注："知情同意书"和"更新知情同意书"中。

息，通过不断重复和解释，通过回答他们的问题，并确保每个人都已理解，研究者得到了他们的知情同意，并在这一过程中表示了对受试者尊严和自主权的尊重。

同 CIOMS（1993）准则 2 的评注"风险"部分相比，CIOMS（2002）准则 6 评注"风险"增加了向受试者告知试验对"配偶或性伴"的风险的内容，这意味着风险的考虑范围扩大，也就是从受试者扩展到受试者的相关利益人。

对准则 6 的评注部分增加了"知情同意例外"的规定。"知情同意"是人体试验的先决条件，这个"先"既指逻辑上的先，也指时间上的先。从时间上看，一般情况下的研究是：未来的受试者"同意"成为受试者→成为受试者→参与研究。而有些研究成立的条件是：病人→失去知情同意能力→有可能成为受试者→⋯⋯→⋯⋯也就是病人失去知情同意能力是其成为受试者的先决条件，而不是反之。例如，头部创伤、心肺骤停和脑卒中等。对这种情况，CIOMS（2002）的规定是：事先同意。也就是在病人有知情同意能力时预先同意当其成为没有知情同意能力的人时参与研究。如果没有事先同意，则由一位有权代表无行为能力病人的人许可。

在 CIOMS（2002）中，另一类知情同意例外的情况是，"因急性情况使入选临床试验的人成为无知情同意能力"。这种情况同紧急问题研究不同的是，这类研究中大多数受试者具有知情同意能力。这样的研究有可能为受试者提供直接的利益，例如急性情况的新治疗方法的试验。对这些试验，CIOMS（2002）的规定是："应该在最初送伦理审查委员会审查的研究方案中预见到有些病人可能会没有同意能力，并建议这些病人填一份代理人同意书，例如由负责亲属给予许可。在伦理审查委员会批准了该研究方案后，研究者可寻求负责亲属的许可，并把该病人纳入研究项目中。"

8. 准则 7——诱导参与研究

CIOMS（2002）中的准则 7：诱导参与研究及对其评注的内容是由 CIOMS（1993）中的准则 4：诱导参与研究及对其评注发展而来的。现将这两条准则列于表 3—51 以便比较。

表 3—51 *CIOMS*（1993）与 *CIOMS*（2002）中诱导参与研究准则内容的比较

CIOMS（1993）	*CIOMS*（2002）	比较
准则 4：诱导参与研究 受试者可因研究带来的不便和花费时间而得到回报，并且因参与研究而带来的支出应该得到偿还①；他们还可享受免费医疗服务。但是，所付的酬金不应太多，所提供的医疗也不应太广泛，以免诱导未来受试者同意参与研究，而违反其较好的判断（"不正当诱导"）。所有的支付、偿还或医疗服务均应得到伦理审查委员会的批准。	准则 7：诱导参与研究 受试者可因收入上的损失、旅行费用和其他由于参与研究带来的支出而得到偿还①；他们还可享受免费医疗服务。特别是不能从研究中获得直接利益的受试者，可以因研究带来不便或花费时间而付给酬金。②但是，所付的酬金不应太多，所提供的医疗也不应太广泛，以免诱导未来受试者同意参与研究，而违反其较好的判断（"不正当诱导"）。所有的支付、偿还或医疗服务均应得到伦理审查委员会的批准。	增加： 受试者支出的具体内容：收入损失、旅行费用、其他支出（①/①）；得到酬金的人群，"不能从研究中获得直接利益的受试者"（②） 删除：没有删除的内容。

从表 3—51 可以看到，*CIOMS*（2002）保留了 *CIOMS*（1993）准则 4——诱导参与研究的全部内容，既对受试者的回报和补偿的数目不应超过诱导参与研究的数目，所有的回报和补偿都应得到伦理审查委员会的批准。所增加的内容是对原来内容的详细列举，并没有涉及原则问题。

另外，*CIOMS*（2002）对"诱导参与研究"的评注完全保留了 *CIOMS*（1993）的可接受的补偿、不可接受的补偿、无行为能力者、撤出研究四条，没有发生变化。由此可以认为"诱导参与研究"是比较稳定的内容。

9. 准则 8：参与研究的利益与风险；准则 9：当研究涉及无知情同意能力的人时对风险的特殊限制

CIOMS（2002）中的准则 8：参与研究的利益与风险和准则 9：当研究涉及无知情同意能力的人时对风险的特殊限制的内容是由 *CIOMS*（1993）中的对准则 5：儿童参与的研究的评注和准则 6：涉及精神或行为疾患的人的研究发展而来的。现将两条准则列于表 3—52 以便比较。

表 3—52　　CIOMS（1993）与 CIOMS（2002）中有关参与研究的
利益与风险内容比较

CIOMS（1993）	CIOMS（2002）
对准则 5：儿童参与的研究的评注 风险的合理性论证 能为儿童受试者个人带来直接诊断、治疗或预防利益的干预措施应该进行论证，以确定就风险和利益而言，它们对儿童受试者个人至少同现有的其他方法同样有利。风险必须联系它们对儿童的预期利益进行合理性论证。 不能为儿童受试者个人带来直接利益的干预措施的风险必须联系它们对社会的预期利益（即可普遍化的知识）来进行论证。一般而言，这类干预措施的风险应当是最小的——也就是说，可能性和严重程度不超过对这类儿童的常规医学或心理学检查的风险。当伦理审查委员会认定研究的目的有足够的重要性的时候，可以允许稍微超过最小风险。 准则 6：涉及精神或行为疾患的人的研究 在对因精神或行为疾患而无充分知情同意能力的人进行研究之前，研究者必须保证： …… ——不能为受试者个人带来利益的干预措施的风险程度低，且与所获得的知识的重要性相称；并且 ——能为受试者个人带来治疗利益的干预措施至少和现有的其他干预措施同样有利。	准则 8：参与研究的利益与风险 在涉及人的生物医学研究中，研究者必须保证对潜在的利益与风险已作了合理权衡，且风险已最低化。 能为受试者个人带来直接诊断、治疗或预防利益的干预措施或操作应该进行论证，以确定就风险和利益而言，它们对受试者个人是否和现有的其他方法至少同样有利。对这类"有利的"干预措施或操作的风险必须联系它们对受试者个人的预期利益进行合理性论证。 不能带来直接判断、治疗或预防利益的干预措施对受试者个人的风险必须联系它们对社会的预期利益（即可普遍化的知识）来进行论证。这类干预措施带来的风险对于所获得的知识而言必须是合理的。 准则 9：当研究涉及无知情同意能力的人时对风险的特殊限制 当以无知情同意能力的个人为研究受试者在伦理和科学上得到合理性论证时，那些对受试者个人无直接利益的研究所带来的风险应该既不多见也不大于对这些人的常规医学或心理学检查的风险。比这类风险轻微或稍有增高的风险可能也是可允许的，如果这种增高有压倒性的科学或医学上的根据，而且伦理审查委员会已予批准。

同 CIOMS（1993）相比，CIOMS（2002）准则 8 和准则 9 是新增加的准则，同时也是知情同意主题内的新增准则。但从表 3—52 可以看到，准则 8 和准则 9 的内容并不是完全新的。在对 CIOMS（1993）准则 5 的评注：风险的合理性论证中提出：风险的合理性必须联系预期利益进行论证。能为儿童受试者带来直接利益的研究，干预措施至少同其他措施同样有利；不能为儿童受试者带来直接利益的研究，干预措施的风险联系对社会的利益进行论证，风险应是最小的。而在 CIOMS（1993）"准则 6：涉及精神或行为疾患的人的研究"提出：能为精神或行为疾患的人带来直接利益的研究，干预措施至少同其他措施同样有利；不能

为精神或行为疾患的人带来直接利益的研究，干预措施的风险低且需要联系对社会的利益进行论证。由此可以看到，准则 8 保留了 CIOMS（1993）提出的脆弱人群参与的研究中风险利益论证的基本思想，将其扩展到所有的受试者。在扩展的同时，没有规定不能为受试者带来直接利益的研究的风险是最小化的。准则 9 保留了 CIOMS（1993）提出的不能为脆弱人群带来直接利益的研究风险最小的规定，将其扩展到所有无知情同意能力的人，同时增加了允许稍微超过最小风险的研究的条件。

在 CIOMS（1993）和 CIOMS（2002）中，已经明确将"有利"原则作为指导涉及人的生物医学研究的基本原则写入准则中。"有利"原则要求的规范是"就预期的利益而言，研究的风险合理"[CIOMS（2002）：总的伦理原则]。但涉及所有受试者研究的判定风险/利益合理的标准以及如何判定并没有在 CIOMS（1993）的准则中明确提出。在 CIOMS（2002）这条新增加的准则中对利益评估提出的办法见表3—53：

表3—53　　　　　CIOMS（2002）对风险/利益评估的规定

干预措施分类①	利益考虑	风险考虑
对受试者有直接利益的干预措施或操作	与现有其他方法同样有利	风险与对受试者个人的预期利益进行比较
对有知情同意能力的受试者无直接利益的干预措施或操作		风险与对社会的预期利益进行比较
对无知情同意能力的受试者②无直接利益的干预措施或操作		与对社会的预期利益进行比较；风险是最小的；稍微增高的风险必须有科学或医学证据，且得到伦理审查委员会批准。

---

①　依据 CIOMS（2002）对准则 8 的评注，有直接利益的干预措施（有利性干预）（beneficial interventions）指可能带来直接治疗意义的干预措施。不能带来直接利益的干预措施（非有利干预）（non-beneficial interventions）指仅仅是为了回答研究问题的干预措施。

②　依据 CIOMS（2002）对准则 9 的评注：低风险标准，无知情同意能力指：自主性受到限制（如，犯人）、认知能力受到限制（如，儿童）。

10. 对知情同意主题的总结

CIOMS（2002）、*CIOMS*（1993）中知情同意主题下的条目数分布及条目数的变化见图3—10、图3—11。

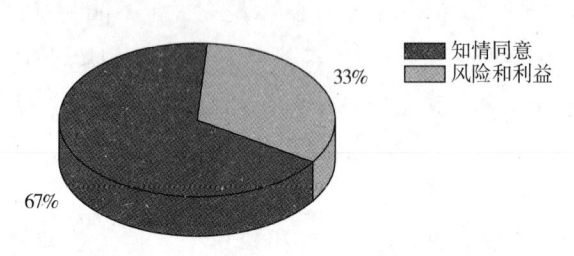

图3—10 *CIOMS*（1993）知情同意主题下

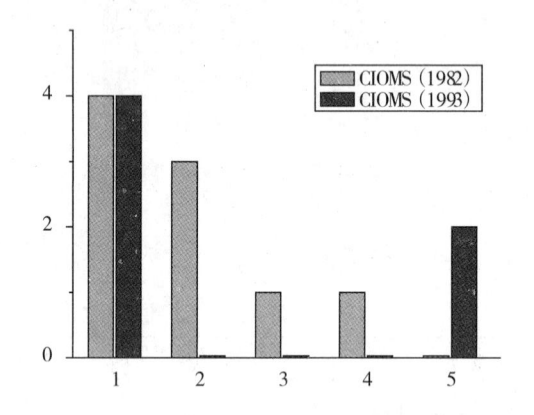

图3—11 *CIOMS*（2002）、*CIOMS*（1993）中知情同意主题下的条目数的变化
1. 知情同意；2. 脆弱人群；3. 欠发达社区的受试者；4. 流行病学研究；5. 风险和利益

在*CIOMS*（2002）中，*CIOMS*（1993）"知情同意"主题下所包含的"脆弱人群"、"欠发达社区的受试者"和"流行病学研究"中的知情同意的内容被删除，其中"脆弱人群"成为一个独立的主题。在这些变化中，唯一不变的是"知情同意"（包括个人知情同意、应提供给未来受试者的基本信息、资助者和研究者在知情同意中的义务和诱导参与研究四个准则）所占的比例始终最大。同*CIOMS*（1993）的这四个准则相比较，只有"资助者和研究者的义务"有删除，其余三个准则的内容都有所增加。"个人知情同意"所增加的免除知情同意的规定来自对*CIOMS*（1993）"个人知情同意"准则的评注；*CIOMS*（1993）"应提供给未来受试者的基本信息"的内容中，除了"替代治疗"、"研

究者向受试者提供医疗的责任范围"和"自由拒绝和随时撤出研究"的内容没有增加外,其余条款都有增加。除此之外,还新增了有关研究回报、研究后受试者的知情权、研究后利益分配、研究者和基金信息、生物标本的使用和开发中的知情同意等内容;"资助者和研究者的义务"(准则6)增加了更新知情同意书和续签知情同意书的规定;诱导参与研究(准则7)所增加的内容是对原有内容的列举详细化了,并没有增加新的涉及原则的内容。"资助者和研究者的义务"(准则6)所删除的内容被保留到对准则14的评注中。CIOMS(2002)中增加了"风险和利益"的内容(准则8、9),这部分内容是在CIOMS(1993)"脆弱人群"的研究的基础上扩展而来。除了上述这些增加之外,CIOMS(2002)在对准则的评注中还增加了关于"生物标本"、"遗传检测结果和遗传信息"和"紧急问题研究"的内容。

11. 在资源贫乏的人群和社区中的研究

这个主题包含准则10:在资源贫乏的人群和社区中的研究一个准则。这条准则是CIOMS(1993)中的准则8:涉及不发达社区受试者的研究发展而来的。现将这两条准则列于表3—54以便比较。

表3—54　CIOMS(1993)与CIOMS(2002)规定的在资源贫乏的人群和社区中的研究的内容比较

CIOMS(1993)	CIOMS(2002)	比较
准则8:涉及不发达社区受试者的研究 无论是在发达国家还是在发展中国家,在进行涉及不发达社区受试者的研究之前,研究者必须确保: ——除非该研究不能合理地在发达社区进行,不发达社区的人们通常不应包括在研究中;① ——研究是为了针对该社区的健康需要和优先需求; ——尽一切努力确保如下的伦理责任,即每位受试者的同意是知情的;并且④ ——研究方案已经被伦理审查委员会审查和批准,该委员会包括完全熟悉该社区文化和传统的成员或顾问。⑤	准则10:在资源贫乏的人群和社区中的研究 在资源贫乏的人群或社区进行研究之前,资助者和研究者必须尽最大努力来确保: ——研究是为了针对该人群和社区的健康需要和优先需求; ——为了该人群或社区的利益,所研发的任何干预措施和产品或所产生的任何知识都将能为该人群或社区合理可得。②	增加: 研究的利益为受试者所在人群"合理可得"(②) 删除: "除非该研究不能合理地在发达社区进行,不发达社区的人们通常不应包括在研究中"(①); "尽一切努力确保如下的伦理责任,即每位受试者的同意是知情的;并且(④) ——研究方案已经被伦理审查委员会审查和批准,该委员会包括完全熟悉该社区文化和传统的成员或顾问。"(⑤)

在对 CIOMS（1993）准则 8 的评注：研究的性质中提出："为了避免剥削处在社会和经济上易受剥削的社会的个人和家庭遭受剥削，研究者和资助者若打算在这类社区进行可以在发达社区同样合理的研究，则应该使他们的国家性或地方性伦理审查委员会满意该研究不是剥削性的。在外部资助的研究的情况下，东道国的伦理审查委员会还需要认定所进行的研究针对该社区的健康需求和优先需要。"由此可以看到，CIOMS（2002）所删除的 CIOMS（1993）的内容①是为了避免剥削，采取的一种防御性措施。但在 CIOMS（1993）中也并未完全否定在不发达社区开展可以在发达社区进行的研究，只要其满足健康需求和优先性需要。因此，CIOMS（2002）将 CIOMS（1993）的①删除并没有改变 CIOMS（1993）的基本立场。

CIOMS（1993）中被删除的④的内容转移到了 CIOMS（2002）中准则 6 和对准则 4 的评注：理解中，被删除的⑤的内容转移到了 CIOMS（2002）中对准则 3 的评注：伦理和科学审查中。

CIOMS（1993）中对准则 8：涉及不发达社区受试者的研究的评注分为总的考虑、研究性质、知情同意、伦理审查、HIV/AIDS 考虑五个方面，而在与之相应的 CIOMS（2002）的对准则 10：在资源贫乏的人群和社区中的研究的评注精简为研究应针对健康需求和优先事项、合理可得性两条。而在涉及不发达社区的人群的研究中，"针对性"和"合理可得性"是两个核心概念。对这两个概念的比较见表 3—55。

从表 3—55 可以看到，在 CIOMS（1993）对准则的评注中，对"优先性"作了界定，而在 CIOMS（2002）中则没有专门涉及"优先性"，而将其融入了"针对性"的考虑中。在 CIOMS（2002）中对"针对健康需要"做了明确界定，"针对性"包括两个方面的考虑：第一，针对在该人群中流行的疾病；第二，研究利益能为该人群合理可得。第一方面涉及的是医学观察，第二方面则涉及医学、经济问题。"合理可得性"涉及当地医疗保健基础设施、经济利益分配等多方面问题。CIOMS（2002）此处的规定"如果某研究性药物证明有利，资助者应该在研究结束后继续向受试者提供药物"同《赫尔辛基宣言》（2000）第 33 条的规定"研究结束时，应该确保参加研究的每个病人都能得到被研究证明的最佳预防、诊断和治疗方法"相同。

表 3—55   *CIOMS*（1993）与 *CIOMS*（2002）中"针对性"和
"合理可得性"内涵的比较

CIOMS（1993）对准则 8 的评注	*CIOMS*（2002）对准则 10 的评注
研究性质：研究应针对健康需求和优先事项指研究不应耗尽通常情况下该社区向其成员提供的卫生保健资源。如果想开发某种产品，例如一个新的治疗性的制剂，研究者、资助者和合作国家的代表和社区领袖应对该社区所期望的和研究进行中的和结束后能与不能提供的东西有明确理解。这种理解在研究开始前就应得到，以确保研究确实针对该社区的优先事项。 作为一般规则，资助机构应确保在成功的研究完成之后，所研发的任何产品应使研究所在的不发达社区的社区居民合理可得。 ……	研究应针对健康需求和优先需求：研究应针对研究所在地的人群或社区的健康需求和优先需求，而为了满足这一要求，就必须确定该人群或社区所需要的是什么。仅仅确定某病在该人群中流行，需要进行新的进一步研究是不够的；伦理学要求的"针对性"只有当成功的干预措施或其他与健康有关的利益能为该人群所获得时，才算真正达到。…… 当研究性干预措施对东道国的医疗保健有重要的潜在价值时，资助者应该就"针对性"和"合理可得性"的实际意义进行协商，这种协商应该包括东道国中的利益共享代表，如中央政府、卫生部、地方卫生当局、有关的科学和伦理学团体、受试者从中抽样的社区代表，以及卫生促进团体等非政府组织。这些协商应该包括以下问题：为安全合理地使用干预措施所需的医疗保健基础设施，授权性分配的可能性，关于付款、版税、津贴、技术与知识产权以及销售价格等问题的决定，当这些经济信息不存在所有权问题时。有时候，关于成功产品的可获得性和销售的讨论必须有国际组织、资助国政府、双边机构、国际非政府组织和私人机构参与，才能达成满意效果。医疗保健的基础设施应该在开始阶段就促成其建立，以便在研究中和研究结束后发挥作用。 …… 合理可得性：关于"合理可得性"的问题是复杂的，需要个案决定。相关的考虑包括：干预措施或产品研发用了多少时间，是否将有其他协议性利益提供给研究受试者或有关的社区和人群，撤回研究性药物的后果（如受试者的死亡），受试者或医疗服务系统的费用，以及如果免费供应一种干预措施是否会引起不正当诱导问题。 ……

12. 临床试验中对照组的选择

这个主题包含准则 11：临床试验中对照组的选择[①]一个准则。这条准则是 *CIOMS*（1993）中的对准则 14：伦理审查委员会的组成和责任的评注发展而来的。现将这两条准则列于表 3—56 以便比较。

---

① *CIOMS*（2002）与《赫尔辛基宣言》（2000）在这个问题上有分歧，留待后续章节详细讨论。这部分内容与《赫尔辛基宣言》（2000）对比来写。

表 3—56　　　　"临床试验中对照组的选择"内容的比较

CIOMS（1993）	CIOMS（2002）
对准则 14（伦理审查委员会的组成和责任）的评注 风险和利益： …… ……但是，正如《赫尔辛基宣言》Ⅲ.3 的要求"每位病人——包括对照组的病人，都应当获得证明最佳的诊疗和治疗方法"。因此，如果存在经批准并可接受的针对候选药物能治疗的情况的药物，通常安慰剂作为对照是不能得到论证的。 开始随机临床试验的伦理正当性也满足Ⅱ.3 的要求。被比较的治疗（或其他干预措施）应当被认为对未来受试者同样有利；不应当存在科学证明表明一个比另一个好的优势。而且，不应当存在已知的比在临床试验中被比较的这些干预更好的干预，除非适合参与的人受限于那些被其他更好的干预治疗不成功的人，或那些知道其他干预和优势，但选择不接受的人。 对每一个随机临床试验，应当建立一个数据与安全性监督委员会，该委员会负责监督研究过程中获得的数据，向资助者和研究者提供修改或终止研究，或修订知情同意过程或知情同意书的建议。当委员会发觉负面事故而资助者或研究者在计划研究时未预料到该事故的性质、频率或 magnitude，或有证据表明正在临床试验中被检测的某个治疗或预防措施优于另一个时，做出这类建议。在临床试验的计划阶段，应设置停止规则以知道数据与安全性监督委员会确定什么时候建议停止研究。	准则 11：临床试验中对照组的选择 作为一般规则，在诊断、治疗、预防性干预试验中，对照组的受试者应该接受一种已证明有效的干预措施。在某些情况下，使用另外一种对比措施，如安慰剂或"无治疗"，在伦理上可能是可接受的。 安慰剂可用于： ——当没有已证明有效的干预措施时； ——当不给予已证明有效的干预措施至多只会使受试者暴露于暂时的不适或延缓症状的缓解时； ——当用已证明有效的干预措施作为对比不能产生科学上可靠的结果，而使用安慰剂不会增加任何使受试者蒙受严重或不可逆伤害的风险时。

　　同 CIOMS（1993）相比，CIOMS（2002）准则 11 是新增加的准则，该准则单独成为一个主题的内容。但从表 3—56 可以看到，临床试验中对照组的问题在 CIOMS（1993）中已经被提及。当时是作为伦理审查程序中的"风险和利益"的内容进行考虑的。并不是直接从对照组选择的角度做出规定。对 CIOMS（1993）和 CIOMS（2002）中的内容进行比较可以看到，对照组是否可以使用安慰剂以及使用安慰剂的条件发生了变化。具体内容比较见表 3—57：

表3—57　*CIOMS*（1993）与*CIOMS*（2002）规定的使用安慰剂的条件比较

使用安慰剂的条件	*CIOMS*（1993）	*CIOMS*（2002）
药物试验中没有已证明有效的干预措施	允许使用安慰剂	允许使用安慰剂①
存在已证明有效的干预措施，若使用安慰剂只会使受试者暴露于暂时的不适或延缓症状的缓解	未规定	允许使用安慰剂
存在已证明有效的干预措施，若使用积极对照不能产生科学上可靠的结果，而使用安慰剂不会增加任何使受试者蒙受严重或不可逆伤害的风险	未规定	允许使用安慰剂

从表3—57可以看出，与*CIOMS*（1993）中规定的使用安慰剂的条件相比，*CIOMS*（2002）规定了更多的具体条件，使准则具有更强的可操作性。

13. 脆弱人群

CIOMS（2002）中，脆弱人群这一主题是除知情同意主题外准则数目最多的主题。包括准则12：研究受试者群体选择中负担和利益的公平分配，准则13：涉及脆弱人群的研究，准则14：涉及儿童的研究，准则15：因精神或行为疾患而无充分知情同意能力的人的研究四个准则。

14. 准则12：研究受试者群体选择中负担和利益的公平分配和准则13：涉及脆弱人群的研究

CIOMS（2002）中的准则12：研究受试者群体的选择中负担和利益的公平分配和准则13：涉及脆弱人群的研究以及对它们的评注是由*CIOMS*（1993）中的准则10：负担和利益的公平分配及对它的评注发展而来的。现将三条准则及其评注分别列于表3—58、表3—59以便比较。

CIOMS（1993）准则10提出：受试者选择要符合公平原则；征募脆弱人群要有特别的论证。对准则10的评注由三个部分组成：（1）一般考虑；（2）其他脆弱社会群体；（3）感染HIV或有感染HIV风险的

---

① 有例外。例如外科性干预的临床试验以及疫苗试验中，安慰剂在伦理上是不可以接受的。

人。这三个部分中，（2）和（3）是关于脆弱人群参与研究的公平考虑。（1）一般考虑提出：

表3—58　　　CIOMS（1993）与CIOMS（2002）中负担和利益的
公平分配内容比较

CIOMS（1993）	CIOMS（2002）	比较
准则10：负担和利益的公平分配 研究受试者个人①或社区的选择应该使研究的负担和利益能够公平分配。如要征募脆弱个人参与研究必须有特别的合理性论证，他们一旦被选中，必须特别采取保护他们权利和福利的严格措施。	准则12：研究受试者群体的选择中负担和利益的公平分配 研究受试者群体①或社区的选择应该使研究的负担和利益能够公平分配。如要将某些能够从研究中获益的群体或社区排除在外，必须有合理性论证。② 准则13：涉及脆弱人群的研究 如果征募脆弱个人作为研究受试者，必须有特别的合理性论证，他们一旦被选中，必须采取保护他们权利和福利的严格措施。	增加： "如要将某些能够从研究中获益的群体或社区排除在外，必须有合理性论证。"（②） 变化 个人→群体（①）

表3—59　　　CIOMS（1993）与CIOMS（2002）对受试者的
选择准则评注的内容的比较

CIOMS（1993）	CIOMS（2002）
对准则10的评注	对准则12的评注
	（1）一般考虑
（1）一般考虑	对准则13的评注： （1）一般考虑
（2）其他脆弱社会群体 （3）感染HIV或有感染HIV风险的人	对准则13的评注： （2）其他脆弱群体

当目标受试者不包括脆弱人群或社区时，公平分配参与研究的负担和利益不会产生什么严重的问题。偶然地，当研究是为了评估那些被普遍认为拥有比通常可得的药剂有显著优势的药剂时，恰当的做法是将参与研究的机会公布于众，或者为那些没有机会接触研究项目信息的个人或群体建立能力范围内的计划。

当目标受试者包括脆弱人群或个体时，公平分配参与研究风险和利益通常会更困难。传统上所说的脆弱人群指同意能力或自由受到限制的人群。他们是本文件中某些特殊准则的主体，包括儿童、由于精神或行为疾患而无知情同意能力的人和囚犯。

对于他们参与研究的伦理学论证通常要求研究者在以下几方面满足伦理审查委员会的规定：

——该研究不能在较不脆弱的受试者中同样好地进行；

——该研究的目的是获得能改进疾病或其他健康问题的诊断、预防、治疗方面的知识，这些问题是脆弱人群所特有的或唯一具有的，包括受试者个人或脆弱阶层中处境相似的其他成员；

——对研究受试者和其所属的脆弱阶层的其他成员，通常应保证他们合理地得到作为研究成果的诊断、预防、治疗产品；

——研究的目的如果不是有利于受试者个人，则其风险应是最小的，除非伦理审查委员会授权允许稍微超过最小风险；并且

——当未来受试者无能力或因其他原因实际上无知情同意能力时，他们的同意应以其法定监护人或其他正式授权的代表的代理同意作为补充。

由此可以看到，CIOMS（1993）对准则10的评注：一般考虑主要也是规定脆弱人群参与研究。由此，CIOMS（1993）对负担和利益的公平分配主要考虑的是脆弱人群参与研究的"负担和利益"的公平分配。

在CIOMS（2002）中，原来CIOMS（1993）的准则10被分为2条准则——准则12和准则13。准则13同CIOMS（1993）一样是关于"脆弱人群"的，对准则10的评注内容中与脆弱人群有关的评注（1、2、3）中的内容也保留到对准则13的评注。而准则12在保留CIOMS（1993）准则10提出的"负担和利益"的公平分配的内容基础上，又增加了"如要将某些能够从研究中获益的群体或社区排除在外，必须有合理性论证"的规定，这是对人体试验的基本立场发生转变的表现，即从防止伤害发展到分享研究利益。在对准则12的评注中提出：

> 所谓公平，就是要求任何群体或阶层都不应该承担超过其参与研究的一份公平的负担。同样地，任何群体都不应该被剥夺参与研究的一份公平的短期或长期利益，包括参与研究的直接利益，和研究所产生的新知识的利益。……

过去，有些群体由于当时认为正当的理由而被排除在研究之

外，其结果是关于这些人群的疾病诊断、预防、治疗受到了限制。这引起了严重的阶层之间的不公正。如果关于疾病治疗的信息被看作是一种应该分配给社会的利益，那么剥夺某个群体的这一利益就是不公正的。……

由此可以看到，同 CIOMS（1993）一样，CIOMS（2002）关注脆弱人群参与的研究中的负担和利益公平分配的问题。对这些人群的关注主要是为了避免"负担"被不公正的分配给这些"相对（或绝对）无能力保护自身利益的人"。在此基础上，CIOMS（2002）增加了"如要将某些能够从研究中获益的群体或社区排除在外，必须有合理性论证"的要求，并将其单独成为一个准则（准则12），这是将参加研究看作是利益，关注"利益"是否被不公正的不分配给某些人群。

15. 准则14：涉及儿童的研究

CIOMS（2002）中的准则14：涉及儿童的研究以及对它的评注是由CIOMS（1993）中的准则5：涉及儿童的研究及对它的评注发展而来的。现将两条准则及其评注分别列于表3—60、表3—61以便比较。

表3—60　　CIOMS（1993）与 CIOMS（2002）涉及儿童的研究的准则内容比较

CIOMS（1993）准则 5	CIOMS（2002）准则 14	比较
在进行涉及儿童的研究之前，研究者必须保证： ——如果研究能同样好地在成人身上进行，则儿童不应被包括在研究中①； ——研究目的是为了获得与儿童健康需求有关的知识； ——每个儿童的父/母亲或法定代理人已给予代理同意②； ——已取得在儿童能力范围内的同意； ——儿童拒绝参与研究应该永远受到尊重，除非儿童在研究中接受的治疗不存在医学上可接受的替代治疗； ——不能为儿童受试者个人带来利益的干预措施的风险低，并且可以与获得知识的重要性相当；并且⑤ ——能为儿童受试者个人带来治疗利益的干预措施至少和现有其他方法同样有利。⑥	在进行涉及儿童的研究之前，研究者必须保证： ——研究不能在成人身上同样好地进行①； ——研究目的是为了获得与儿童健康需求有关的知识； ——每个儿童的父/母亲或法定代理人已给予允许②； ——已取得在儿童能力范围内的同意（赞同）；并且③ ——儿童拒绝参与或拒绝继续参与研究的意愿将受到尊重。	增加：③ 文字上编辑性变化： （①） 用"允许"代替"代理同意"（②） 删除： 此处删除的⑤、⑥，其内容与准则8（2002）相同。

表 3—61　　　*CIOMS*（1993）与 *CIOMS*（2002）涉及儿童的
研究准则评注内容比较

CIOMS（1993）	*CIOMS*（2002）	比较
对准则 5（涉及儿童的研究）的评注	对准则 14（涉及儿童的研究）的评注	
（1）儿童参与研究的合理性论证	（1）涉及儿童的生物医学研究的合理性论证	有增加
（2）儿童的同意（consent）	（2）儿童的赞同（assent）	有增加
（3）父/母亲或监护人的代理同意（proxy consent）	（3）父/母亲或监护人的允许（permission）	有增加，反向变化
（4）父/母亲或监护人对研究进行观察	（4）父/母亲或监护人对研究进行观察	有增加
（5）心理学和医学支持	（5）心理学和医学支持	仅有一处编辑性变化：participation→involvement 其余一致
（6）风险的合理性论证	准则 8：参与研究的利益与风险	

CIOMS（2002）中儿童参与研究的条件与 *CIOMS*（1993）相同，也就是为了儿童、只能在儿童身上进行、取得同意（包括儿童的、父/母亲或法定代理人的同意）。这里的变化主要是将 *CIOMS*（1993）中的"代理同意"转换为"允许"，这个术语的变化需要详细讨论。从上面两张表关于准则和对准则的评注可以看到，"涉及儿童的研究"修改少，是相对成熟的内容。

16. 准则 15：因精神或行为疾患而无充分知情同意能力的人的研究

CIOMS（2002）中的准则 15：因精神或行为疾患而无充分知情同意能力的人的研究是由 *CIOMS*（1993）中的准则 6：涉及精神或行为疾患的人的研究发展而来的。现将两条准则列于表 3—62 以便比较。

表3—62　*CIOMS*（1993）与 *CIOMS*（2002）中因精神或行为疾患而无充分知情同意能力的人的研究准则的比较

CIOMS（1993）	*CIOMS*（2002）	比较
准则6：涉及精神或行为疾患的人的研究 在对因精神或行为疾患而无充分知情同意能力的人进行研究之前，研究者必须保证： ——如果该研究能在完全掌控他们的智力的人①身上进行得一样好，则不应以这些人作为研究受试者； ——研究的目的是为了获得与精神或行为疾患病人的特殊健康需求有关的知识； ——已在每个受试者的能力范围内取得其同意，未来受试者拒绝参与非临床研究②的意向受到尊重； ——在受试者无能力的情况下，从合法监护人或其他正式授权的人那里取得同意； ——不能为受试者个人带来利益的干预措施的风险程度低，且与所获得的知识的重要性相称；并且⑥ ——能为受试者个人带来治疗利益的干预措施至少和现有的其他干预措施同样有利⑦。	准则15：因精神或行为疾患而无充分知情同意能力的人的研究 在对因精神或行为疾患而无充分知情同意能力的人进行研究之前，研究者必须保证： ——如果该研究能在有充分知情同意能力的人①身上进行得一样好，则不应以这些人作为研究受试者； ——研究的目的是为了获得与精神或行为疾患病人的特殊健康需求有关的知识； ——已在每个受试者的能力范围内取得其同意，未来受试者拒绝参与研究②的意向必须受到尊重，除非在例外的情况下，即没有其他合理的医学治疗方法，且当地法律允许推翻受试者的反对意见时；并且④ ——当未来受试者缺乏同意能力时，可由一名适当的家庭成员或法律授权的代表按照现行法律给予同意⑤。	文字上编辑性变化： （①） 内容上变化： 用"非治疗研究"代替"研究"（②） 删除： 此处删除的⑥、⑦，其内容与准则8（2002）相同。

CIOMS（2002）中精神或行为疾患而无充分知情同意能力的人（以X代表）的研究的条件与 *CIOMS*（1993）相同，也就是为了X、只能在X身上进行、取得同意（包括X的、X的家庭成员或法律授权的代表的同意）。由表3—62可以看到，"因精神或行为疾患而无充分知情同意能力的人的研究"这条准则修改少，是相对成熟的内容。

与 *CIOMS*（1993）相比， *CIOMS*（2002）的唯一需要研究的变化的是未来受试者"不同意"的意愿在什么范围，以及如何尊重。表3—63列出了其变化。

表3—63 *CIOMS*（1993）与*CIOMS*（2002）中对精神或行为疾患而无充分知情同意能力的人"不同意"的意愿的规定的比较

	CIOMS（1993）	*CIOMS*（2002）
"不同意"的意愿是否受到尊重	是 非临床研究	是 研究
推翻"不同意"的意愿的条件	未规定	没有其他合理的医学治疗方法，且当地法律允许推翻受试者的反对意见时；并且 当未来受试者缺乏同意能力时，可由一名适当的家庭成员或法律授权的代表按照现行法律给予同意。

从表3—63中可以看出，*CIOMS*（1993）规定在非临床研究中，因精神或行为疾患而无充分知情同意能力的人的"不同意"意愿应该得到尊重；而*CIOMS*（2002）将医学试验类型扩展到了所有研究，并且详细规定的推翻"不同意"的意愿的条件。这其实是对精神或行为疾患而无充分知情同意能力的人本人意愿的更大范围的保护。

17. 对"脆弱人群"主题准则的总结

从上述分析可以看到，*CIOMS*（2002）将在*CIOMS*（1993）中分属于受试者选择［*CIOMS*（2002）准则12、13］和受试者的知情同意［*CIOMS*（2002）准则14、15］中的内容统摄到新的主题"脆弱人群"中。其中对脆弱人群参与研究要满足风险/利益公平分配的要求，并且有特别论证的要求（具体规定在对准则的评注中）与*CIOMS*（1993）的规定一致。儿童参与研究和精神或行为疾患的人参与研究的具体规定，无论是准则还是对准则的评注中的内容也基本保留了*CIOMS*（1993）的相应内容。由此，关于脆弱人群的内容发展到2002年，已经是比较稳定和成熟的内容了。

18. 妇女作为研究受试者

这一主题包括两条准则，即准则16：妇女作为研究受试者和准则17：孕妇作为研究受试者。现分别讨论如下：

19. 准则16：妇女作为研究受试者

准则16是针对育龄妇女参与研究的规定。在*CIOMS*（1993）中没有准则对这类人群参加研究作出专门规定，但对准则11的评注：选择妇女作为研究受试者中涉及了育龄妇女参与研究的问题。现将这两条准则列于表3—64中,以方便比较研究。

表3—64　　CIOMS(1993)与CIOMS(2002)中妇女作为研究受试者的规定比较

CIOMS(1993)	CIOMS(2002)
准则11的评注:选择妇女作为研究受试者 　　选择妇女作为研究受试者:在大多数社会,妇女参与研究是受到歧视的。在生物学上有可能怀孕的妇女通常由于担心对胎儿的潜在危险而被排除在药物、疫苗、医学器械的临床试验之外。因此,对大多数药物、疫苗或器械对妇女的安全有效性,所知相对较少,而缺乏这种知识可能是危险的。例如,如果反应停在上市之前就经过正规的、周密监控的临床试验,就不会造成那么严重的伤害。 　　将生物学上有可能怀孕的妇女排除在这类临床试验之外是不公正的,因为它剥夺了妇女作为一类人从试验中获得新知识的利益。此外,它蔑视了妇女自我决定的权利。只有当有证据或怀疑某个药物或疫苗会导致遗传突变或致畸时,将妇女排除在研究之外才是正当的。然而,虽然应该给于育龄妇女参与研究的机会,但应该帮助她们理解如果她们在研究期间怀孕了,研究有可能给胎儿带来风险。 　　绝经期前的妇女也被排除在许多不包括服用药物或使用疫苗的研究活动之外,包括非临床研究,因为与月经周期不同阶段相关的生理变化会使研究数据的解释变得复杂。结果是,对妇女正常的生理过程的了解要少于对男性的了解。这也是不公正的,因为它剥夺了妇女作为一类人从这类知识中获得的利益。	准则16:妇女作为研究受试者 　　研究者、资助者或伦理审查委员会不应将育龄妇女排除在生物医学研究之外。在研究期间有可能怀孕,本身不应成为排除或限制其参与的理由。但是,对妊娠妇女及其胎儿风险的详尽讨论,是使妇女能对参与临床试验作出理性选择的前提。在这种讨论中,如果参与研究可能对在研究中怀孕的妇女及其胎儿构成危险,则资助者/研究者应该保证在研究开始之前向未来受试者提供妊娠试验和有效避孕方法。如果由于法律或宗教原因做不到这点,研究者就不应征募可能怀孕的妇女参与这种可能有危险的研究。

　　从CIOMS(1993)对准则11的评注中看到,CIOMS(1993)提出了从公正原则出发,不应当将育龄妇女和绝经期前的妇女排除在研究之外。CIOMS(2002)准则16保留了CIOMS(1993)提出的不应当将育龄妇女排除在研究之外的立场,同时保留了对准则11的评注中关于妇女参与研究的论证的内容——公正和自我决定。

　　现将表3—64中的关于育龄妇女作为研究受试者的规定的要点摘录为表3—65:

表 3—65　　　　　　　育龄妇女作为受试者的规定的比较

	CIOMS（1993）	*CIOMS*（2002）
一般考虑	将育龄妇女排除在研究之外是不公正的，也蔑视了妇女自我决定的权利。	将育龄妇女排除在研究之外是不公正的，也蔑视了妇女自我决定的权利。
将妇女排除在研究之外的条件	当地文化不承认妇女自我决定的权利。	如果研究可能对在研究中怀孕的妇女及胎儿造成危险，并且由于法律或宗教原因不能提供妊娠试验和有效避孕方法。
谁来同意	妇女自我决定。 当地文化不承认妇女的自我决定权利，由于不存在替代措施，妇女需要使用研发中的治疗时，由妇女之外的人，通常是男性决定。	她本人。在任何情况下都不得由配偶或性伴代为知情同意。

从表 3—65 可以看到，与 CIOMS（1993）相比，CIOMS（2002）育龄妇女是否被排除在研究之外的考虑从当地是否承认妇女自我决定的权利发展为是否在用来规避研究风险的人身试验和避孕方法。在谁来同意的规定中也更加强调了妇女本人的权益。

20. 准则 17：孕妇作为研究受试者

准则 17 是针对孕妇参与研究的规定。在 *CIOMS*（1993）中与其相对应的准则是准则 11：选择孕妇或哺乳期（母乳喂养）妇女作为研究受试者。现将这两条准则列于表 3—66 中，以方便比较研究。

表 3—66　　　　　　　孕妇作为受试者规定的比较

CIOMS（1993）	*CIOMS*（2002）
准则 11：选择孕妇或哺乳期（母乳喂养）妇女作为研究受试者 孕妇或哺乳期妇女在任何情况下都不应成为非临床研究的受试者，除非研究带来的风险不超过给胎儿或乳儿的最小风险，并且研究目的是为了获得与妊娠或哺乳有关的知识。作为一般规则，孕妇或哺乳期妇女不应成为任何临床研究的受试者，除非所设计的试验是为了保护或促进孕妇或哺乳期妇女或胎儿或乳儿的健康，并且非孕妇或非哺乳期妇女不适合成为受试者。	准则 17：孕妇作为研究受试者 孕妇应该认为是符合参与生物医学研究条件的。研究者和伦理审查委员会应该确保怀孕的未来受试者充分了解参与研究对她们自己、对其人身、对胎儿、对其以后的子女以及对其生育能力的利益与风险。对这一人群的研究只有当其和孕妇及其胎儿的特殊健康需求有关，或和一般孕妇的健康需求有关时才能进行，并应尽量得到动物实验特别是致畸和致突变风险的可靠证据的支持。

综合考虑 CIOMS 其他条款，将所有有关孕妇作为受试者的规定摘录在表 3—67 中：

表 3—67　CIOMS（1993）与 CIOMS（2002）中孕妇作为受试者①所有规定摘录

	CIOMS（1993）	CIOMS（2002）
一般考虑：是否允许孕妇参与研究	否。	是。
参与条件	非临床研究：研究的风险不超过给胎儿或乳儿的最小风险，与妊娠或哺乳有关。 临床研究：为了保护或促进孕妇或哺乳期妇女或胎儿或乳儿的健康，并且非孕妇或非哺乳期妇女不适合成为受试者。	未来受试者充分了解风险 与孕妇及其胎儿的健康需求相关。
将妇女排除在研究之外的条件	当地文化不承认妇女的自我决定权利。	有理由担心研究可能引起胎儿异常，而且妇女所在地不将胎儿异常作为流产指征。
谁来同意	妇女自我决定。 当地文化不承认妇女的自我决定权利，由于不存在替代措施，妇女需要使用研发中的治疗时，由妇女之外的人，通常是男性决定。	她本人。在任何情况下都不得由配偶或性伴代为知情同意。

从表 3—66、表 3—67 可以看到，CIOMS（2002）对孕妇参加试验基本立场是，鼓励妇女自己做出决定。由未来受试者"知情同意"，这里的"情"被特别强调的是"风险"，研究必须是与这类人群相关的。而 CIOMS（1993）对孕妇参加试验基本立场是，孕妇或哺乳期妇女在任何情况下都不应成为非临床研究的受试者，除非满足某些条件，也就是尽量将妇女排除在试验之外。对非临床研究，设置风险的底线。对临床研究，则由未来受试者"知情同意"。

这一变化的主要原因是，在 CIOMS（1993）中，孕妇是作为脆弱人群被考虑的，其前提预设是该人群不应成为受试者，其能否参与研究的考虑主要是孕妇自我决定的权利是否被承认（这关系到是否有充分的

---

① 依据 CIOMS（1993）准则 11 和对准则 11 的评注与 CIOMS（2002）准则 17 和对准则 16、17 的评注的内容整理。

知情同意）、研究的风险和利益。而在 *CIOMS*（2002）中，妇女参与研究是作为一般人群考虑的，也就是由受试者在充分了解试验的风险之后自己作出理性选择，其预设是该人群可以成为受试者。相应地，孕妇是否被排除在研究之外的条件也从 *CIOMS*（1993）的妇女是否有自我决定的权利演变为 *CIOMS*（2002）提出的胎儿异常是否作为流产指征。

21. 对"妇女作为研究受试者"主题准则的总结

从上述分析可以看到，在 *CIOMS*（2002）的主题"妇女作为研究受试者"的内容在 *CIOMS*（1993）中已经被涉及。*CIOMS*（1993）在对准则的评注中已经涉及了育龄妇女参与研究的内容，*CIOMS*（2002）将其单独列示出来成为准则 16。对育龄妇女参与研究，*CIOMS*（2002）保留了 *CIOMS*（1993）提出的从公正和尊重妇女（自我决定的权利）的原则出发"不应当将妇女排除在研究之外"的规定。但对于在什么条件下将妇女排除在研究之外存在分歧。有关孕妇参与研究的规定，*CIOMS*（2002）改变了 *CIOMS*（1993）提出的孕妇在任何情况下都不应该成为研究受试者，除非满足某些条件的立场，提出"孕妇应该认为是符合参与生物医学研究条件的"。其被排除在研究之外的条件也从知情同意的考虑演化为对风险的考虑。

21. 保密

这个主题的包含准则 18：保密一个准则及对它的评注，是由 *CIOMS*（1993）中的准则 12：保密及对它的评注发展而来的。现将两条准则及对它们的评注分别列于表 3—68、表 3—69 以便比较。

表 3—68　　*CIOMS*（1993）与 *CIOMS*（2002）中保密准则的比较

CIOMS（1993）	*CIOMS*（2002）	比较
准则 12：保密 研究者必须建立对研究数据保密的可靠保护措施。受试者应被告知研究者维护保密性的能力受到的限制，以及违反保密预期③造成的后果。	准则 18：保密 研究者必须建立对受试者①研究数据保密的可靠保护措施。受试者应被告知研究者维护保密性的能力受到法律或其他方面②的限制，以及违反保密可能③造成的后果。	增加： ①、② 编辑性变化： ③/③ 删除：无删除的内容。

表3—69　　　　　对"保密"准则的评注的内容比较

CIOMS（1993）	CIOMS（2002）	比较
准则12：保密	准则18：保密	
（1）一般考虑		删除
（2）医生与病人之间的保密	（2）医生与病人之间的保密	
（3）研究者与受试者之间的保密	（1）研究者与受试者之间的保密	
	（3）遗传学研究中的保密问题	新增

从表3—68、表3—69可以看到，与CIOMS（1993）相比，CIOMS（2002）中有关数据保密条款的基本内容保持不变。CIOMS（2002）中的增加也属于编辑性的变化，没有实质内容的增加。这部分是在诸多准则中内容相对稳定的准则。在对准则的评注中增加了"遗传学研究中的保密问题"。

22. 受伤害的受试者获得治疗与赔偿的权利

这个主题的包含准则19：受伤害的受试者获得治疗与赔偿的权利一个准则及对它的评注，是CIOMS（1993）中的准则13：受试者获得赔偿的权利及对它的评注发展而来的。现将两条准则及对它们的评注分别列于表3—70、表3—71以便比较。

表3—70　　CIOMS（1993）与CIOMS（2002）的伤害赔偿准则的内容比较

CIOMS（1993）	CIOMS（2002）	比较
准则13：受试者获得赔偿的权利 研究受试者如因参与研究而受到伤害时，有权得到经济或其他方面的援助，以公平地补偿任何暂时的或永久的损伤或丧失能力②。如果由于参与研究而死亡，他们所抚养的人有权得到物质赔偿③。赔偿的权利不应该被放弃④。	准则19：受伤害的受试者获得治疗与赔偿的权利 研究者应该确保①，研究受试者如因参与研究而受到伤害时，有权得到对该伤害的免费医疗，并得到经济或其他方面的援助，以公平地补偿对他们造成的损伤、丧失能力或残疾②。如果由于参与研究而死亡，他们所抚养的人有权得到赔偿。受试者不得被要求放弃赔偿的权利④。	比较： 增加：责任主体：研究者（①） 赔偿范围：残疾（②）编辑上的变化。 句式变化（④），突显权利主体：受试者。 删除：无删除的内容。

表3—71 *CIOMS*（1993）与 *CIOMS*（2002）中对伤害赔偿准则的评注的内容比较

CIOMS（1993）	*CIOMS*（2002）	比较
准则13：受试者获得赔偿的权利	准则19：受伤害的受试者获得治疗与赔偿的权利	
（1）偶然伤害		被删除
（2）公平赔偿	（2）公平赔偿和免费医疗 （3）伦理审查委员会应该事先决定	
（3）资助者赔偿的义务	（4）资助者在赔偿方面的义务	

从表3—70、表3—71可以看到，与 *CIOMS*（1993）相比，*CIOMS*（2002）中有关对伤害赔偿条款的基本内容保持不变。这部分是在诸多准则中内容相对稳定的准则。

23. 加强生物医学研究中伦理与科学审查的能力

这个主题包含准则20：加强生物医学研究中伦理与科学审查的能力一个准则及对它的评注，是 *CIOMS*（1993）中的对准则15：资助国和东道国的义务的评注的一部分发展而来的。现将这部分内容列于表3—72以便比较。

从表3—72可知，与 *CIOMS*（1993）相比，*CIOMS*（2002）中规定了更加详细的研究者对受试者所在社区、人群和国家的义务。义务考虑的时间范围也在延伸，从现在延伸到未来，涉及到对可持续发展能力。这种变化反映了将人体试验放在公共卫生视角下考虑的发展趋势。这与 *CIOMS*（1993）中资助者的义务强调的是对受试者个人的义务相比，有相当大的变化。

24. 外部资助者提供医疗保健服务的伦理学义务

这个主题包含准则21：外部资助者提供医疗保健服务的伦理学义务一个准则及对它的评注，是 *CIOMS*（1993）中的对准则15：资助国和东道国的义务的评注的一部分发展而来的。现将这些内容列于表3—73以便比较。

表 3—72　对 CIOMS（1993）与 CIOMS（2002）加强生物医学研究中伦理与科学审查的能力的规定的比较

CIOMS（1993）	CIOMS（2002）
对准则 15：资助国和东道国的义务的评注 外部资助的合作研究的第二个目标是帮助东道国提高独立进行相似研究的能力，包括伦理审查的能力。由此，外部资助者被期望雇佣并必要时训练本地人成为研究者、科研辅助人员和数据管理者，以及其他类似能力。…… 外部资助者被期望必要时提供合理数量的经济、教育和其他援助以提高东道国对研究方案进行独立伦理审查的能力和形成独立的有能力的科学和伦理审查委员会。为了避免利益冲突，保证委员会的独立性，这类援助不应该直接给委员会，而应该给东道国政府或东道国研究所。 外部资助者的义务因具体研究情况和东道国需要而异。资助者在某一特定研究中的义务应在研究开始前予以明确。如果有，研究方案中应说明在研究中和研究后，将提供什么资源、设施、援助和其他商品或服务。这些安排的细节应由资助者、东道国官员、其他有关团体和受试者抽样的社区进行协商。东道国伦理审查委员会应决定这些细节的一部分或全部是否应当成为知情同意过程的一部分。	准则 20：加强生物医学研究中伦理与科学审查的能力 许多国家缺乏能力来评价或确保在其法律制度下所建议或实施的生物医学研究的科学质量或伦理可接受性。在外部资助的合作性研究中，资助者和研究者有伦理学义务确保他们在这些国家所负责的生物医学研究对于全国的或地方的生物医学研究的设计或实施能力作出有效的贡献，并为这些研究提供科学与伦理审查和监督。 能力建设包括，但不限于以下活动： 建立和加强独立的、胜任的伦理审查过程/委员会； 加强研究能力； 开发适于医疗保健和生物医学研究的技术； 培养研究和医疗保健人员； 教育研究受试者抽样的社区。 对准则 20 的评注： 外部资助者和研究者有伦理学义务对东道国在独立进行科学与伦理审查以及进行生物医学研究方面的可持续发展能力作出贡献。在一个这方面能力很低或缺乏的国家里进行研究之前，外部资助者和研究者应该在研究方案中包括一项说明他们将作出贡献的计划。所期望的能力建设的量应与研究项目的大小成比例。例如，一项仅涉及复习病例的简单流行病学研究并不需要或只需要很少的能力开发，而对于一项为期 2—3 年的大规模疫苗试验，外部资助者就会被期望在这方面作出较大的贡献。 特定的能力建设目标应该通过外部资助者和东道国当局的对话和协商来决定和达到。外部资助者会期望雇用并必要时训练本地人成为研究者、科研辅助人员和数据管理者，并在必要时为能力建设提供经济、教育和其他援助。为了避免利益冲突并保证审查委员会的独立性，经济援助不应该直接给他们，而应该给东道国政府或研究所。

表3—73 *CIOMS*（1993）与 *CIOMS*（2002）对外部资助者提供医疗保健服务的伦理学义务的规定的比较

CIOMS（1993）	*CIOMS*（2002）
对准则15：资助国和东道国的义务的评注 必要时，资助者也应当向受试者抽样的人群提供必要的医疗保健服务所需的设施和人员，虽然资助者无义务在研究需要的范围以外提供医疗保健设施或人员，但如果他们能这样做，将会得到道德上的赞誉。但是，如果受试者因为研究性干预措施而受到伤害，资助者有义务保证其得到免费医疗；如由于这些伤害而导致死亡或丧失能力，则应得到赔偿。（参见准则13对这类义务的范围和限度的说明）当发现受试者患有与研究无关的疾病时，资助者和研究者应该将他们转去接受医疗保健服务；当未来的受试者因为不符合参与研究所需的健康条件而不能成为研究受试者时，资助者和研究者应该建议他们去治疗。资助者被期望保证研究受试者和受试者抽样的社区在研究结束之后不会变的更糟（除非研究性干预措施有经合理论证的风险），例如将当地稀缺的伦理资源投入到研究活动中。资助者可以向东道国当局报告研究中发现的与东道国或社区卫生有关的信息。 …… 外部资助者的义务因具体研究情况和东道国需要而异。资助者在某一特定研究中的义务应在研究开始前予以明确。如果有，研究方案中应说明在研究中和研究后，将提供什么资源、设施、援助和其他商品或服务。这些安排的细节应由资助者、东道国官员、其他有关团体和受试者抽样的社区进行协商。东道国伦理审查委员会应决定这些细节的一部分或全部是否应当成为知情同意过程的一部分。	准则21：外部资助者提供医疗保健服务的伦理学义务 外部资助者有伦理学义务确保提供： ——对安全地实施研究十分重要的医疗保健服务； ——当受试者由于研究性干预而受到伤害时给予治疗； ——服务是资助者承诺中的必要部分，使研究成果即研发的有利干预措施或产品能为有关社区或人群合理可得。 对准则21的评注： 外部资助者提供医疗保健的义务因具体研究情况和东道国需要而异。资助者在某一特定研究中的义务应在研究开始前予以明确。研究方案中应说明在研究中和研究后，将向受试者个人、受试者抽样的社区和东道国什么样的医疗保健服务及提供多久。这些安排的细节应由资助者、东道国官员、其他有关团体和受试者抽样的社区进行协商。协商的安排应在知情同意过程中予以说明。 虽然资助者通常无义务在研究需要的范围以外提供医疗保健设施或人员，但如果他们能这样做，将会得到道德上的赞誉。这类服务典型地包括治疗在研究过程中所得的疾病。例如，可以协议对疫苗试验中所得的传染病提供治疗（该疫苗本应对此并产生免疫力），或者协议对偶发的与研究无关的疾病给予治疗。 如果受试者因研究性干预措施而受到伤害，资助者有义务保证其得到免费医疗；如由于这些伤害而导致死亡或丧失能力，则应得到赔偿。（准则19对这一主题及这一义务的范围和和限度作了说明） 当发现未来的或实际的受试者患有与研究无关的疾病，或因不符合参与研究所需的健康条件而不能进入研究时，研究者应该建议他们去治疗。一般而言，在研究过程中，资助者还应向卫生的当局报告由研究引起的与公共卫生有关的信息。 资助者有义务为了有关的人群和社区利益而合理地提供由于研究而研发的干预措施、产品和所生产的知识。这已在准则10：在资源贫乏的人群和社区中的研究中作了说明。

从表3—73可以看出，与 CIOMS（1993）相比，在 CIOMS（2002）对资助者对于受试者个人的义务规定中有三个要点：

——对安全地实施研究十分重要的医疗保健服务；

——当受试者由于研究性干预而受到伤害时给予治疗；

——服务是资助者承诺中的必要部分，使研究成果即研发的有利干预措施或产品能为有关社区或人群合理可得。

其中前两个是沿袭除 CIOMS（1993）的内容，几乎没有变化。后一个是新增的内容，反映了将人体试验放在公共卫生视角下考虑的发展趋势。

24. CIOMS（2002）与 CIOMS（1993）比较总结

现将 CIOMS（2002）与 CIOMS（1993）内容比较的要点汇总于表3—74。

表3—74　　CIOMS（2002）与 CIOMS（1993）内容的比较

CIOMS（1993）	CIOMS（2002）	比较
	准则1：涉及人类受试者的生物医学研究的伦理学论证和科学性	新增
审查程序 准则14：伦理审查委员会的组成和责任	伦理审查 准则2：伦理审查委员会 准则3：外部资助研究的伦理审查	
受试者的知情同意 准则1：个人知情同意 准则2：给未来研究受试者提供的基本信息 准则3：知情同意中研究者的义务 准则4：诱导参与研究	知情同意 准则4：个人知情同意 准则5：获取知情同意：应提供给未来研究受试者的基本信息 准则6：获取知情同意：资助者和研究者的义务 准则7：诱导参与研究 准则8：参与研究的利益与风险 准则9：当研究涉及无知情同意能力的人时对风险的特殊限制	新增准则8、9
受试者的知情同意 准则8：涉及不发达社区的受试者的研究	准则10：在资源贫乏的人群和社区中的研究	
	准则11：临床试验中对照组的选择	新增

续表

CIOMS（1993）	CIOMS（2002）	比较
研究受试者的选择 准则10：负担和利益的公平分配 受试者的知情同意 准则5：涉及儿童的研究 准则7：涉及囚犯的研究 准则9：流行并研究中的知情同意	脆弱人群 准则12：研究受试者群体的选择中负担和利益的公平分配 准则13：涉及脆弱人群的研究 准则14：涉及儿童的研究 准则15：涉及因精神或行为疾患而无充分知情同意能力的人的研究	新增： 准则13 删除： 准则7、9 （1993）
研究受试者的选择 准则11：选择孕妇或哺乳妇女作为研究受试者	妇女作为研究受试者 准则16：妇女作为研究受试者 准则17：孕妇作为研究受试者	新增： 准则16
数据保密 准则12：保密	准则18：保密	
因偶然伤害而给研究受试者的赔偿 准则13：受试者获得赔偿的权利	准则19：受伤害的受试者获得治疗与赔偿的权利	
	准则20：加强生物医学研究中伦理与科学审查的能力	新增
外部资助的研究 准则15：资助国和东道国的义务	准则21：外部资助者提供医疗保健的义务	

从表3—74可以得出结论，由CIOMS（1993）发展到CIOMS（2002），CIOMS（1993）的15条准则中有13条被保留在CIOMS（2002）的准则中，两条被删除的准则是准则7——涉及囚犯的研究和准则9——流行病研究中的知情同意。被保留的13个准则在修订后成为CIOMS（2002）的14条准则，其中CIOMS（1993）的准则10成为CIOMS（2002）的准则12和准则13。在CIOMS（2002）比CIOMS（1993）增加的7个准则（准则1、7、8、9、11、16和21）中，有6个准则是在CIOMS（1993）的对准则的评注的基础上修订而形成的，只有1个准则——准则16（妇女作为研究受试者）是新增的准则。

在被保留的 13 个准则中，内容较 CIOMS（1993）有增加的准则是准则 2、准则 3 和准则 6。在修订中，研究对社区或人群的影响被写入准则的是准则 1、3、10、20、21。这些内容涉及研究在道德上能被进行研究的社区接受（准则 1）、研究符合东道国的健康需求和优先需要（准则 3）、使当地人群合理可得（准则 10、21）、研究对当地的科学与伦理审查以及生物医学研究作出的贡献（准则 20）。这些内容，说明准则对受试者所在人群、社区或国家的关注增加。

在 CIOMS（1993）向 CIOMS（2002）的演变中，受试者的权利在增加。除了保留 CIOMS（1993）提出的受试者自由选择（参加研究/不参加研究）、自由退出（研究）、隐私被保护、伤害得到赔偿的权利外，增加了试验后的知情权（也就是在试验结束后获知研究结果的权利，准则 4）。与此相应的是资助者和研究者的义务在增加，这种义务除了与受试者个体相对的义务，还包括对受试者群体的义务，在这方面增加了他们在这些国家所负责的生物医学研究对于全国的或地方的生物医学研究的设计或实施能力作出有效贡献的义务。

从 CIOMS（1993）向 CIOMS（2002）演变的另一个特点是，对公正原则的应用从 CIOMS（1993）侧重强调"负担"的公平分配，变化为在强调"负担"的公平分配的同时强调"利益"的公平分配。这其中集中体现在妇女和孕妇参加试验的准则 16 和准则 17 中。经过这次修订后，CIOMS（1993）所坚持的生命伦理三原则——尊重、有利和公正被进一步强化。

在准则和对准则的评注中还增加了一些新的议题：遗传、生物标本……这是准则考虑新出现的医学伦理问题的体现。

三 《涉及人的生物医学研究国际伦理准则》（2002）与《赫尔辛基宣言》（2000）的比较

我们借助 CIOMS（1993）与 CIOMS（2002）的比较、CIOMS（1993）与《赫尔辛基宣言》（1989）和《赫尔辛基宣言》（2000）与《赫尔辛基宣言》（1996）、《赫尔辛基宣言》（2000）与《赫尔辛基宣言》（1996）的比较来对 CIOMS（2002）与《赫尔辛基宣言》（2000）进行比较。

（1）《赫尔辛基宣言》（2000）在研究伦理中引入了公正的原则和

公共卫生的成分,提出"只有当受试者人群有可能从研究的结果中获利的时候,医学研究的正当性才可以得到论证"(第 19 条)。同时提出:"研究结束时,应该确保参加研究的每个病人都能得到被研究证明的最佳预防、诊断和治疗方法。"(第 30 条)在 CIOMS(1993)中已经涉及了研究针对当地人群的需要,也就是第 8 条提出:"无论是在发达国家还是在发展中国家,在进行涉及不发达社区受试者的研究之前,研究者必须确保:……研究是为了针对该社区的健康需求和优先需求……"在对准则 8 的评注中提出:"资助机构应该确保在测试成功完成之后,所开发的任何产品在研究进行的不发达社区的居民是合理可得的。"在 CIOMS(2002)中延续了 CIOMS(1993)的规定,并在此基础上增加了"如要将某些能够从研究中获益的群体或社区排除在外,必须有合理性论证"(准则 12)的要求。这样同《赫尔辛基宣言》(2000)相比,CIOMS(2002)提出的的公正要求不仅仅有试验风险和试验结束后的利益的公平分配问题,而且有参加试验的利益的公平分配问题。

(2)同以 CIOMS 没有与同期的《赫尔辛基宣言》相冲突的准则不同,CIOMS(2002)与《赫尔辛基宣言》(2000)有分歧。这个分歧就是安慰剂问题。CIOMS(2002)准则 11 提出符合下列任何一个条件就可以在对照组中使用安慰剂:没有已证明有效的干预措施;不给予已证明有效的干预措施至多只会使受试者暴露于暂时的不适或延缓症状的缓解;用已证明有效的干预措施作为对比不能产生科学上可靠的结果,而使用安慰剂不会增加任何使受试者蒙受严重或不可逆伤害的风险。而《赫尔辛基宣言》(2000)的规定是"新方法的利益、风险、负担和有效性应该和当前最佳的预防、诊断和治疗方法相比较。如果没有已证明有效的预防、诊断、治疗方法,则并不排除在研究中使用安慰剂或无治疗"。由此可以看到,两部准则的分歧在于当存在经证明有效的干预措施的情况下是否允许使用安慰剂。对于这种分歧,CIOMS(2002)在对准则 11 的评注:例外地使用已证明有效敢于措施以外的对比措施中提出了与《赫尔辛基宣言》(2000)的立场相同,也就是反对当存在经证明有效的治疗时使用安慰剂对照的理由,"安慰剂对照可能会把研究受试者暴露于严重或不可逆性伤害的风险前,而已证明有效的干预为对比措施可以避免此风险;并非所有科学专家对于在什么情况下以已证明有效的干预为对比措施会产生科学上不可靠结果的问题都有一致意见。由于经济原因而不能得到某种已证明有效的干预措施，并不能因此使在资源贫乏国家进行安慰剂对照研究得到合理性论证，如果在不必参与研究就可以普遍获得已证明有效干预措施的人群中进行安慰剂对照研究是不符合伦理原则的话"。

从第二章的分析中我们看到，《赫尔辛基宣言》(2000) 在安慰剂问题上采取阳性对照正统观念是为了避免对受试者的剥削，而 CIOMS (2002) 在允许使用安慰剂对照时为了避免剥削提出的对策是由伦理审查委员会针对个案进行决定。如果由于东道国不能得到已证明有效的干预措施，而考虑使用安慰剂对照，则委员会决定时需要考虑"已证明有效的干预措施在该国是否真的不可能得到或实施"。而如果以"已证明有效的干预措施为对照，就不能产生科学上可靠而又与东道国风俗习惯相统一的数据时，东道国的伦理审查委员会可以征求专家意见，以决定在对照组使用已证明有效的干预措施是否会影响研究结果的有效性"。

第四章 总结与展望

第一节 医生的"原罪"与生命伦理"三原则"

《纽伦堡法典》是在对纳粹医生的暴行的审判中产生的。在法庭开庭之前的调查取证阶段医学伦理问题已经被引入了。不仅仅是调查者、起诉方和法官,而且包括受审的纳粹医生共同促成了《纽伦堡法典》的形成。由于要为审判找到依据,帮助美国人开脱在战争期间的不合伦理的人体试验,使他们免受审判,并避免公众对医学试验失去信心,《希波克拉底誓言》——一部流传了千年的医学界耳熟能详的伦理誓词就成为将要出现的医学伦理准则——《纽伦堡法典》的基础。

《纽伦堡法典》继承了《希波克拉底誓言》中医生对病人的"不伤害"义务,用医生—病人的关系类比研究者—受试者的关系。同时,又赋予了传统的带有家长主义色彩的希波克拉底式的医生不会赋予病人的自主权——"自愿同意"和"自由退出"的权利。《纽伦堡法典》留给后来的生命伦理准则的宝贵遗产主要就是这三条原则:不伤害、自愿同意、自由退出。这三条原则的提出在当时一方面使医学共同体同纳粹医生划清了界限,另一方面又对社会做出了承诺,有助于重塑医生研究者的形象。

但实际上,这种"承诺"在现实中很难兑现。不仅仅是由于当时许多从事医学研究的医生认为纳粹医生的暴行是在纳粹的特殊状态下产生的,与自己无关;另一方面,在那个年代实施人体试验的主要是医生,在希波克拉底式的医生研究者看来,他们才是病人受试者利益的最大保护者,根本就不需要病人受试者的"自愿同意"。他们没有详细区分研究和治疗的差异。此外,《纽伦堡法典》没有考虑研究情境的复杂性,其规定"自愿同意"是绝对必要的就使得不能在像儿童、精神疾病患者那样没有自愿同意能力的人身上进行人体试验。而从医生研究者的角度看,这些医学研究也是必要的。这样,医学共同体内部的成员在《纽伦堡法典》颁布之后疏远它,在人体试验的实践中又出现了新的不合伦理的试验。

医生审判的首席起诉人 Taylor 在法庭的开篇陈述中说:"审判不仅仅是为了受害者、他们的父母和子女,让罪行得到公正的惩罚也是给予被告公正的听审和判决。这种责任是任何审判都要承担的责任。我们在这里要承担更广泛的义务。这些义务是朝向受到这些罪行伤害的人们和种族。仅仅惩罚被告是不够的,即使去惩罚其他成千上万同样有罪的人也永远不能补偿纳粹给这些不幸的人带去的让人不寒而栗的伤害。对他们而言,更重要的是用明确和公开的证据将这些让人难以置信的暴行确立下来,这样就不会有人怀疑这些暴行是事实而不是传言……"①

从历史的发展看,医生审判确实将纳粹医生的暴行确立下来。同样的,在审判中产生的《纽伦堡法典》也同时将纳粹医生的医学暴行与医学伦理永远地捆绑在一起。当人们提起《纽伦堡法典》的时候,常常就提起纳粹医学暴行。而作为第一部生命伦理准则的《纽伦堡法典》也就同时为后来的生命伦理准则带来了"原罪"的起点。它一方面提醒人们要避免重蹈覆辙,另一方面又使之后的生命伦理准则在很长的历史时期都是以医生的"原罪"为出发点,强调如何保护受试者,避免其受到伤害。

第二节 责任、监督与生命伦理准则的初步完善

一 从"原罪"到"责任"

在《纽伦堡法典》之后,不合伦理的人体试验还在继续,这促使医学共同体内部的自治组织——世界医学协会将对医疗情境中的医学伦理问题的关注(例如,1948 年的《日内瓦宣言》和 1949 年的《医学伦理国际准则》)扩展到了医学研究伦理领域。1964 年,世界医学协会颁布了规范医生进行人体试验的伦理准则——《赫尔辛基宣言》。

---

① Taylor, T. Opening Statement of the Prosecution [EB/OL]. http://www.ushmm.org/research/doctors/charges.htm, 2009-09-16.

《赫尔辛基宣言》(1964)继承了《纽伦堡法典》中用医生对病人的义务约束医生研究者的思想,提出"医生的天职是保护人民的健康。医生应奉献其知识和良知履行此任务"、"我的病人的健康是我的首要考虑"。提出了人体试验应遵循如下的基本原则:

研究符合科学原则(实验室和动物实验先行,由科学上合格的人进行);

权衡试验的风险和利益的原则(风险与目的成比例,考虑风险和利益);

尊重受试者的原则(受试者的自由同意/代理同意,受试者保护个人完整性的权利受到尊重、受试者自由退出)。

《赫尔辛基宣言》(1964)提出的这三个原则是对《纽伦堡法典》提出的伦理原则的继承,并对其中的部分内容进行了丰富。但《赫尔辛基宣言》不是《纽伦堡法典》的简单重复,这其中最大的变化是引入了代理同意的概念。也就是对无知情同意能力的儿童、精神病人等由其法定监护人代表受试者的利益决定是否参加试验,并给出/不给出同意。在《纽伦堡法典》中,受试者的"有同意的合法权利"、"对于试验的项目有充分的知识和理解"的自愿同意是人体试验的必要条件。《纽伦堡法典》所规定的"自愿同意"是有理解能力、有理智能力的人的同意,这就将不具备理解能力和理智能力的一类人群排除在了研究之外。引入代理同意的概念之后,这部分人群可以通过代理同意参加研究。

《赫尔辛基宣言》在《纽伦堡法典》的基础上,拓宽了人体试验的范围,无疑是符合医生共同体对人体试验的认识和实际操作的。也就是"将实验室研究的结果应用于促进人类的医学知识发展和帮助患者是必要的"。但同时,纳粹医学给医学共同体带来的"原罪"和之后一批在医院、收容所中发生的由医生亲手酿成的不合伦理的人体试验进一步加强了医学试验的"原罪"。《赫尔辛基宣言》所做的就是用医生的责任来约束医生的行为,相应的是赋予受试者以保护自身的权利。在《赫尔辛基宣言》(1964)中赋予医生的责任是:保护受试者的生命和健康、向受试者解释研究、尊重受试者保护个人完整性权利。而赋予受试者的权利是:自由同意、自由退出、保护个人完整性。

二 从"内部监督"到"外部审查"

在《赫尔辛基宣言》(1964)中，维护研究的伦理性主要是来自于这些实施研究的医生研究者的良知和责任感，是自我约束。唯一自我约束之外的约束也是来自医学共同体内部，也就是《赫尔辛基宣言》(1964)规定的"临床研究只能由科学上合格的人进行，并且要有一位合格的医学人员监督"。

而在《赫尔辛基宣言》(1975)中增加了两个重要的外部监督力量——独立委员会和出版界。在《赫尔辛基宣言》(1975)中没有对独立委员会的人员组成、审查内容和审查依据作出详细规定，但这条规定出台为许多国家的伦理审查委员的组建和运作吹响了号角。在这之后，一些国家建立了国家层次的、机构层次的伦理审查委员会，使人体试验有了外部监督机制。《赫尔辛基宣言》(1975)提出的出版伦理规定，医生在发表研究结果时，"有义务保持结果的准确性"，与《赫尔辛基宣言》(1975)"不相符合的"不应当"被"发表。前者是对医生的约束，而且是一种科学约束；而后者则是将发表研究结果的学术期刊和编辑纳入到对医生的"外部审查"的主体之列。早在20世纪60年代，就已经有人提出让编辑作为医生研究的审查者[①]，但这种想法并没有被写进《赫尔辛基宣言》(1964)中——虽然《赫尔辛基宣言》(1964)的草案[②]也是由医学杂志的编辑撰写的。而由医学杂志的编辑参与修改并完成的《赫尔辛基宣言》(1975)写入出版伦理，并由于后来温哥华小组以及之后的国际医学期刊编辑委员会——医学杂志共同体的内在自治组织的一贯坚持，使许多想发表研究成果的研究者不得不遵守《赫尔辛基宣言》。

《赫尔辛基宣言》(1975)不仅增加了"外部审查"的两支力量，而且其内容也比《赫尔辛基宣言》(1964)有了增加。在数量上，增加了约一半文字。在内容上，保留了《赫尔辛基宣言》(1964)的基础上，做了大量的增加。首先是在整部《宣言》中用"生物医学研究"取代了"临床研究"的说法，无形中扩大了《宣言》的适用范围。在

---

① "Experimental Medicine", *British Medical Journal*, 1962, pp. 1108 – 1109.

② "Draft Code of Ethics of Human Experimentation", *British Medical Journal*, 1962, p. 1119.

"前言"部分增加了三个条款论证人体试验的必要性（第3条、第4条和第5条）。在生物医学研究的"基本原则"部分，对知情同意应告知受试者的信息的内容、遵守受试者保护个人完整性权利中明确提出了尊重受试者隐私的规定。这些变化使《赫尔辛基宣言》更加详细和具体。

在《赫尔辛基宣言》（1975）之后，在1983年、1989年和1996年中，《赫尔辛基宣言》又经历了三次修订，这三次修订的变化都非常小。

三 从"原罪"到"救赎"

从《赫尔辛基宣言》（1964）到《赫尔辛基宣言》（1996），《赫尔辛基宣言》建立了一套从医生的良知到"外部审查"的保护受试者的机制，以避免纳粹医生暴行给人体试验带来的"原罪"的重现。从1996年之后，安慰剂问题引起的《赫尔辛基宣言》的多次修订，使《赫尔辛基宣言》走上了"救赎之路"。

从第二章的分析中我们看到，在讨论《赫尔辛基宣言》（1996）的修订草案时，有两个重要的观点最后影响了《赫尔辛基宣言》（2000）的出台。Brennan不同意草案提出的在效率的基础上为非死亡、残疾的安慰剂对照试验进行伦理论证，也不同意草案提出的在国际合作研究中使用当地标准。Brennan的反对理由是，如果用功利主义论证安慰剂试验，会导致社会利益压倒个人利益的推论。而医生审判中被告为自己辩护的理由之一是他们是在为国家服务，也就是国家利益压倒了受试者的个人利益，也压倒了医生的良知。Brennan反对用当地标准取代经证明最佳的治疗标准的理由是，如果允许当地标准，就有可能造成发达国家对发展中国家的剥削。这让人联想起Tuskegee试验——它也被看作是白人对黑人的剥削。

而Levine认为，用功利主义为非死亡、残疾的安慰剂对照试验进行伦理辩护是正当的，采用当地标准也是对当地有利的。最后，《赫尔辛基宣言》（2000）在安慰剂问题上采取了Brennan的主张。这种选择也是出于担心"原罪"——人体试验被滥用的重现。

Brennan当时也提出，单从那场引起争论的在发展中国家进行的艾滋病试验看，似乎功利主义的论证也是没有问题的。他提出的反对意见是针对所有试验的，他认为《赫尔辛基宣言》的修改会影响所有试验。

他真正担心的是按照草案修改后的《赫尔辛基宣言》会使功利主义的思考方式占据上风，破坏准则中各种原则的平衡。Brennan 担心《赫尔辛基宣言》的修改影响到所有试验，这种影响确实发生了。

从一个试验引起的争论导致《赫尔辛基宣言》（2000）确立了安慰剂条款，反过来又被人们放到医学试验的现实中检验了。Temple 提出受限于阳性等效性试验的灵敏度问题，在科学上需要安慰剂对照试验确立药物的有效性。欧洲的药品监管部门也提出，如果遵守《赫尔辛基宣言》（2000）的规定，也就是当存在经证明有效的治疗时，禁止安慰剂对照试验会阻碍人们获得评价新药品的科学证据，这是违反公众利益的——公众获得新的医疗产品的利益。

鉴于上述理由，2002 年对《赫尔辛基宣言》（2000）第 29 条的澄清说明公布，允许由于科学上的方法学理由而使用安慰剂对照。这也就复兴了 Levine 早先提出的观点，而这又引起了类似 Brennan 那样的反对理由。

这样就出现了一个怪圈，采取安慰剂对照正统观念，就让人担心科学、社会利益会凌驾在受试者个人利益之上；而采取阳性对照正统观念，也就支持了个人利益置于首位的立场，但会出现不能更好地实现公众利益的结果。对《赫尔辛基宣言》而言，问题就是如何摆脱历史留下的"原罪"阴影，在促进医学进步、惠及公众的同时保护受试者的个人利益，从而避免"原罪"重现。

《赫尔辛基宣言》（2008）为自己选择的"救赎之路"是采取安慰剂对照试验的中间道路，也就是坚持科学、社会利益不能凌驾于个人利益之上这一传递了四十多年的基本立场不变的基础上，允许"不会遭受任何严重的或不可逆伤害的风险"的安慰剂对照试验，并专门提出"必须给予特别的关怀以避免这种选择的滥用"。

第三节　生命伦理准则的进一步解释与发展

一　《涉及人的生物医学研究国际准则建议》（1982）：《赫尔辛基宣言》的解释者

CIOMS 首先是作为《赫尔辛基宣言》的解释者登上历史舞台的。第一部 CIOMS 是 1982 年由世界医学科学理事会制定的 CIOMS（1982）。

这部准则诞生于 20 世纪 80 年代，其筹备工作可以追溯到 70 年代。这个时期，生物医学研究中的试验方法通过其研发的新药、疫苗和诊疗方法展示了巨大的实用价值。但这个时期大多数医学研究都是在发达国家进行的，而迫切需要借助试验方法解决传染性疾病入侵和人口增长困扰的发展中国家却由于资源贫乏而无力进行生物医学研究。

当时准则的制定是为了将被看作具有普遍有效性的《赫尔辛基宣言》用在发展中国家。这个时期的 CIOMS 在其所涉及的知情同意、伦理审查程序、外部资助的研究、数据保密等四个主题的条款中没有同《赫尔辛基宣言》冲突的内容。CIOMS（1982）同《赫尔辛基宣言》（1975）相比较，唯一增加的是规定了受试者受到伤害获得赔偿的权利。CIOMS（1982）的贡献主要是对《赫尔辛基宣言》（1975）的条款进行补充，提出了在发展中国家的具体应用和实施的细则，使《赫尔辛基宣言》的原则更加具体化和具有可操作性。

二 《涉及人的生物医学研究国际伦理准则》（1993）：《赫尔辛基宣言》的发展者

从 1975 年到 1993 年间，《赫尔辛基宣言》又经历了两次修订，形成了《赫尔辛基宣言》（1983）和《赫尔辛基宣言》（1989）。但这两次修订主要是文字上编辑性的变化，内容几乎没有变化。而 CIOMS（1993）却有了较大变化，引入了新的原则——公正原则，也相应成为《赫尔辛基宣言》的发展者。在 20 世纪 90 年代，包括之前的《赫尔辛基宣言》（1964）和《赫尔辛基宣言》（1975）都是将伦理关注限定在研究者—受试者的个人关系中，因此那些关涉到试验的利益和负担在群体中分配的内容并没有在《赫尔辛基宣言》中出现。如果将人体试验的公正限定在试验的利益和负担在群体中的分配问题中，这个时期的《赫尔辛基宣言》没有涉及与公正原则有关的内容。

而同时期的 CIOMS（1993）不同，它关注到了 20 世纪 80 年代艾滋病流行导致的人体试验成为许多人的救命稻草，由于发展中国家医疗水平低、缺医少药、研发能力低而有参与国际合作研究的内在需要的现实，提出了"受试者选择"的主题，对受试者选择的公正问题作了特别规定。同时也提出了研究后利益分配的公正要求——所研发的产品让东道国居民合理可得。

三 《涉及人的生物医学研究国际伦理准则》(2002):新的伦理视野和视角

《赫尔辛基宣言》(2000)将伦理视野继续放在研究者—受试者关系的时候,CIOMS (2002) 对人体试验中的伦理问题的关注继续扩展到了对人群的关注,在公共卫生的视野下看待人体试验,关注人体试验对公众的利益。提出研究应针对研究所在地的人群或社区的"卫生需求"和"优先需要",提出研究成功后的产品应使"人群或社区合理可得"。而此时的《赫尔辛基宣言》(2000)的规定是在非治疗性研究中,满足研究人群的需要;在治疗性研究中,"确保参加研究的每个病人都能得到被研究证明的最佳预防、诊断和治疗方法"。这种公共卫生的视野的引入体现在 CIOMS (2002) 中增加了研究对受试者被征募的人群的利益、研究后利益分配给该人群的内容。

CIOMS (2002) 在人体试验的伦理问题中也引入了新的视角——将人体试验看作是有力的而不仅仅是有风险的,提出"如果要将某些能够从研究中获益的群体或社区排除在外,必须有合理性论证"。这种观点在是否允许孕妇参加人体试验的立场中变化非常明显。CIOMS (1993) 的立场是——除非满足特定条件,否则在任何情况下孕妇都不应该成为研究受试者;而 CIOMS (2002) 的立场是——"孕妇应该被认为是符合参与生物医学条件的"。

第四节 对我国生物医学研究伦理审查的启示

一 现行生物医学研究伦理审查的依据

对涉及人类受试者的生物医学研究进行伦理审查已经成为国际社会的共识,许多国家都建立了自己的生物医学伦理审查规范。1998 年,卫生部颁布了我国第一部国家层面的伦理审查管理法规——《涉及人的生物医学研究伦理审查办法》(试行)。之后,1999 年,国家药品监督管理局颁布了《药品临床试验管理规范》,提出"凡药品进行各期临床试验,包括人体生物利用度或生物等效性试验,均需按本规范进行"。在《药品临床试验管理规范》中也提出"所有以人为对象的研究必须符合《赫尔辛基宣言》(附录 1) 和国际医学科学组织委员会颁布的

《人体生物医学研究国际道德指南》的道德原则……并遵守中国有关药品管理的法律法规"（第 4 条）。

2003 年，国家药品监督管理局修订了 1999 年制定的规范，废止了 1999 年的《药品临床试验管理规范》。这样当前我国所有临床试验、人体生物利用度或生物等效性试验所要遵守的管理规范就是《药物临床试验管理规范》（2003）。这之后，卫生部也对 1998 年的《审查办法》进行了修订。2007 年，卫生部发布了对 1998 年的《审查办法》的修订稿，这样当前我国伦理审查委员会进行伦理审查的依据就是《涉及人的生物医学研究伦理审查办法》（试行）（2007）。

在药监局的《管理规范》中对伦理委员会的审查的依据体现在第 12 条，内容如下：

> 伦理审查委员会应从保障受试者权益的角度研究按下列各项审议试验方案：
> （一）研究者的资格、经验、是否有充分的时间参加临床试验，人员配备及设备条件等是否符合试验要求；
> （二）试验方案是否充分考虑了伦理原则，包括研究目的、受试者及其他人员可能遭受的风险和利益及试验设计的科学性；
> （三）受试者入选的方法，向受试者（或其家属、监护人、法定代理人）提供有关本试验的信息资料是否完整易懂，获取知情同意书的方法是否适当；
> （四）受试者因参加临床试验而受到损害甚至发生死亡时，给予的治疗和/或保险措施；
> （五）对试验方案提出的修正意见是否可接受；
> （六）定期审查临床试验进行中受试者的风险程度。

由此，可以看到药监局的《管理规范》主要关注研究者的资格、研究的科学性、研究的风险和利益、知情同意以及伤害的补救问题，这些都是《赫尔辛基宣言》中关于研究者与受试者个体的伦理规定。

在卫生部的《审查办法》中提出涉及人的生物医学研究伦理审查原则是：

（一）尊重和保障受试者自主决定同意或者不同意受试的权利，严格履行知情同意程序，不得使用欺骗、利诱、胁迫等不正当手段使受试者同意受试，允许受试者在任何阶段退出受试；

（二）对受试者的安全、健康和权益的考虑必须高于对科学和社会利益的考虑，力求使受试者最大程度受益和尽可能避免伤害；

（三）减轻或者免除受试者在受试过程中因受益而承担的经济负担；

（四）尊重和保护受试者的隐私，如实将涉及受试者隐私的资料储存和使用情况及保密措施告知受试者，不得将涉及受试者隐私的资料和情况向无关的第三者或者传播媒体透露；

（五）确保受试者因受试受到损伤时得到及时免费治疗并得到相应的赔偿；

（六）对于丧失或者缺乏能力维护自身权利和利益的受试者（脆弱人群）包括儿童、孕妇、智力低下者、精神病人、囚犯、以及经济条件差和文化程度低者，应当予以特别保护。

从上面可以看到，卫生部的《伦理审查办法》主要关注的也是对受试者个体的保护，这些保护包括确保知情同意的质量、尊重和保护受试者隐私、伤害赔偿和保护脆弱人群。并未开始关注从公共卫生视野考虑人体试验的伦理问题。

二　相冲突的规定以及有原则的变通

药监局的《管理规范》同卫生部的《伦理审查办法》也存在 CIOMS（2002）同《赫尔辛基宣言》（2000）那样冲突的观点。以具有悠久历史的知情同意为例，从1947年的《纽伦堡法典》开始，"知情同意"（这个词包括《纽伦堡法典》中的自愿同意）就被写入了伦理准则中。但《赫尔辛基宣言》中的知情同意——包括代理同意是事先同意的概念，也就是在研究开始前征得同意。而在 CIOMS（2002）中对准则6的评注中提出了"在紧急问题的研究中，如研究者预见到受试者将不可能给予知情同意，则知情同意的要求可以例外处理"和"因急性情况使入选临床试验的人成为无知情同意能力时，知情同意的要求可以例外处理"的规定。

卫生部的《伦理审查办法》规定："项目申请人必须事先得到受试者自愿的书面知情同意。无法获得书面知情同意的，应当事先获得口头知情同意，并提交获得口头知情同意的证明材料。对于无行为能力、无法自己做出决定的受试者必须得到其监护人或代理人的书面知情同意。"（第16条）。而药监局的《管理规范》规定："在紧急情况下，无法取得本人及其合法代表人的知情同意书，如缺乏已被证实有效的治疗方法，而试验药物有望挽救生命，恢复健康，或减轻疼痛，可考虑作为受试者，但需要在试验方案和有关文件中清楚说明接受这些受试者的方法，并事先取得伦理委员会同意。"显然，前者采取了事先的知情同意/代理同意的观点，而后者允许无知情同意的研究。

这种冲突给伦理审查委员会的启示可能就需要伦理审查委员会对这两种观点背后的伦理思考方式有所警觉，避免对规定的教条使用。事先同意/代理同意使得不能事先同意的人被排除在研究之外。比如急诊室中的病人，一种情况是他们在很短的时间内很难充分理解研究者所告知的信息，满足不了充分的知情同意的标准；另一种情况是，病人已经处在昏迷状态，而代理人不在身边，无法做到代理同意，而且即使有代理人，同样由于时间的短促，也做不到充分的代理同意。在侧重保护脆弱人群免受伤害和剥削的伦理考虑之下，这些不能事先给出知情同意的人是不能参加研究的，而在将人体试验看作是对病人有利的伦理考虑之下，这些不能事先给出知情同意的人是可以参加人体试验的。

这些冲突同《赫尔辛基宣言》（2000）之后在"原罪"的"救赎"之路上探索是相通的。禁止某类试验，避免"原罪"重现，但也禁止了可能的利益；允许试验，避免了失去利益，但也可能造成"原罪"重现。这些提示我们，在当前国际生命伦理准则以及我国自己制定的管理规范之间存在冲突的情况下，要回到具体研究情境中，在保护受试者利益和促进医学进步中找到巧妙的平衡。

参考文献

一 英文文献

1. Angell M. "The Ethics of Clinical Research in the Third World", *The New England Journal of Medicine*, Vol. 337, No. 12, 1997, pp. 847–849.

2. Annas GJ., Grodin MA. *The Nazi doctors and the Nuremberg Code: human rights in human experimentation*, New York: Oxford Unviersity Press, 1992.

3. Beauchamp T. L., *Walters L. R. Contemporary Issues in Bioethics*, Belmont: Wadsworth – Thomson Learning, 2004.

4. Beauchamp T. L., *Walters L. R. Second Edition*, California: Wadsworth Inc., 1982.

5. Brennan T. A. "Proposed Revisions to the Declaration of Helsinki – Will They Weaken the Ethical Principles Underlying Human Research", *The New England Journal of Medicine*, Vol. 341, No. 7, 1999, pp. 527–531.

6. Brian V. Helsinki Discord "A Controversial Declaration", *JAMA*, Vol. 284, No. 23, 2000, pp. 2983–2985.

7. Carlson R. V., Boyd K. M., Webb. "The Revision of the Declaration of Helsinki: past, present and future", *Br. J. Clin. Pharmacol*, Vol. 57, No. 6, 2007, pp. 695–713.

8. Christie B. "Doctors Revise Declaration of Helsinki", *BMJ*, Vol. 321, 2000, p. 913.

9. Cohen J. "Ethics of AZT Studies in Poorer Countries Attacked", *Science*, Vol. 276, 1997, p. 1022.

10. Connor E. M., Sperling R. S., Gelber R., et al. "Reduction of Maternal – Infant Transmission of Human Immunodeficiency Virus Type 1 with

Zidovudine Treatment", *The New England Journal of Medicine*, Vol. 331, No. 18, 1994, pp. 1173 – 1180.

11. Council for International Organization of Medical Sciences. "Proposed International Guidelines for Biomedical Research Involving Human Subjects", *Geneva：CIOMS*, 1982.

12. Council for International Organization of Medical Sciences. "International Ethical Guidelines for Biomedical Research Involving Human Subjects", *Geneva：CIOMS*, 1993.

13. Council for International Organization of Medical Sciences. "International Ethical Guidelines for Biomedical Research Involving Human Subjects", *Geneva：CIOMS*, 2002.

14. "Count Two – War Crimes", http://www.ushmm.org/research/doctors/two a. htm, 2009 – 9 – 16.

15. Crawley F. Hoet F. "Ethics and Law：The Declaration of Helsinki under Discussion", *Bull Med Ethics*, Vol. 150, 1999, pp. 9 – 12. （最初刊印在 Appl Clin Trials, 1998; 7: 36 – 40 中）

16. Eisenberg L. "The Social Imperatives of Medical Research", *Science*, Vol. 108, 1977, pp. 1105 – 1110.

17. Emanuel E. J., Miller F. G. "The Ethics of Placebo – Controlled Trials – A Middle Ground", *New England Journal of Medicine*, Vol. 345, No. 12, 2001, pp. 915 – 919.

18. Freedman B., Weijer C., Glass K. C. "Placebo Orthodoxy in Clinical Research I：Empirical and Methodological Myths", *Journal of Law, Medicine & Ethics*, Vol. 24, 1996, pp. 243 – 251.

19. Fluss H. "How the Declaration of Helsinki developed", *Good Clinical Practice Journal*, Vol. 6, 2000, pp. 18 – 22.

20. Forster H. P., Emanuel E., Grady C. "The 2000 revision of the Declaration of Helsinki: a step forward or more confusion?", *The Lancet*, Vol. 358, 2001, pp. 1449 – 1453.

21. Gilder S. "World Medical Association Meets in Helsinki", *British Medical Journal*, Vol. 2, No. 5404, 1964, pp. 299 – 300.

22. Galannon W. "Contemporary Readings in Biomedical Ethics", *Orlan-

do: Harcourt College Publishers, 2002.

23. Grodin M. A., Annas G. J. "Legacies of Nuremberg: Medical Ethics and Human Rights", *JAMA*, Vol. 270, No. 20, 1996, pp. 1682 – 1683.

24. Harkness J. M. "Nuremberg and the Issue of Wartime Experiments on US Prisoners", *JAMA*, Vol. 276, No. 20, 1996, pp. 1672 – 1675.

25. Helen F. "WMA postpones decision to amend Declaration of Helsinki", *Lancet*, Vol. 362, No. 9388, 2003, p. 963.

26. Human D, Fluss S. S. "The World Medical Association's Declaration of Helsinki: Historical and Contemporary", Perspectives http://www.wma.net/elethicsunit/ pdf/draft_historical_contemporary_perspective.pdf. 2009/12/30

27. Jeff B., Henry H., "The Declaration of Helsinki: an update on paragraph 30", *CMAJ*, Vol. 173, No. 9, 2005, pp. 1052 – 1053.

28. Lallemant M, et al. "AZT Trial in Thailand", *Science*, Vol. 270, 1995, pp. 899 – 900.

29. Levine R. J. "The Need to Revise the Declaration of Helsinki", *The New England Journal of Medicine*, Vol. 341, No. 7, 1999, pp. 531 – 534.

30. Lurie P., Wolfe S. M. "Unethical Trials of Interventions to Reduce Perinatal Transmission of the Human Immunodeficiency Virus in Developing Countries", *The New England Journal of Medicine*, Vol. 337, No. 12, 1997, pp. 853 – 856.

31. Markman J. R. Markman M. "Running an ethical trial 60 years after the Nuremberg Code", *Lancet Oncol*, Vol. 8, 2007, pp. 1139 – 1146.

32. Mulford R. D. "Experimentation on Human Beings", *Stanford Law Review*, Vol. 20, No. 1, 1967, pp. 99 – 117.

33. Riis P. "Planning of Scientific – Ethical Committees", *The British Medical Journal*, Vol. 2, No. 6080, 1977, pp. 173 – 174.

34. Rothman K. J., Michels K. B. "The Continuing Unethical Use of Placebo Controls", *The New England Journal of Medicine*, Vol. 331, No. 6, 1994, pp. 394 – 398.

35. Rozenberg J. J. *Bioethical and ethical issues surrounding the trials and the Code of Nuremberg: Nuremberg revisited*, Lewiston: Edwin Mellen Press,

2003.

36. Roy P. G. D. "Helsinki and the Declaration of Helsinki", *World Medical Journal*, Vol. 50, No. 1, 2004, pp. 9 – 13.

37. Shuster E. "Fifty Years Later: The Significance of the Nuremberg Code", *The New England Journal of Medicine*, Vol. 337, No. 13, 1997, pp. 1436 – 1440.

38. Shuster E. "The Nuremberg Code: Hippocratic ethics and human rights", *The Lancet*, Vol. 351, 1998, pp. 974 – 977.

39. Smoak R. "Placebo: Its Actions and Place in Health Research Today", Vol. 10, No. 1, 2004, pp. 9 – 13.

40. Taylor T. "Opening Statement of the Prosecution", http://www.ushmm.org/research/doctors/charges.htm, [2009 – 09 – 16.

41. Taylor T. "Summary", http://www.ushmm.org/research/doctors/summary2.htm, 2009 – 09 – 16.

42. Weindling Paul J. "Nazi Medicine and the Nuremberg Trials: From Medical War Crimes to Informed Consent", New York: Palgrave Macmillan, 2006.

43. Williams J. R. "The Doh and Public Health", *The New England Journal of Medicine*, Vol. 341, No. 7, 2008, pp. 527 – 531.

44. Williams J. R. "Revising the Declaration of Helsinki", *World Medical Journal*, Vol. 54, No. 4, 2008, pp. 120 – 122.

45. Varmus H, Satcher D. "Ethical Complexities of Conducting Research in Developing Countries", *The New England Journal of Medicine*, Vol. 337, No. 14, 1997, pp. 1003 – 1005.

46. Biomedical ethics and the shadow of Nazism: a conference on the proper use of the Nazi analogy in ethical debate/April 8, 1976. Hastings Center Report 1976;6(4):Suppl:1 – 20.

47. "Count Two – War Crimes", http://www.ushmm.org/research/doctors/twoa.htm, 2009 – 9 – 16.

48. "Declaration of Helsinki, 1983", http://www.fda.gov/oc/health/helsinki83.html, 2010 – 10 – 5.

49. "Declaration of Helsinki, 1989", http://www.fda.gov/oc/health/

helsinki89. html, 2010 - 10 - 5.

50. "Declaration of Helsinki, 1996", http://www1.va.gov/oro/apps/compendiuFiles/ Helsinki96. htm, 2009 - 2 - 3.

51. "Draft Code of Ethics of Human Experimentation", British Medical Journal, 1962, 1119.

52. "Ethics of Placebo - Controlled Trials of Zidovudine to Prevent the Perinatal Transmission of HIV in the Third World", *The New England Journal of Medicine*, Vol. 338, No. 12, 1998, pp. 836 - 841.

53. "Experimental Medicine", *British Medical Journal*, 1962, pp. 1108 - 1109.

54. "Human Experimentation: Code of Ethics of The World Medical Association", *British Medical Journal*, Vol. 2, No. 5402, 1964, pp. 177.

55. Human Subject Protection; "Foreign Clinical Studies Not Conducted Under an Investigational New Drug Application", *Federal Register*, Vol. 73, No. 82, 2008, pp. 22800 - 22816.

56. "One standard, not two", *Lancet*, Vol. 362, No. 9389, 2003, p. 1005.

57. "Report of the Council of Pharmacy and Chemistry: a status report on 'krebiozen'", *JAMA*, Vol. 147, 1951, pp. 864 - 873.

58. "Testimony Entered As Evidence in the Medical Case", http://www.ushmm.org/research/doctors/testimony.htm. 2009 - 09 - 16.

59. "WMA work group seeks further advice on Declaration of Helsinki", http://www.wma.net/e/press/2004_2.htm, 2009 - 4 - 3.

二 中文文献

1. 陈元方、邱仁宗：《生物医学研究伦理学》，中国协和医科大学出版社2003年版。

2. 《涉及人的生物医学研究国际伦理准则》，陈元方译，胡庆澧校，日内瓦：CIOMS，2002。

3. 丛亚丽：《赫尔辛基宣言纵横谈》，载刘华杰《科学传播读本》，上海交通大学出版社2007年版。

4. 《赫尔辛基宣言及其修改》，丛亚丽译，邱仁宗审校，《医学与哲学》2001年第22卷第4期的，第61—62页。

5.《世界医学会赫尔辛基宣言涉及人类受试者的医学研究的伦理学原则》，丛亚丽译，邱仁宗审校，《医学与哲学》2001年第22卷第4期，第60—61页。

6. 冯梅：《赫尔辛基宣言》，《中国临床药理学杂志》1986年第1期。

7. 韩跃红：《护卫生命的尊严——现代生物技术中的伦理问题研究》，人民出版社2005年版。

8. 胡庆澧：《医学伦理学（2）——国际生命伦理学概述》，《诊断学理论与实践》2006年第19卷第2期，附5-附8。

9. 罗光强：《二战期间德国纳粹人体试验的伦理批判》，湖南师范大学2007年版。

10. 马雪、王耘川：《循证医学时代安慰剂的再认识》，《医学与哲学》2005年第10期，第43—45页。

11. 邱仁宗：《参加CIOMS第26届圆桌会议汇报》，《医学与哲学》1992年第5期，第53页。

12. ［民主德国］施泰尼格尔编：《纽伦堡审判》王昭仁等译，商务印书馆1985年版。

13. 孙福川、兰礼吉：《医学伦理学》，人民卫生出版社2008年版。

14. 王德国：《浅论〈纽伦堡法典〉制定实施的重要意义》，《中国医学伦理学》2005年第18卷第5期，第18—19页。

15.《世界医学协会赫尔辛基宣言医生进行包括人体对象在内的生物医学研究指南》，吴平译，田青校，《生物医学工程研究》1997年第16卷第2期，第61—63页。

16. 许国平：《欧洲生命伦理公约评析》，《医学与哲学》1995年第16卷第12期，第653—654页。

17.《世界医学协会〈赫尔辛基宣言〉——涉及人类受试者的医学研究的伦理原则》，杨丽然译，邱仁宗校，《医学与哲学》（人文社会医学版）2009年第30卷第5期，第74—75页。

18. 杨丽然：《更高的伦理标准与更多的利益冲突——〈赫尔辛基宣言〉2008年的修订》，《医学与哲学》（人文社会医学版）2009年第5期，第76—78页。

19. 翟晓梅：《国际重要伦理学文献简介（一）》，《中华医学信息导报》2004年第19卷第9期,第8页。

20. 翟晓梅、邱仁宗主编:《生命伦理学导论》,清华大学出版社2005年版。

21. 赵博译:《赫尔辛基宣言的不谐音?一项有争议的宣言》,《美国医学会杂志中文版》2001年第20卷第5期,第259—261页。

22. 赵占居:《人体实验中受试者"自由退出"的伦理反思》,《北京大学》,2008年。

23. 朱伟:《生命伦理中的知情同意》,复旦大学出版社2008年版。

附录1：作者攻读学位期间发表的学术论文目录

1. 杨丽然：《更高的伦理标准与更多的利益冲突——〈赫尔辛基宣言〉2008年的修订》，《医学与哲学》（人文社会医学版）2009年第5期，第76—78页。

2. 杨丽然译，邱仁宗审校：《世界医学协会〈赫尔辛基宣言〉》，《医学与哲学》（人文社会医学版）2009年第5期，第74—75页。

3. 杨丽然：《〈赫尔辛基宣言〉安慰剂政策的演变》，《第二届全国生命伦理学学术会议论文摘要集》，2009年。

4. 杨丽然：《临床试验中治疗标准的选择：共识、分歧和启示》，《第三届全国生命伦理学学术会议论文摘要集》，2010年。

5. 杨丽然：《主流医学杂志利益冲突政策的形成和演变》，载张大庆《中国医学人文评论》，北京大学医学出版社2010年版，第5版，第99—104页。

附录2：杨丽然博士学术年表

1977年2月5日
出生于甘肃省永靖县盐锅峡镇。
1983年
就读于永靖县盐锅峡化工厂子弟学校。
1989年
就读于永靖县盐锅峡化工厂子弟学校（初中）。
1992年
就读于兰州一中（高中）。
1995年
考入北京大学化学与分子工程学院化学专业（本科），师从李能教授。
1999年
考入北京大学科学与社会研究中心，师从任定成教授，攻读科技哲学专业硕士学位。
2000年
作为文章的一部分，本科阶段毕业论文发表于文章"Electrocatalytic activities of $LiCo_{1-y}M_yO_2$（M = Ni or Fe）synthesized at low temperature and acid – delithiated products for oxygen evolution/reduction in alkaline solution"，*Electrochimica Acta*，2000，46，717–722 中。
2002年
进入北方工业大学人文社会科学学院工作。开设本科生课程《马克思主义哲学原理》、研究生课程《自然辩证法》。
2003年
参与主讲的《马克思主义哲学原理》课，被评为校级优质课。

2004 年

发表论文《机器、猜想与反应机理——论 MECHEM 的化学发现》，《自然辩证法通讯》第 3 期。

2005 年

论文《机器、猜想与反应机理——论 MECHEM 的化学发现》荣获北京创造学会 2005 年优秀青年科技论文一等奖。

参与主讲的《马克思主义哲学原理》课，被评为校级精品课。

2006 年

参与主讲的《马克思主义哲学原理》课，被评为北京市高等学校精品课程。

2007 年

考入北京师范大学哲学与社会学学院，师从李建会教授，在职攻读科学技术哲学方向博士学位。

发表论文《自然辩证法教学与科技道德教育》，《自然辩证法研究》第 6 期。

2008 年

发表论文：《人的尊严释义》，《山西大学 2008 年全国博士生学术论坛（科学技术哲学）》。

2009 年

发表译文：（邱仁宗先生审校）《世界医学协会〈赫尔辛基宣言〉》，《医学与哲学》（人文社会医学版）2009 年第 5 期，第 74—75 页。

发表论文：《更高的伦理标准与更多的利益冲突——〈赫尔辛基宣言〉2008 年的修订》，《医学与哲学》（人文社会医学版）2009 年第 5 期。

《〈赫尔辛基宣言〉安慰剂政策的演变》，《第二届全国生命伦理学学术会议论文摘要集》2009 年。

2010 年

主持承担中国科学技术协会项目《申泮文院士学术成长资料采集》。课题取得重要进展；为《老科学家学术成长资料采集》项目课题组介绍研究经验。

发表论文：

《主流医学杂志利益冲突政策的形成和演变》，载张大庆《中国医学人文评论》，北京大学医学出版社 2010 年版。

《临床试验中治疗标准的选择：共识、分歧和启示》，《第三届全国生命伦理学学术会议论文摘要集》，2010 年。

2011 年

博士研究生毕业，获哲学博士学位。

发表《"文革"后期的科研——申泮文访谈》，《中国科技史杂志》第 2 期。

主持承担中国科学技术协会项目《周同惠院士学术成长资料采集》。

2012 年

1 月 1 日，辞世。终年 35 岁。

后 记

我是怀着感激和愧疚的心情来感谢为我的研究工作提供帮助的诸多老师和朋友的，他们给我提供了许多无私慷慨的帮助，但我的这一成果又愧对这些让我心存感激的人们。他们用一双双充满阳光的手为我提供了不可或缺的帮助，所有这些帮助都历历在目：

首先感谢我的导师李建会教授，他带领我进入了生命伦理学领域，并持续为我提供学术上的指导。在被录取为李老师的博士生之后，李老师就给我提供了许多生命伦理学领域的资料，这些文献的阅读工作为今天论文的写作打下了基础。在随后的学习、研究过程中，李老师不仅为我提供了学术的指导，提供了许多宝贵的意见，还结合自己的求学经历不断勉励我。

中国科学院研究生院的任定成教授始终关心我的研究工作，在选题阶段，任老师为我提供了宝贵意见。他还经常向我馈赠学术论文、学术会议信息等资料，这点点滴滴都汇聚到了我的成果中。

北方工业大学的张加才教授在该书写作的全部过程中，总是随时回答我的任何问题，从开题到谋篇布局，都得到了他的指导。北京师范大学刘孝廷教授、朱红文教授，人民大学刘晓力教授，北京大学朱效民教授都对该研究提出了宝贵的意见，在此，向他们表示衷心的感谢！

中国社会科学院邱仁宗教授帮助我解答《赫尔辛基宣言》翻译中的问题，并为我校订了《赫尔辛基宣言》（2008）的翻译。邱老师还为我的研究计划提供了宝贵的意见，并对具体问题，如安慰剂问题的研究提供了宝贵意见。除此之外，邱老师还馈赠了研究中的必要资料。

协和医科大学的张新庆博士帮助我澄清写作中的一些困惑，使我的研究得以继续下去。

我在读博士期间有幸聆听了刘孝廷老师和田松老师充满方法论启迪

的课程，领略了董春雨老师的富有思想的报告，所有这些机缘都是润物细无声地汇入我的论文中。

除了上述这些老师之外，我身边的许多朋友向我传授了他们的宝贵经验，帮助我借阅资料，这些对我的研究提供了很大帮助。

在漫长的研究过程中，没有这些可亲、可敬的老师和朋友的帮助，我是完不成的。但同时，我的研究与他们所给予我的帮助相比又是那么渺小。我唯有继续努力！

杨丽然